Felix Lau

Die Form der Paradoxie

Eine Einführung in die Mathematik und Philosophie der „Laws of Form" von George Spencer Brown

Mit einem Vorwort von Peter Fuchs

2005

Carl-Auer im Internet: **www.carl-auer.de**
Bitte fordern Sie unser Gesamtverzeichnis an:

Carl-Auer Verlag
Häusserstr. 14
69115 Heidelberg

Reihengestaltung nach Entwürfen von Uwe Göbel & Jan Riemer
Printed in Germany 2005

Erste Auflage, 2005
ISBN 13: 978-89670-352-1
ISBN 10: 3-89670-352-8

Bibliografische Information Der Deutschen Bibliothek
Die Deutsche Bibliothek verzeichnet diese Publikation in der
Deutschen Nationalbibliografie; detaillierte bibliografische Daten
sind im Internet über http://dnb.ddb.de abrufbar.

Für die Unterstützung bei der Drucklegung bedanken wir uns
bei der Hans-Sauer-Stiftung (www.HansSauerStiftung.de).

HANS-SAUER-STIFTUNG
FÜR EVOLUTIONSORIENTIERTES ERKENNEN UND HANDELN

Inhaltsverzeichnis

Vorwort von Peter Fuchs

What is the odds?

„Es zeigte sich,
daß hinter dem sogenannten Vorhang,
welcher das Innere verdecken soll,
nichts zu sehen ist, wenn wir nicht selbst dahinter gehen,
ebensosehr damit gesehen werde,
als daß etwas dahinter sei,
das gesehen werden kann."

Georg Wilhelm Friedrich Hegel

What is the odds? Was macht es schon aus, wenn man an der Grenze der Unverständlichkeit sagt, dass Kognition (und Kommunikation) auf unterschiedenen Unterschieden beruhen, die sich ihrerseits unterscheiden und bezeichnen lassen, die also zum Einsatz kommen, wenn man irgendwie einen Unterscheider hat, der aber nicht minder unterschieden werden muss, damit er vor die Kulissen treten kann: als Beobachter, dem einst ein so gravitätischer Titel wie ‚Subjekt' verliehen wurde, ein Titel, der heute nur noch und allenfalls als Markierung einer Dienstuntauglichkeit dienlich zu sein scheint und ansonsten den Status einer epistemologischen Blockade einnimmt? –

Es macht prima vista wenig aus, könnte man sagen, denn Sinnsysteme, als die wir psychische *und* soziale Systeme aufzufassen geneigt sind, arbeiten gleichwohl robust und unbekümmert um solche Zirkularitäten und Subtilitäten vor sich hin. Erst der nicht-alltägliche, der wissenschaftliche Versuch, zu verstehen, wie diese Robustheit möglich ist, erst die Revitalisierung des alten Staunens über den mirakulösen Umstand, dass in einem ungeheuerlichen Universum beobachtet, gedacht und kommuniziert wird unter unausdenkbar komplexen Voraussetzungen, die exakt durch dieses Denken und Kommunizieren entstehen, führt auf die Frage, was sich da wie und auf welche Weise konditioniert so eindrucksvoll geordnet abspult, dass man gar nicht umhinkommt, ordnungsbefähigte Beobachter zu unterstellen, zugrundeliegende Einheiten (hypokeimena, Subjekte), die sich ihre Objekte (ihre Welt, ihre ‚Entgegengeworfenheiten') konstruieren, und zwar so, dass wissenschaftliche Beobachter, die Teil dieser Welt sind, also dieselben Operationen der Beobachtung vollziehen, es unternehmen können, ebendiese beobachtungsgestützten Projektionen zu rekonstruieren.

Und dabei schließlich auf sich selbst stoßen, oder besser: darauf, dass ihre Beobachtungen nicht weniger an Kognition und Kommunikation geknüpft sind als die der Beobachter, die sie beobachten. Und das heißt auch: Sie entdecken sich als nicht-privilegierte Konstrukteure von Konstruktionen und damit zugleich: als eingewoben in ein never-ending game unterscheidender, bezeichnender *Bezugnahmen*, als – wenn man Bilder aus anderen Kulturkreisen sucht – eingebunden in das kristallene Netz der Gottheit Indra, in dem alles, was ist, irgendwie gespiegeltes Spiegelbild in Spiegeln ist. Die alte Metapher vom Schleier der Maya gewinnt dann einen auch in der Moderne jählings plausiblen Sinn.

Es nimmt nicht Wunder, dass jene Entdeckung des Beobachters, des Beobachtens, der Beobachtungsabhängigkeit der Welt, die wir – beobachtend – instituieren, danach schreit, erkenntnistheoretisch unterfüttert, logisch reformuliert und damit der wissenschaftlichen ‚Kontingenzabwehr' (i.e. wissenschaftsspezifischer Limitationalität) unterzogen oder gar unterworfen zu werden. Ob Psychologie, Soziologie, Quantenphysik – der Kobold des Beobachters sitzt irgendwie im System und lässt sich nicht finden, er ist drin, und er ist nicht drin. Er wird unterschieden, aber verschwindet mit jeder Markierung, die ihn unterscheidet. Er ist so etwas wie ein ‚Realphantasma', das in jede Beobachtungsoperation hinein- und damit gewissermaßen hinauskalkuliert wird. Niemand, der das Geschäft des Denkens ernsthaft betreibt, kommt um die Virulenz (in jedem Sinne dieses Wortes) dieses observatorischen *deus ex machina* herum, der dann manchen (ontologisch gesonnenen) Beobachtern ‚most tricky' erscheint, als (mitunter brillante) Inszenierung eines epistemologischen ‚thrilling effect', eines *McGuffins*, der in den bizarren Hochabstraktionen sich als universal gerierender Großtheorien und ihrer Rhetorik residiert.

Seit langem geht nun ein Geraune (heute schon: ein Lärm) um in den einschlägigen Wissenschaften (insbesondere aber in der systemtheoretisch inspirierten Soziologie), dass ein Wissenschaftsaußenseiter, der klassische Fall eines Originalgenies, George Spencer Brown, eine Methode, einen Kalkül entwickelt habe, der in der Lage sei, sich der neuartigen Situation einer beobachtungsabhängigen Welt anzuschmiegen. Viele beziehen sich mittlerweile auf die *Laws of Form*, auf die *Gesetze der Form*, wobei sich durchaus der Eindruck einstellt, dass diese Bezüge ‚Rosinen-pickende'

Bezüge sind: Ausgewählt wird, was passt; ausgeblendet wird der ‚Apparatus' der *Laws of Form*, vor allem auch die mathematisch-logische Komplexität, die erst im (Komplett)Durchgang durch den Kalkül ihre Mächtigkeit erweisen könnte.

Das Dauerbombardement, dem man mit Ausdrücken wie *re-entry, distinction, indication, unmarked space, empty space, Kanon Null* etc. ausgesetzt wird, ist mehrfach fatal: Es stumpft ab, es lässt nicht selten durchschließen auf mangelnde Kenntnis der operativen Grundlagen der *Laws*, und: Diese Begriffe werden auf Teufelkommraus auf beliebige Gegenstände angewandt. Sie mutieren zum Jargon, nicht zu dem der Eigentlichkeit, sondern zu dem einer Uneigentlichkeit, den jede akademische Redlichkeit zu Recht verabscheut.

Die Ursache für diese Entwicklung liegt nicht darin, dass Spencer Brown falsch, aber seltsam anschlussfähig gedacht hat. Ich zumindest habe nicht den mindesten Zweifel an der Bedeutung seines Werkes. Meine Vermutung geht dahin, dass sich die Mathematik, die Logik des Kalküls auf Grund ihrer Formalität nicht formal denkenden Wissenschaftlern und Intellektuellen entzieht, dass sie abschreckt und deswegen zur flüchtigen Rezeption verleitet und dann vielleicht auch zu flüchtigen (modischen) Schlussfolgerungen. Mir scheint, dass bislang ein Brückenschlag gefehlt hat, der einfache Versuch, den Kalkül – ohne seine Komplexität aufzugeben – denjenigen zu vermitteln, für die Mathematik (Logik eingeschlossen) eine vage Schulerinnerung ist.

Unter diesen Voraussetzungen begegnete ich vor Jahren dem jungen Hamburger Mathematiker Felix Lau, der genau an diesem Projekt arbeitete, eine kurze (klare, aber nicht unterkomplexe) Einführung in die *Laws of Form* zu entwickeln. Ich habe ihn dazu ermutigt, diese Arbeit weiterzutreiben, auch dazu, sie auszustatten mit Verweisen auf das, was mittlerweile etwa in der Systemtheorie mit Spencer Brown passiert ist, ferner mit Hinweisen darauf, dass das Werk dieses Denkers weltbildbedeutsame Konsequenzen hat, die nicht ignorabel sind. Und nun ist es glücklicherweise dazu gekommen, dass das Buch, das dabei entstanden ist, publiziert wird. Ich freue mich sehr darüber und wiege mich in der Hoffnung, dass diejenigen, die kundig werden wollen in den Gesetzen der Form, nun über eine Brücke gehen können, nach deren Überschreiten die Originaltexte Spencer Browns ein ganz anderes Feuerwerk aufsprühen lassen, als es die matten Lichter sind, die sich bei nur flüchtiger Inaugenscheinnahme dieser Texte sehen lassen.

Habent sua fata libelli, sagen die Lateiner: Bücher haben ihre Schicksale. Sie streuen unkontrollierte Wirkungen. Diesem *libellum* wünsche ich, dass es auslöst, weswegen es geschrieben wurde: Intensive Arbeit an und mit den *Laws of Form*.

What is the odds? Was macht es schon aus? – Das war die Eingangsfrage dieses Vorwortes, die damit spielt, dass ‚odds' auch im Wortfeld der ‚Unterschiede', der *differences, distinctions,* der *varieties* semantisch beheimatet ist.

Meine in diesem Verständnis wiederum mehrdeutige Antwort:

It may give somebody odds.

Peter Fuchs, Travenbrück im Sommer 2005

Einleitung

Das Besondere an den *Laws of Form* ist, dass sie etwas ganz und gar Allgemeines, also gerade nichts Besonderes, veranschaulichen. Ihr spezielles Thema ist das Allgemeine, das Alltägliche und deshalb leicht aus den Augen zu verlierende Immer-Gegenwärtige: das Treffen von Unterscheidungen.

Vor nunmehr dreieinhalb Jahrzehnten ist das Buch *Laws of Form* erschienen. George Spencer Brown, der insgesamt fast zehn Jahre daran arbeitete, veröffentlichte es Anfang 1969 in dem Londoner Verlag Allen and Unwin Ltd. Die ursprüngliche Idee, einen mathematischen Kalkül, den so genannten Indikationenkalkül zu erdenken, war ganz praktischer Natur. Als Ingenieur bei der British Railways war er Ende der 50er Jahre damit beauftragt, Schaltungen (Stromkreise) von An-/Aus-Schaltern zu entwickeln, deren eine zum Beispiel dafür eingesetzt wurde, die Anzahl der Wagons in einem Tunnel zu zählen und zu erinnern. Das war damals anscheinend ein gravierendes Problem, denn der Zähler musste rückwärts und vorwärts zählen sowie simultan erinnern können, wie viele Wagons es waren, und sollte sehr einfach und zuverlässig sein. Es war wohl eine intuitive Idee, mit der George Spencer Brown das Problem löste, die auf der Verwendung von bis dato unbekannten *imaginären* Booleschen Werten basierte. Es muss an dieser Stelle noch unklar sein, was mit imaginären Booleschen Werten gemeint sein kann. Denn Boolesche Werte, die zum Beispiel durch 1 und 0 dargestellt werden können, sind ja unter anderem dadurch ausgezeichnet, dass es keine weiteren Werte gibt, auch keine imaginären. Insofern entstand zugleich ein neues Problem: Seine Idee funktionierte, aber es gab keine mathematische Theorie, die diese Vorgehensweise rechtfertigen konnte. Die Ausarbeitung eines mathematischen Kalküls, der imaginäre Werte beinhaltet, beschreibt den pragmatischen Auslöser für das Entstehen der *Laws of Form*.

Zu dieser Zeit, Anfang der 60er Jahre, konnte George Spencer Brown nicht ahnen, welche Früchte dieses Vorhaben noch hervorbringen würde. Wie er selbst (während der noch zu erwähnenden AUM-Konferenz) sagt, konnte er erst gegen Ende seiner Arbeit erkennen, was er im Begriff war zu erschaffen. Er entdeckte mit den *Laws of Form* das einfachste Fundament, das heißt die einfachsten Aussagen über den mathematischen Anfang. Er erkannte, dass die gesamte mathematische Welt – aber nicht nur diese – darauf basiert, dass jemand eine Unterscheidung trifft.

Die *Laws of Form* von George Spencer Brown stellen einen mathematischen Kalkül dar, in dem das Treffen von Unterscheidungen formal behandelt und schließlich der Beobachter, der unterscheidet, als ständig implizit entdeckt wird. Insofern sind die *Laws of Form* nicht nur ein mathematischer sondern auch ein philosophischer oder genauer: erkenntnistheoretischer Text. Sie liefern ein stichhaltiges mathematisches Argument, den Beobachter in Betracht zu ziehen, und stehen auch für die Entdeckung des Beobachters in der Mathematik. In diesem Sinne können wir die Unterscheidung zwischen dem formalen Kalkül und seiner erkenntnistheoretischen Bedeutung repräsentieren durch die den vorliegenden Text strukturierende Unterscheidung zwischen einer expliziten mathematischen und einer impliziten philosophischen Perspektive auf die *Laws of Form*.

So wie es bezüglich der mathematischen Lesart noch nicht einmal um Zahlen, Mengen oder mathematisch-logische Zusammenhänge geht, so findet man in der philosophischen Auseinandersetzung keine bestimmten, konkreten Gesetze in Form von wahren Sätzen oder Annahmen, wie die Wirklichkeit denn nun wirklich ist. Es geht bei den Gesetzen der Form darum, wie einerseits mathematische Konzepte fundiert werden und wie es andererseits dazu kommt, dass uns ein Universum erscheint. Es geht nicht um Gesetze, *wie etwas ist*, sondern um die viel fundamentaleren Gesetze, die für das Erleben eines jeden Universums identisch sind: *wie es kommt, dass ist, was ist.*

Der berühmteste Anwender oder Verwender der *Laws of Form* ist der Systemtheoretiker Niklas Luhmann. Er zieht die „Differenzlogik" von George Spencer Brown für seine Systemtheorie heran, indem er einige wesentliche Ideen und Erkenntnisse gebraucht. Dabei bezieht sich Niklas Luhmann jedoch nicht auf die streng mathematischen Inhalte. Er betreibt weder Mathematik noch Logik. Einerseits sind die *Laws of Form*, als Differenzlogik, zentral für die Gesamtkonzeption der Systemtheorie, andererseits liegen auch die erkenntnistheoretischen Implikationen von Niklas Luhmann und George Spencer Brown auf einer Linie.

Aufgrund dieser bedeutenden Rezension richtet sich das vorliegende Buch in der Hauptsache an Leser und Leserinnen, die sich mit der Systemtheorie beschäftigen und genauer wissen wollen, was in den *Laws of Form* aufgezeigt wird, was damit implizit gemeint ist und warum dieses Buch Niklas Luhmann so faszinierte. Zudem dürfte diese Einführung für Mathematiker von Interesse sein, die sich mit den Grundlagen der Mathematik befassen und bereit sind, darüber zu reflektieren, ob es tatsächlich notwendig ist, eine logische Grundlage für Mathematik anzunehmen. Weiterhin werden in diesem Text die vagen und raren buddhistischen und daoistischen Andeutungen von George Spencer Brown aufgegriffen und ausgeführt, weshalb auch an fernöstlichen Philosophien Interessierte bei der Lektüre auf ihre Kosten kommen sollten.

Da Beobachtung in dem hier darzustellenden Theoriezusammenhang auf der Operation des Unterscheidens basiert, liegt

> „die am tiefsten eingreifende, für das Verständnis des Folgenden unentbehrliche Umstellung darin, dass nicht mehr von Objekten die Rede ist, sondern von Unterscheidungen." (LUHMANN 1997: 60)

Dabei werden Unterscheidungen nicht als Unterschiede im Sinne von vorhandenen Sachverhalten begriffen, sondern als Aufforderungen, sie zu treffen, weil wir andernfalls nichts anzeigen könnten, also nichts zu beobachten hätten. Im Vordergrund des Begriffes der Unterscheidung steht nicht dessen *Sortier*leistung, sondern seine *Konstruktions*leistung: jede Unterscheidung ist deshalb erkennbar, weil sie von jemandem (einem Beobachter) getroffen wird, und nicht, weil die Welt sie bereitstellt. Die Welt enthält keine Unterschiede.

Sowohl für Luhmann als auch für Spencer Brown gilt also, dass die Radikalität ihrer Theorien darin begründet liegt, dass sie von Differenz statt von Einheit ausgehen – das heißt mit Unterscheidungen beginnen, die ein Beobachter trifft, und nicht etwa mit einer Substanz oder Wesensannahmen oder einem feststehenden Prinzip. Für beide erschließt sich die Welt über Unterscheidungen statt über Dinge oder über vorhandene, grundlegende Ideen, die a priori gegeben wären.

Von Objekten oder Gegenständen werden wir deshalb nicht mehr sprechen, weil wir im Anschluss an den Kalkül von George Spencer Brown festhalten können, dass unser Erleben solcher Objekte ein Ergebnis des Unterscheidens ist. Beispielsweise ist damit „Materie" nur eine Seite einer Unterscheidung, deren andere (zum Beispiel „Geist" oder „Form") erst mitfestlegt, was mit „Materie" gemeint ist, wenn jemand von „Materie" spricht. Mit anderen Worten: Das, was als Ausgangspunkt genommen wird, um Aussagen über Erkenntnis zu machen, wird nicht mehr aufgefasst als eine zu entdeckende Wirklichkeit, sondern liegt in dem Prozess (und der Faktizität) des Treffens von Unterscheidungen.

Aber auch wenn man anderen modernen Theorien (etwa der Relativitätstheorie und der Quantenmechanik in der Physik oder der neurologischen Forschung in der Biologie) folgt, kann man seit einigen Jahrzehnten wissen, dass man für ein angemessenes Verständnis unserer Welt zweierlei berücksichtigen muss: nicht nur die Wirklichkeit, wie sie erscheint, sondern auch den Beobachter, dem sie erscheint. Aus der

Perspektive des Beobachters kann man dann formulieren, nicht nur die äußere materielle Wirklichkeit zu untersuchen, sondern auch die innere, die Welt der Motive, Wertungen, Urteile oder auch dessen, was wir unzweifelhaft zu wissen meinen. Dem liegt der Gedanke zu Grunde, dass uns die Wirklichkeit unserem eigenen Sein entsprechend erscheint – das heißt, letztlich abhängt von den Unterscheidungen, die ein Beobachter verwendet, der eine Wirklichkeit erlebt.

Man beachte, dass die Formulierungen des vorhergehenden Absatzes eine grundlegende Unterscheidung „ontologisieren", als vorhanden voraussetzen: die Unterscheidung zwischen Beobachtetem und Beobachtendem. In dem Teil zu einer Spencer Brownschen Erkenntnistheorie werden wir einen Standpunkt erreichen, der selbst diese Unterscheidung aufhebt und auf einen Beobachter zurückführt – ausgegangen wird also ausschließlich von der Tatsächlichkeit des Treffens von Unterscheidungen.

Neben der Entdeckung des Beobachters und dem differenztheoretischen Fundament ist als drittes zentrales Thema dieses Einführungstextes die Formalisierung von Selbstbezüglichkeit zu nennen. Damit können paradoxe Formen, die in selbstbezüglichen Strukturen unweigerlich auftreten, in die mathematische Theorie integriert werden. Und auch für die korrespondierende formtheoretische Erkenntnistheorie spielen Zirkularität und die Idee der *konditionierten Koproduktion* eine wesentliche Rolle.

Ausgehend von einem ausführlich erläuternden Nachvollzug des Indikationenkalküls (Teil I) enthält der vorliegende Text eine den *Laws of Form* immanente Begründung dafür, dass Mathematik der Logik zu Grunde liegt, womit Paradoxien in die mathematische Theorie integriert werden können (Teil II), und eine Darstellung einer „formtheoretischen Erkenntnistheorie", womit eine Erläuterung der philosophischen Perspektive auf die *Laws of Form* gemeint ist (Teil III).

Danke!

Ich danke zuallererst Herrn Prof. Dr. Peter Fuchs, dass er die Idee, dieses Buch zu schreiben, an mich herantrug und in der Folge steter Unterstützer, Ansprechpartner und Fürsprecher war. Zeitlich gingen dem voraus Herr Prof. Dr. Hubert Wudtke, der als systemtheoretisch versierter Pädagoge mich, als damaligen Studenten der Mathematik, bat, ihm einen „merkwürdigen Text“ zu erklären, und Herr Prof. Dr. Werner Diederich, der meine Examensarbeit zur *„Logik“ des radikalen Konstruktivismus* begleitete. Auch ihnen möchte ich an dieser Stelle sehr danken. Als die Rohform des Textes fertig war, gab mir Herr Prof. Dr. Matthias Varga von Kibéd einige sehr hilfreiche Anstöße, wofür ich ihm danke.

Ein großer Dank ganz anderer Qualität gebührt Mari-Annukka Lechte, der Mutter unserer Kinder Taja Luna und Joona Milian, die ganz pragmatisch mein Leben unterstützte und auf ihre liebevoll anspornende Weise zum Entstehen dieses Textes beitrug. Viele halfen durch konstruktive Gespräche und Kritik. Von diesen möchte ich Andreas Muth, Arne Wendtland und Knut Gollenbek hervorheben, die den Text am deutlichsten mitprägten. Für die undankbare Aufgabe und unschätzbare Hilfe, unfertige Texte zu lesen und „auf die Reihe“ zu bringen, danke ich ganz herzlich Sabina Welling, Helmar Galley und noch einmal Andreas Muth. Für viele Anregungen und Korrekturen bedanke ich mich bei Jendrik Rothstein, Thomas Piesbergen, Eike Jonas, Olli Ferreira und Lars Schultze.

Ich danke auch Frau Sauer von der Hans-Sauer-Stiftung, die den Druckkostenzuschuss sponsorte. Diese Stiftung verfolgt erfreulicherweise Ziele, die auch dem unterstützten Buch zugeschrieben werden können: Kreativität, Innovation, Vernetzung (Kybernetik und Holismus) und eine verantwortungsvolle Lebensgestaltung.

Einführender Überblick

Das Ziel dieser Einführung ist es, möglichst umfassend über die *Laws of Form* zu informieren. Ausgangspunkt für eine differenzierte Darstellung der *Laws of Form* ist die Unterscheidung zwischen dem Indikationenkalkül als einem mathematischen Formalismus und seinen erkenntnistheoretischen Implikationen. Das entspricht der Unterscheidung zwischen einem mathematischen und einem philosophischen Zugang. Der auf der Hand liegende mathematische wird in dem vorliegenden Text repräsentiert durch einerseits einen darstellenden und erläuternden Nachvollzug des Indikationenkalküls (Teil I) und andererseits durch eine Präzisierung des Begriffs der Paradoxie und seiner Integration in die mathematische Theorie (Teil II). Der philosophische Zugang zu den *Laws of Form* betrifft Fragen nach Erkenntnis und Realität, weshalb später auch von Erkenntnistheorie die Rede sein wird, und findet Ausdruck in einer Interpretation der verschiedenen Ergebnisse und Erkenntnisse, die der Kalkül hervorbringt, sowie einiger damit zusammenhängende Anmerkungen von George Spencer Brown (Teil III). Um den mathematischen Kalkül von seiner philosophischen Deutung zu unterscheiden, sprechen wir zum einen vom „Indikationenkalkül" und zum anderen vom „Kalkül der Beobachtung". Wenn auf deren Einheit, repräsentiert durch den Text von George Spencer Brown, rekurriert wird, gebrauchen wir den Namen *Laws of Form*.

Im vorliegenden Text wird kein Wissen als bekannt vorausgesetzt. Alles, was notwendig ist, um dem Text der *Laws of Form* gut folgen zu können, wird erläutert. Es sind auch keine systemtheoretischen Vorkenntnisse nötig, wenngleich sie das Verständnis an einigen relevanten Stellen sicherlich erleichtern. Nichtsdestotrotz ist das Thema dieses Textes einigen Leserinnen und Lesern vermutlich fremd, weshalb ich dem Text ein Glossar angefügt habe (S. 200ff.).

Vorweg einige begriffliche Entscheidungen zur Übersetzung des englischen Originaltextes:

Durchgängig wurde die Übersetzung von Thomas Wolf verwendet, die in der deutschen Ausgabe der *Laws of Form* abgedruckt ist. Auch wenn mir dessen Übersetzung grundsätzlich gelungen scheint, werden im Folgenden einige Begriffe anders wiedergegeben, um eine größere inhaltliche Prägnanz zu erreichen.[1]

---

[1] Um den Lesenden möglichst viel Spielraum für eigene Interpretationen zu geben, habe ich den deutschen Zitaten aus den *Laws of Form* die englischen Originale in Fußnoten zur Seite gestellt. Das vor allem deshalb, weil der Originaltext an vielen Stellen durch vagere oder präzisere Formulierungen weitere Anregungen evoziert.

Den wohl am häufigsten zitierten Begriff aus den *Laws of Form* – *re-entry* – habe ich unübersetzt gelassen, da er in der einschlägigen Literatur gängig ist. Die auch vorkommende Übersetzung durch „Wieder-Eintritt" halte ich für möglich, insbesondere angebracht zur Vermeidung von Anglizismen, wenngleich der Begriff Wieder-Eintritt die Vorstellung evoziert, draußen gewesen zu sein. Da das nicht gemeint ist, könnte man in Betracht ziehen, ob nicht auch „Selbsteintritt" eine hilfreiche Übersetzung ist. Denn das „wieder" bezieht sich darauf, dass eine Unterscheidung in sich *selbst wieder* eingeführt wird (auf einer ihrer Seiten). Demgegenüber habe ich *entry* aus sprachlichen Gründen gelegentlich mit „Eintritt" übersetzt. (Für eine Erörterung dieser Übersetzung siehe auch den ersten Absatz des Kapitels I. 1. „Vor dem Eintritt (*entry*)", S. 32)

Die Bezeichnung *cross* bleibt in diesem Text unübersetzt, da es kein deutsches Wort gibt, das ebenso die beiden Bedeutungen als Substantiv und Verb (Imperativ) trägt.[2] Also: „*cross*" im Sinne von „das Kreuz" und „*cross*!" im Sinne von „kreuze!".

Um einer andauernden Unklarheit entgegenzuwirken, habe ich mich entschlossen, den Begriff *indication* nicht mit „Bezeichnung" zu übersetzen, auch wenn dies in der Literatur inzwischen üblich geworden ist.[3] Denn dieser Begriff legt nahe, dass es eines Zeichens bedürfte. Es geht jedoch vielmehr um eine Hinwendung, eine Hervorhebung, die die zwei Seiten einer Unterscheidung unterscheidet. Deshalb wird in diesem Text der Begriff „Anzeige" verwendet. (Siehe für eine ausführliche Begründung dieser Entscheidung den Abschnitt „Grundlegende Ideen: Unterscheidung und Anzeige" in I. 1., S. 35f.)

Weiterhin wird in dem hier präsentierten darstellenden Nachvollzug des Indikationenkalküls im Gegensatz zu den *Laws of Form* der Beobachter und der Begriff des Beobachtens schon zu Beginn eingeführt. Dort taucht der Beobachter erst im letzten, selbstbezüglichen Kapitel auf. Hier geschieht das schon am Anfang, noch vor dem *entry*, als Hilfe, die Begriffe „Unterscheiden" und „Anzeigen" umfassender beschreiben zu können, indem auch ihre Einheit benannt wird. Ein weiterer Grund, so vorzugehen, besteht darin, dass die meisten Lesenden dieses Begriffsverständnis vermutlich schon mitbringen.

---

[2] Matthias Varga von Kibéd hat mich auf den Begriff der „Quere" aufmerksam gemacht, der zwar diese beiden Bedeutungen mitführt, aber zu ungewohnten Formulierungen führt.

[3] Das kürzlich erschienene „Lehrbuch" zu den *Laws of Form* von Wille, Schönfelder und Hölscher bildet eine erfreuliche Ausnahme, indem dort *indication* mit „Hinweis" übersetzt wird.

Der folgende ***inhaltliche Leitfaden*** gibt einen Überblick über den Aufbau des vorliegenden Textes und die Zusammenhänge zwischen den drei Teilen.

I. Der erste Teil dieser Einführung zeichnet den formalen Aufbau der *Laws of Form* nach, indem die wesentlichen Ideen und Wendungen ausführlich erläutert und in einen verständlichen Zusammenhang gebracht werden. Die Darstellung des Indikationenkalküls hält sich sehr nah an den Text der *Laws of Form*, was auch hervorgehoben wird durch die kursiven, rechtsbündigen Überschriften, die die Kapitel der *Laws of Form* markieren. Jene Kapitel der *Laws of Form*, die lediglich formale Konsequenzen und deren Demonstrationen enthalten – in denen also „gerechnet" wird –, werden in dieser Darstellung nur am Rande behandelt, um nicht den Rahmen dieser Einführung zu sprengen. Ein Ziel des vorliegenden Textes ist also, dass er die Lesenden in die Lage versetzt, jene Kapitel selbständig nachvollziehen zu können.

Der Kalkül, den George Spencer Brown in den *Laws of Form* entfaltet und den er Indikationenkalkül nennt, beginnt mit den Ideen der Unterscheidung und der Anzeige. Die Definition der Unterscheidung als perfekte Be-Inhaltung bedeutet die Trennung eines Zustandes von einem anderen, so dass man von der einen auf die andere Seite der Unterscheidung nur gelangt, wenn man die gemeinsame Grenze kreuzt. Dabei ist die Anzeige das von der Unterscheidung Unterschiedene; mit ihr wird ausgedrückt, dass man stets eine Seite der Unterscheidung auswählt. Das heißt: Man kann eine Unterscheidung nur treffen, wenn man über die Anzeige eine Seite hervorhebt.

Klassischerweise beginnt ein Kalkül mit der Annahme von bestimmten „Dingen" wie Mengen oder Zahlen sowie Gesetzen und Relationen zwischen ihnen. Dies wird dann als gegeben angenommen und auf die eine oder andere Weise gerechtfertigt. Man muss etwas haben oder annehmen, um überhaupt etwas tun zu können. So geschieht es auch in den *Laws of Form*. Hier jedoch durch die Anweisung, eine Unterscheidung zu treffen.

Die Kalkulation des Indikationenkalküls wird in Gang gesetzt mit der Aufforderung: „Triff eine Unterscheidung!" Das Fundament der Kalkulation sind dann zwei einfache Axiome, die aus den Ideen der Unterscheidung und Anzeige folgen. Aus oder mit diesen Axiomen können kompliziertere Ausdrücke entwickelt werden, an denen dann Regelmäßigkeiten entdecken werden können, die so genannten Konsequenzen und Theoreme. Die Konsequenzen lassen sich unterscheiden in jene, die keine Variablen enthalten (Arithmetik), und jene, die Zusammenhänge auch zwischen variablen Ausdrücken herstellen (Algebra).

Die Gesetzmäßigkeiten, die sich aus den beiden Axiomen ergeben, werden in den *Laws of Form* zunächst so weit entfaltet, bis sich die Vollständigkeit und die Widerspruchsfreiheit des Indikationenkalküls beweisen lassen. Dann findet ein Übergang zu unendlich langen Ausdrücken statt, der die eigentliche Neuerung für die mathematische Theorie darstellt. Solche Ausdrücke können durch Selbstbezüglichkeit formalisiert werden und wir erhalten darüber ein neues (in der numerischen Mathematik allerdings alt bekanntes) Kriterium, nach dem Ausdrücke unterschieden werden können: der Grad einer Gleichung, ihr Grad an Unbestimmtheit. Die bis dahin in der Primären Arithmetik und Algebra betrachteten Gleichungen ersten Grades lassen sich stets bestimmen, da sie immer eindeutig entweder auf den angezeigten oder unangezeigten Zustand zurückführbar sind. Sie gestatten keine Unbestimmtheit. Aufgrund der Einfachheit des Indikationenkalküls ist es jedoch auch möglich, Selbstbezüglichkeit formal darzustellen und zu erkennen, dass Gleichungen hinsichtlich ihres Grades an Unbestimmtheit nicht beschränkt sind. Gleichungen zweiten Grades, mit denen dargestellt werden kann, dass ein Ausdruck in sich selbst auftritt, können im Wert oszillieren.[4] Im Abschnitt I. 4. „Gleichungen zweiten Grades“ werden wir sehen, wodurch imaginäre, das heißt oszillierende Werte entstehen, warum sie notwendig sind und wie sie dargestellt werden können. Das führt uns dann zur Form der Paradoxie.

Das Besondere am Indikationenkalkül ist, dass er zum einen anweisend (praktisch) statt annehmend (ontologisch) ist und zudem so allgemein und einfach beginnt, dass das mathematische Gebäude, das sich aus den Annahmen entfaltet, die Möglichkeit bereitstellt, den eigenen Anfang zu reflektieren. Das geschieht im 12. Kapitel der *Laws of Form* auf der formalen Grundlage aus dem 11. Kapitel: Selbstbezüglichkeit. Mit der „experimentellen Reflexion“ über den eigenen Anfang beschließt George Spencer Brown seine Darstellung und vollzieht den *re-entry* des Kalküls in seine eigenen Bedingungen – und die Bedeutung des Unterscheiders, des Beobachters kommt zum Vorschein.

II. In der vorliegenden Einführung folgt nach dem darstellenden Nachvollzug des Indikationenkalküls ein weiterer mathematischer Teil zur Form der Paradoxie. Dort wird der Versuch unternommen, Licht ins Dunkel der Grundlagen der Mathematik zu bringen, indem die Mathematik von ihren logischen Beschränkungen befreit wird. Anhand einiger beispiel-

---

[4] Nebenbei sei bemerkt, dass George Spencer Brown für seine Schaltung, mit der wie oben erwähnt, in einem Tunnel rangierende Wagons gezählt werden können, ein Patent angemeldet hat und die British Railways von seiner Erfindung noch immer Gebrauch macht.

hafter Paradoxien wird die allgemeine Form von Paradoxien dargestellt, sowie ihre Bedeutung und Notwendigkeit für die mathematische Theorie erörtert. Dabei zeigt sich, dass die *Laws of Form* das Problem lösen, das Auslöser der Grundlagenkrise der Mathematik war und ist, nämlich das Problem der Paradoxie, weil der Indikationenkalkül ein tragfähiger und neuartiger, weil Selbstbezüglichkeit einschließender Kalkül ist.

III. Die Mathematik der *Laws of Form* stellt jedoch nur die „äußere Form" des Textes dar. Mit den *Laws of Form* wird auch etwas gänzlich Unmathematisches zum Ausdruck gebracht. Betrachtet man die *Laws of Form* aus rein mathematischer Perspektive, bekommt man nicht in den Blick, wofür die *Laws of Form* exemplarisch stehen, was es ist, das hier in der Sprache der Mathematik formuliert wird. Wir nähern uns dem im dritten Teil, in dem eine formtheoretische Erkenntnistheorie entwickelt wird.

Eine im weitesten Sinne philosophische Dimension erhalten die *Laws of Form* durch die anfängliche Interpretation des *cross* als Unterscheidung und die finale Entdeckung des impliziten Beobachters. Denn alles, was ist, ist nur (in welcher Form auch immer) erkennbar, weil es durch Unterscheidungen von anderem unterschieden ist. Da die Idee der Unterscheidung so allgemein ist, können wir erkennen, dass wir schon immer unzählige Unterscheidungen treffen; allein um die Anweisung verstehen und ausführen zu können. Oder anders formuliert: Erkennt irgendjemand irgendetwas, so lässt sich der Erkenntnisprozess über die Ideen der Unterscheidung und Anzeige sehr allgemein beschreiben.

Den Zusammenhang von Mathematik und Erkenntnistheorie, wie er hier dargestellt wird, beschreibt George Spencer Brown in den „Anmerkungen zum mathematischen Zugang", mit dem die Originalausgabe der *Laws of Form* beginnt:

> „Obwohl alle Formen und somit alle Universen möglich sind, und jede besondere Form veränderlich ist, wird es offensichtlich, dass die Gesetze, die solche Formen in Beziehung bringen, die selben für jedes Universum sind. Es ist diese Selbigkeit, die Idee, dass wir eine Realität finden können, die unabhängig ist davon, wie das Universum tatsächlich erscheint, die dem Studium der Mathematik solche Faszination verleiht. Dass uns die Mathematik, gemeinsam mit anderen Kunstformen, über die gewöhnliche Existenz hinaus führen und uns etwas von der Struktur zeigen kann, in der alle Schöpfung zusammenhängt, ist keine neue Idee. Aber mathematische Texte beginnen die Geschichte irgendwo in der Mitte und überlassen es dem Leser, den Faden aufzunehmen, so gut er kann. Hier wird die

Geschichte vom Anfang an verfolgt.“ (SPENCER BROWN 1997: XXXV)[5]

Über die Begriffe der Unterscheidung und des Beobachters wird von dem Indikationenkalkül ein Bogen zu erkenntnistheoretischen Fragestellungen gespannt. Dabei werden die einzelnen Konsequenzen, Theoreme oder Kanons etc. des Kalküls nicht berücksichtigt, indem sie etwa „übersetzt“ würden in erkenntnistheoretische „Gesetze“, das hieße in Form von wahren allgemeingültigen Aussagen. Der Kalkül steht nicht in einem solchen Zusammenhang zu einer Wirklichkeit, wie sie uns Menschen erscheint. Die in dem Kalkül entdeckten Formen sind vielmehr Gesetze über das Zustandekommen einer Realität oder Wirklichkeit. Und diese Gesetze gipfeln in der Möglichkeit, Selbstbezüglichkeit formal darstellen zu können – und dadurch den Beobachter zu entdecken.

In den *Laws of Form* kommt der Beobachter ins Spiel, sobald der Indikationenkalkül bis zu einer gewissen Komplexität entfaltet worden ist, das heißt sobald Selbstbezüglichkeit dargestellt werden kann. Damit wird die Möglichkeit bereitgestellt, über die Einheit von Unterscheidung und Anzeige zu reflektieren. Letztlich kann man erst dann wissen, was es ist, das man formalisiert und *beobachtet* hat. Inwiefern wir davon sprechen können, dass die Einheit von Unterscheidung und Anzeige als Beobachtung verstanden werden kann, wird am Ende der Darstellung des Kalküls offenkundig und hier im erkenntnistheoretischen Teil ausführlich thematisiert. In dessen zweitem Kapitel wird die andere Seite des Beobachters: das Beobachtete, in den Blick genommen. Mit räumlicher und zeitlicher Existenz beginnend, werden Wahrheit, Anzeige und Form auf die Leere zurückgeführt. Der nullte Kanon, der erst für die deutsche Ausgabe geschrieben wurde und nach dem „alles“ und „nichts“ formal identisch sind, wird anschließend auch anhand der buddhistischen Weisheit „Form ist Leere, Leere ist Form“ thematisiert. Das dritte, die beiden vorangehenden zusammenführende Kapitel des dritten Teils geht der Frage nach, wie es überhaupt dazu kommt, dass es in einem Universum Bewusstsein

---

[5] Der zweite Absatz von „A note on the mathematical approach“ im Original: „Although all forms, and thus all universes, are possible, and any particular form is mutable, it becomes evident that the laws relating such forms are the same in any universe. It is this sameness, the idea that we can find a reality which is independent of how the universe actually appears, that lends such fascination to the study of mathematics. That mathematics, in common with other art forms, can lead us beyond ordinary existence, and can show us something of the structure in which all creation hangs together, is no new idea. But mathematical texts generally begin the story somewhere in the middle, leaving the reader to pick up the thread as best he can. Here the story is traced from the beginning.“ (SPENCER BROWN 1969: V)

über sich selbst gibt, das heißt, wie ein Universum überhaupt erst erscheinen kann. Dieses Kapitel beginnt mit einer Darstellung der Konzepte von Zirkularität und konditionierter Koproduktion, mit denen beschrieben werden kann, dass der Beobachter und das Beobachtete sich gegenseitig bedingen und formen. Die Darstellung schließt das für die Spencer Brownsche Erkenntnistheorie zentrale Konzept der „selektiven Blindheit" an, wonach drei Abschnitte zu Daoismus und Zen-Buddhismus und deren Zusammenhang mit den *Laws of Form* diese Einführung beenden.

Zur Rezeptionsgeschichte der *Laws of Form*

Die erste Besprechung der *Laws of Form* erschien im Frühjahr 1969 im *Whole Earth Catalogue* und wurde von Heinz von Foerster verfasst. Seine Begeisterung, die sich in einer euphorischen Rezension niederschlug, war Auslöser für eine der berühmt gewordenen Konferenzen der American University of Masters in Esalen. Im März 1973 nahm nicht nur Heinz von Foerster selbst an einem einwöchigen Seminar unter Führung von George Spencer Brown teil, sondern unter anderem auch Kurt von Meier, Cliff Barney, Gregory Bateson, Alan Watts, John Lilly, Douglas Kelly und Karl Pribram.[6]

Obwohl der Indikationenkalkül der *Laws of Form* einige Jahre für Aufsehen sorgte, entschwand er doch zumindest aus dem mathematischen Blickfeld.[7] Erst die Wiederentdeckung durch Niklas Luhmann Anfang der 80er Jahre, die auch die Konzeption der Systemtheorie mit der Veröffentlichung von *Soziale Systeme* (1984) maßgeblich veränderte, brachte die *Laws of Form* in den Rang eines Standardwerkes.

Niklas Luhmann ist, wie erwähnt, der prominenteste Anwender oder Verwender der *Laws of Form*. Zumindest betont er in allen umfangreicheren Texten, dass im Zentrum seiner differenztheoretischen Systemtheorie der „Kalkül des Unterscheidens und Bezeichnens" stehe. Ausgangspunkt des Exkurses in die Systemtheorie von Niklas Luhmann am Anfang des dritten Teiles des vorliegenden Textes ist die Annahme, dass der Systemtheorie eine Formtheorie zu Grunde liegt. Dort gehen wir den Fragen nach, wie Niklas Luhmann die *Laws of Form* gebraucht und warum.

---

[6] Eine lesenswerte Mitschrift von Cliff Barney und Kurt von Meier von der dann doch nur zwei- statt fünftägigen Konferenz (19.-20. März 1973) findet man auf der Internetseite http://www.lawsofform.org/aum/index.html (Stand: 12.07.2005)

[7] Und die Gründe wären wohl eher in der exzentrischen Person George Spencer Brown zu suchen als in dem Text der *Laws of Form*. In dieser streng wissenschaftlichen Gemeinde stößt man eben nicht auf offene Ohren, wenn man Theoreme als „engelartige Vorboten" beschreibt. Vor allem dann nicht, wenn ohnehin mit liebgewonnenen Denkgewohnheiten gebrochen wird – und Fachleute zu Novizen werden (würden).

Dieser Text soll diesbezüglich aufzeigen, wie eng die Luhmannsche Systemtheorie mit den Erkenntnissen des Indikationenkalküls zusammenhängt. Wie Niklas Luhmann stets hervorhebt, hat er seinen differenztheoretischen Ansatz den *Laws of Form* entnommen. Er übernimmt den Indikationenkalkül aber nicht in einem mathematischen Sinne in seine soziologische Theorie und befasst sich allenfalls am Rande mit der impliziten Erkenntnistheorie. Beides hat er als Soziologe nicht im Sinn. Er verwendet ihn vielmehr als Logik des Unterscheidens für seine funktionalen Analysen gesellschaftlicher Prozesse und Ereignisse. Das Differenzschema ist die seinen Ausführungen zu Grunde liegende konzeptionelle Struktur, mit der er differenztheoretisch Gesellschaft beobachtet. Aber nicht nur der Beobachtungs- und Formbegriff können fruchtbar gemacht werden, auch die Figur des *re-entries*, die die Platzierung einer Unterscheidung auf einer der Seiten der Unterscheidung beschreibt, und die damit zusammenhängende Bedeutung der Paradoxie verleihen Luhmanns Systemtheorie die nötige und Selbstbezüglichkeit berücksichtigende Komplexität, um spezifische Beobachtungen und Beobachtung selbst angemessen beschreiben zu können.

Als Sekundärliteratur zu den *Laws of Form* sind aus dem systemtheoretischen Zusammenhang – ausgenommen die zahlreichen Anmerkungen und Erläuterungen in den Texten von Niklas Luhmann – die beiden Aufsatzsammlungen hervorgegangen, die Dirk Baecker 1993 veröffentlicht hat (*Kalkül der Form* und *Probleme der Form*). Sie beinhalten fachspezifische Interpretationen des Kalküls bzw. Anwendungen für die Soziologie. So hat beispielsweise Fritz B. Simon den Kalkül für die systemische Therapie fruchtbar gemacht. Neben diesem gelten Matthias Varga von Kibéd und auch Francisco J. Varela, der in Anlehnung an den (und dann natürlich in Abgrenzung vom) Indikationenkalkül einen eigenen dreiwertigen Kalkül entwickelte, als ausgesprochene Kenner der *Laws of Form*. Zudem gibt es noch die Aufsätze in *Die Logik der Systeme*, herausgegeben von Peter-Ulrich Merz-Benz und Gerhard Wagner, die sich kritisch mit Niklas Luhmanns Verwendung der *Laws of Form* auseinander setzen. Erst kürzlich erschien von Holm von Egidy *Beobachtung der Wirklichkeit*, das einen Vergleich von Differenztheorie mit zwei buddhistischen Weisheiten zum Thema hat. Im November 2004 erschien das erste Einführungsbuch in die *Laws of Form* von Schönwälder, Wille und Hölscher[8] sowie im Februar 2005 ein knapper und lesenswerter einfüh-

[8] Der Text bietet einen guten Überblick, wo die *Laws of Form* überall Verwendung fanden und finden.

render Beitrag von Louis Kauffmann in dem treffend betitelten, von Dirk Baecker herausgegebenen Band *Schlüsselwerke der Systemtheorie*.

Noch ein Wort zu dem wissenschaftshistorischen Rahmen, in den die *Laws of Form* fallen:

Zwei wissenschaftliche bzw. wissenschaftstheoretische Erkenntnisse des letzten Jahrhunderts waren die Entdeckungen der Bedeutung der Selbstbezüglichkeit und des Beobachters, die beide in vielen Forschungsbereichen in den letzten Jahrzehnten zusehends an Relevanz gewannen.

Insbesondere in der Physik und der Biologie wurden und werden Theorien entwickelt, die die Gesetzmäßigkeiten unseres Lebensraumes zu erklären suchen. Jedoch legen einige Entwicklungen gerade in diesen Disziplinen seit Mitte des 20. Jahrhunderts nahe, die Beobachtung selbst als Element des Prozesses der Erzeugung von Erkenntnis über Realität einzubeziehen. Demnach würde der Beobachter das Beobachtete mitbestimmen. Dabei sei erneut an Quantenphysik und Neurobiologie erinnert. Auf dem Gebiet der Wissenschaftstheorie und der Philosophie sei auf Thomas S. Kuhn und Paul K. Feyerabend verwiesen, die sinngemäß behaupten: Das, was man sieht, ist durch die Konzepte bedingt, die man hat. Die *Laws of Form* repräsentieren und präzisieren diese Einsicht mit mathematischer Genauigkeit.

In den letzten Jahrzehnten hat sich ein wissenschaftlicher Habitus etabliert, sich davor zu hüten, von einem neuen Paradigma zu sprechen – als Reaktion auf den inflationären Gebrauch des Begriffes in der Nachfolge seiner Einführung in der Wissenschaftsphilosophie Thomas S. Kuhns. Und ein Paradigmenwechsel[9] wäre ja auch immer erst im Nachhinein feststellbar; denn: Man weiß jetzt noch nicht, welche Theorien sich evolutionär durchsetzen werden.

Nichtsdestoweniger kann man auch heute schon konstatieren, dass, wie auch immer sich Wissenschaft weiterentwickelt, sie die Beobachterposition integrieren und einen radikal neuen Umgang mit Paradoxien hervorbringen wird. Im Rahmen dieser Entwicklungen sind die *Laws of Form* ein Text, dessen Radikalität und Tiefe bis heute nicht ansatzweise erkannt und gewürdigt wurde. Diese Einführung versucht einen Beitrag zu leisten, diesen bedauerlichen Mangel zu beheben. Denn: Paradoxien sind Thema und Problem des 20. Jahrhunderts (Vgl. LUHMANN 1994: 93) und die Entdeckung des Beobachters liefert die oder besser: eine Lösung.

---

[9] Der Begriff des Paradigmenwechsels geht auf Thomas S. Kuhn zurück: *Die Struktur wissenschaftlicher Revolutionen*, 1999.

Die Methode von Befehl und Betrachtung

Der deutschen Auflage der *Laws of Form*, die 1997 erschien, stellt George Spencer Brown eine Diskussion der Unterscheidung zwischen den Methoden „Befehl und Betrachtung“ sowie „Gerede und Interpretation“ voran.[10] Da die Darstellungsmethode einen inneren Zusammenhang mit dem Thema der *Laws of Form* aufweist, wird sie hier kurz dargestellt. Der Unterschied der beiden Methoden beruht auf einer unterschiedlichen Sprachverwendung (anweisend – beschreibend), die mit einer Erkenntnis über Sprache korreliert: Gesagtes kann man glauben – aber nicht wissen.

Die von George Spencer Brown verwendete Methode beruht darauf, dass der Lernende bzw. Noch-nicht-Wissende Aufforderungen befolgt, bestimmte Operationen selbst durchzuführen und dann zu betrachten, wohin er mit ihnen gelangt. In herkömmlichen mathematischen Texten findet man keine Aufforderung, etwas selbst zu tun.[11] Die dort verwendete Formulierung „Es sei ...“ verschleiert die Herkunft einer Unterscheidung. Es wird also unentwegt unterstellt, dass bestimmte Dinge so-und-so sind (tatsächlich und von sich aus). Die Sprachform ist dann beschreibend und lässt insofern einen Spielraum für Meinungen und Interpretationen. Aber gerade die Mathematik kann sehr schön zeigen, dass das, was wir (als wahr) erkennen, von dem abhängt, was wir tun (müssen), um dorthin zu gelangen. Dann ist sie anweisend, mithin unabhängig von Meinungen, und impliziert, dass Erkenntnisleistungen immer Konstruktionsleistungen sind. Das heißt, die Definitionen und Unterscheidungen, die wir treffen, legen den Rahmen dessen fest, was wir erkennen können. Diese Auffassung widerspricht dem Glauben an Tatsachen und lenkt die Aufmerksamkeit auf die Bedingungen und Vorannahmen, unter denen jemand etwas (als wahr) erkennen kann. Insofern wird mit der Methode von Befehl und Betrachtung auch herausgestellt, was wir unter der „Form von Gesetzen“ verstehen können.

Dieser Vorgehensweise, bestimmte Konstruktionen, Benennungen und Berechnungen vorzuschlagen und dann zu betrachten, was man erhält, und welche Eigenschaften vorliegen, bedient sich George Spencer Brown für die Darstellung seines Indikationenkalküls. Wir können dies als Lenkung von Aufmerksamkeit verstehen und bemerken die Ähnlichkeit zur sokratischen Methode der vermittelnden Gesprächsführung. Die didaktische

---

[10] Man findet diese Unterscheidung in der ersten Vorbemerkung zu den *Gesetzen der Form*, überschrieben mit „Vorstellung der internationalen Ausgabe“, die sich in keiner anderen Ausgabe der *Laws of Form* findet.

[11] Ausgenommen natürlich die floskelhafte Aufforderung: „Den einfachen Beweis möge der interessierte Leser selbst finden.“

bzw. methodische Vorgehensweise von George Spencer Brown in den *Laws of Form* basiert demnach auf einem grundlegenden Wissen:

> „Überhaupt nichts kann durch Erzählen gewusst werden." (SPENCER BROWN 1997: XII)

Was man erzählt bekommt, kann man glauben oder lernen, aber nicht wissen. Wissen erlangt man allein durch eigene Erfahrung. Ohne Erfahrung ist „Wissen" abstrakt und leer – und mithin kein Wissen, sondern eben Glaube oder Meinung. Diesen Erfahrungshorizont des Wissens kann der Lehrende nur durch die Methode von Befehl und Betrachtung öffnen. Auf diese Weise wird der Lernende angeleitet, selbst zu entdecken, was es ist, das er weiß – er wusste vorher lediglich nicht, wie und wohin zu schauen.

In diesen Zusammenhang fällt, dass George Spencer Brown auf der Ebene der Rhetorik den Imperativ verwendet. Damit stellt er unentwegt heraus, dass es die Lesenden selbst sind, die die Unterscheidungen treffen, und nicht der Autor, der lediglich Vorschläge für zu treffende Unterscheidungen macht.[12] Da es auch eines seiner inhaltlichen Anliegen ist zu zeigen, dass wir selbst es sind, die unsere Welt durch die Beobachtung erzeugen, ist die Verwendung des Imperativs (als Aufforderung) Ausdruck seines Verständnisses von Welt. Er vertritt und betreibt diese These, indem er die Lesenden, die Beobachter seines Kalküls, anleitet, sich selbst als die Schöpfer der Form zu erkennen. Aus der dem Kalkül inhärenten Absage an wahrheitsfähige Sachverhalte im herkömmlichen Sinne ergibt sich die Darstellung und Durchführung des Kalküls vermittels der Form des Imperativs.

George Spencer Brown wendet sich also gegen eine Methode zum Wissenserwerb, die Gesetze und Definitionen so verwendet, als vermittel-

---

[12] In diesem Sinne ist auch die Kommunikationstheorie von Niklas Luhmann zu verstehen: Durch Kommunikation wird keine Information übertragen. Der Sprecher kann nicht wissen, wie der Hörer seine Aussagen versteht, was sie bei ihm bewirken, auf welchen Boden an Bedeutungen sie fallen; er kann nicht einmal sicherstellen, dass der Hörer die verwendeten Begriffe mit den von ihm gemeinten Unterscheidungen assoziiert, geschweige denn, dass er überhaupt zuhört.

Deshalb ergibt sich: Wollte man Wissen vermitteln, müsste man dem Gesprächspartner mitteilen, was er zu tun hat (welche Unterscheidungen er wie einzusetzen hat), so dass er das zu vermittelnde Wissen selbst erfährt. Denn dann gibt es keinen Zweifel und es ist keine Frage von Meinung mehr, dass das Befolgen der Anweisungen zu dem Ergebnis geführt hat. Gibt man beispielsweise einem Musiker die Anweisung, bestimmte Töne auf bestimmte Art und Weise zu spielen, ist es keine Frage von Meinung, wie das Stück klingt – wohingegen es Sache von Meinung und Geschmack bleibt, ob es einem gefällt oder wie man die Qualität der Aufführung einschätzt.

ten diese etwas objektiv Wahres. Hinter dieser Vorgehensweise sieht er die irrige Doktrin, dass jemand etwas wissen könne, indem man es ihm bloß erzählt. Stattdessen ist sein Vorschlag, gerade auch Gesetze und Definitionen nicht als Beschreibungen, sondern als Befehle oder Aufforderungen zu begreifen. Sie sind die Regeln von „Lasst uns so tun, als ob"-Spielen. Wenn wir also eine Definition gebrauchen oder ein Gesetz befolgen, meint George Spencer Brown, tun wir nichts, als diese zu gebrauchen oder zu befolgen; sie repräsentieren keine objektive und allgemeingültige Wahrheit. Aus diesem Grunde können wir nicht von falschen Definitionen sprechen. Die Definition der Methode von Befehl und Betrachtung könnte lauten: *Nenne dies so-und-so, tue jenes und schaue, was es ist, das du erhältst.*

Als Beispiel für seine methodische Vorgehensweise und dafür, wie man zu Wissen statt zu Glauben kommt, führt er einen (altbekannten) Beweis für die Unendlichkeit der Primzahlen an, in dem er das Augenmerk auf die anweisende Lehrform lenkt. Ausgangspunkt ist folgender: Ich habe jetzt zwar geschrieben – und Sie haben es vermutlich andernorts auch schon gehört –, dass es unendlich viele Primzahlen gibt, nur: damit wissen Sie noch nicht, dass das tatsächlich der Fall ist. Sie können es mir oder anderen nur glauben – bis Sie es wissen. Und wenn Sie es wissen, können und brauchen Sie es nicht mehr zu glauben. Um etwas zu wissen, muss man es „tiefer" erfahren haben – das hängt mit eigener Tätigkeit zusammen – als es das bloße Hören oder Lesen bewirken kann. In diesem Fall muss man selber nach- oder mitgedacht haben.

Wir bringen den Beweis, der auf Euklid zurückgeht, nicht aufgrund seiner Originalität, sondern weil er sich wegen seiner Anschaulichkeit und eleganten Einfachheit gerade für mathematische Laien eignet, die Methode von Befehl und Betrachtung selbst nachzuvollziehen. Mit der Darstellung von George Spencer Brown erkennt man anschaulich die allgemeine Form von Beweisen: Nenne dies so-und-so, berechne dieses und jenes, und betrachte, was es ist, das du erhältst. Es ist diese Beweisform, die auch hinter der Methode von Befehl und Betrachtung steht, die hier interessiert, denn der Beweis selbst ist geläufig, bietet nichts Neues.

Wenn man über einen Begriff der Primzahlen verfügt (Definition: Jede natürliche Zahl, die genau nur durch eins und sich selbst ohne Rest teilbar ist, wird Primzahl genannt) und eine Vorstellung davon hat, dass Zahlenmengen dahingehend charakterisiert (unterschieden) werden können, ob sie endlich oder unendlich viele Zahlen umfassen, kann man sich fragen, in welche Kategorie denn nun die Menge der Primzahlen fällt. Die reine Anschauung hilft da nicht weiter, da klarerweise die Dichte der Primzahlen mit der Größe der untersuchten Zahlenmenge abnimmt. Denn: Je größer eine Zahl ist, umso mehr mögliche Teiler gibt es. Vielleicht mag man nicht glauben, dass sie ein Ende nehmen, denn nur die Ausdünnung allein liefert keinen zwingenden Grund dafür, dass sie nicht endlos auftreten könnten. Man kann sich eine Meinung bilden, solange man nicht weiß, was der Fall ist. Also: Ist die Anzahl der Primzahlen endlich oder unendlich?

Sobald jemand Interesse daran hat, diese Frage zu entscheiden, also ein Motiv verfolgt, wird er nach einem Beweis bzw. einer Beweisidee suchen. Das ist die Form, Fragen mathematischer Art zu entscheiden. Und es ist auch klar, dass jede Zahlenmenge entweder endlich oder unendlich groß ist. Es kann nicht sein, dass sie beides, keines oder etwas „dazwischen" ist.

Eine Möglichkeit, sich der Frage der Mächtigkeit der Primzahlen zu nähern, ist anzunehmen, es gäbe endlich viele und mithin eine größte, nennen wir sie **m**. Die Annahme der Endlichkeit ist der erste Befehl, der zu befolgen ist; dass es dann eine größte Primzahl geben muss, ist die erste Betrachtung. Um den Beweis führen, verstehen und akzeptieren zu können, ist es nicht notwendig, diese größte Primzahl zu kennen. Es wird lediglich angenommen, es gäbe eine Zahl mit der Eigenschaft, die größte aller Primzahlen zu sein, so dass deren Anzahl endlich ist. Nehmen wir also an, es existiere **m**.

Die Beweisidee enthält folgende Anweisungen und Betrachtungen: Multipliziere alle Primzahlen bis zur größten (**m**) miteinander und addiere dann 1. Diese so produzierte Zahl, nenne sie **M+1**, ist durch keine der miteinander multiplizierten Primzahlen teilbar, welche der Annahme nach alle sind. Betrachte dazu folgende Überlegung: Wenn man **M+1** durch eine beliebige der endlich vielen Primzahlen teilt, dann bleibt stets der Rest eins, schließlich ist jede Primzahl Teiler von **M**. Und wenn eine Zahl durch keine Primzahl teilbar ist, dann ist sie durch überhaupt gar keine Zahl teilbar – außer durch sich selbst und durch 1.

Die Konstruktion von **M+1** erfolgte durch das Befolgen der Befehle, mit denen man sie bestimmen kann. Nun ist der Schluss aus der Beobachtung zu ziehen: **M+1** ist entweder selbst eine Primzahl (und größer als **m**) oder aus Faktoren zusammengesetzt, die größere Primzahlen als **m** sind. Als Veranschaulichung dieses Unterschiedes mögen folgende Beispiele dienen:

Nehmen wir an, 11 wäre die größte Primzahl, dann ist **M+1**: 2•3•5•7•11+1 = 2311. Diese Zahl ist prim. Nehmen wir an, 13 wäre die größte Primzahl, dann ist **M+1**: 2•3•5•7•11•13+1 = 30031. Diese Zahl ist selbst keine Primzahl, sondern das Produkt der Primzahlen 59 und 509. In beiden Fällen muss es mindestens eine Primzahl geben, die größer als **m** ist.

Damit wurde bewiesen, dass die Annahme, die Primzahlen seien endlich und es gäbe mithin eine größte, zu dem Schluss führt, dass es größere Primzahlen gibt und damit die Menge der Primzahlen unendlich groß ist. Dabei wird für den Beweis keine Primzahl berechnet oder bestimmt, sondern nur die Gewissheit erlangt, dass es eine größere als die angenommene geben muss.

Abgesehen von dieser schönen Beweisidee haben wir mitverfolgt, wie die Methode von Befehl und Betrachtung praktisch aussieht: Anweisungen ausführen („Nimm ... an", „Berechne ...") und zu überlegen, was es ist, das man so erhält, welche Eigenschaften vorliegen und was das hinsichtlich der zu klärenden Frage bedeutet.

Vor dem Hintergrund der „Methode von Befehl und Betrachtung“ ist auch zu verstehen, dass George Spencer Brown in dem ersten Vorwort der *Laws of Form*, der „Vorstellung der internationalen Ausgabe“, betont,

> „dass es in diesem Text nirgendwo einen einzigen Satz gibt, welcher besagt, was oder wie irgend etwas *ist*.“ (SPENCER BROWN 1997: X)[13]

Außer diesem Satz selbst. Ironischerweise ist diese Feststellung die einzige Setzung, der einzige Satz in den *Laws of Form*, der sagt, wie etwas ist, bzw. wie etwas nicht ist – das heißt, man kann das nur glauben oder nicht, bis man es durch den Nachvollzug des Kalküls geprüft hat. Der zitierte Satz bleibt jedoch ein Satz, der etwas darüber aussagt, was oder wie irgend etwas ist: Es ist so, dass es in den *Laws of Form* keinen Satz gibt, der besagt, was oder wie etwas ist. Diese Problematik wird entschärft, wenn man „diesen Text“ (Zitat) auf die Darstellung des Kalküls bezieht, also auf die 12 Kapitel des Haupttextes der *Laws of Form*. Hier soll nur vorbereitend darauf hingewiesen werden, dass diese Problematik dadurch entsteht, dass der zitierte Satz auch auf sich selbst bezogen wird. Für den Haupttext gilt tatsächlich, dass er nur Sätze enthält, die auffordern, etwas zu tun (zu benennen, zu unterscheiden, Regeln anzuwenden etc.) und zu betrachten, was sich daraus ergibt.

Da es eine der Absichten dieses Textes ist, anhand der *Laws of Form* zu zeigen, dass Objekte oder andere Manifestationen von Unterscheidungen in diesem Sinne nicht wirklich (objektiv, unabhängig) sind, da die Welt keine Unterscheidungen enthält, sondern wir Beobachter es sind, die diese mit dem Prozess des Beobachtens mit-produzieren, geraten wir in das Problem,

> „dass wir in einem Buch Worte und andere Symbole in einem Versuch gebrauchen müssen, das auszudrücken, was der Gebrauch von Worten und anderen Symbolen bislang verschleiert hat.“ (SPENCER BROWN 1997: XXXIV)

Denn Sprache ist, da sie auf den Gebrauch von Unterscheidungen angewiesen ist, einerseits unfähig zu beschreiben, *wie* Realität entsteht, andererseits ist sie aber gerade das Medium, das wir benötigen oder zumindest einsetzen, *so dass* Realität erzeugt und wahrgenommen werden kann. Erst indem die Aufmerksamkeit auf das Treffen von Unterscheidungen gerichtet wird, können wir erkennen, wie Realität zu Existenz gelangt, und einen Versuch unternehmen, durch Sprache das Unsagbare zu sagen. So benutzt

---

[13] Da der deutschen Ausgabe von 1997 insbesondere die „Vorstellung der internationalen Ausgabe“ und noch einige weitere Einleitungen aus vorherigen Auflagen vorangestellt wurden, gibt es für Zitate aus diesen Teilen der *Laws of Form* entweder gar keine englischsprachige Quelle oder keine aus der Originalausgabe.

die Lehr- oder Darstellungsmethode von Befehl und Betrachtung Sprache, um zu einer letztlich nicht-sprachlichen Erfahrung, Erkenntnis oder Einsicht zu führen.[14]

Sprache ist nur vorstellbar, indem mit ihr abgegrenzt wird, beispielsweise indem *jemand* über *etwas* spricht, und indem sie (bzw. mit ihr) zwischen dem, über das jemand spricht, und anderem, über das er nicht spricht, zu unterscheiden ermöglicht. Sprache gebraucht notwendig Unterscheidungen; und zwar in jeder Wortverwendung, da jedes Wort von anderem Unterschiedenes meint.

Wie wir aus dem Kalkül ersehen, sind Worte oder Namen nicht als Verweise auf eine unabhängige Realität zu verstehen. Vielmehr markieren sie Grenzziehungen eines Beobachters, denn sie erhalten ihren Gehalt eben nur durch einen Beobachter, der eine Anzeige verwendet, um eine Unterscheidung operativ brauchbar zu machen. Deshalb ist es unmöglich, die Welt oder Wirklichkeit, wie sie unabhängig von einem Beobachter sein könnte, zu beschreiben. Jede Beschreibung ist die Beschreibung eines Beobachters. Und jede Unterscheidung ist eine Unterscheidung eines Beobachters. Das, was der Fall ist, ist *immer* für einen Beobachter der Fall.

Zudem scheint Sprache dafür verantwortlich zu sein, dass wir die Unterscheidungen, die sie trifft oder die wir in oder mit ihr treffen, für *wahr* halten. So, als dächten wir, die Unterscheidungen und Bezeichnungen fänden sich in einer Wirklichkeit als objektiv gegeben, spiegelten diese gleichsam wider. Dies zu realisieren, dass Worte nichts Wirkliches bezeichnen oder anzeigen, sondern von jemandem verwendet werden, um die Welt handhabbar zu gestalten, meint George Spencer Brown, wenn er von „Entlernen" redet. In der „Einführung" in die *Laws of Form* spricht er vom

> „Entlernen der geläufigen deskriptiven Superstruktur, welche, bis sie abgelegt ist, irrtümlich für die Wirklichkeit gehalten werden kann."
> (SPENCER BROWN 1997: XXXIV)[15]

Für einen klaren Blick auf Realität wird es unerlässlich sein, die Unterscheidung zwischen dem Namen und dem Benannten nicht aus den Augen zu verlieren und in ihrer ganzen Tragweite zu erfassen. Hier soll die Aufmerksamkeit darauf gelenkt werden, dass wir leicht die Realität

---

[14] Man kann hier eine Verwandtschaft zu Ludwig Wittgensteins Sprachphilosophie vermuten, die auch George Spencer Brown in seinen Anmerkungen bestätigt. Matthias Varga von Kibéd hat diese Zusammenhänge beleuchtet in: „Wittgenstein und Spencer Brown" in WEINGARTNER/SCHURZ 1989.

[15] Im Original: „Unlearning of the current descriptive superstructure which, until it is unlearned, can be mistaken for the reality." (SPENCER BROWN 1969: XX)

verwechseln mit der Beschreibung von Realität, respektive mit unseren Gedanken über Realität, die beide Unterscheidungen benötigen. Ein Beispiel ist der Begriff „Mensch". Für die moralische oder (straf-) rechtliche Beurteilung von Abtreibung stellt sich unter anderen die Frage: Ab wann ist ein Fötus ein Mensch? (Oder auch: Wofür wird eine Unterscheidung zwischen Fötus und Mensch benötigt?) Man kann das nicht *wissen*. Man kann sich nur *entscheiden* und es dann so (oder anders) leben, indem man Abtreibung verbietet (oder gestattet). Am Beispiel des Begriffes „Mensch" wird auch deutlich, dass Begriffe je nach dem Zusammenhang, in dem sie gebraucht werden, Verschiedenes bezeichnen: Je nachdem, ob man von der Unterscheidung Mensch-Gott, Mensch-Tier oder Mensch-Maschine ausgeht, erhält der Begriff „Mensch" eine andere Bedeutung. Die Bedeutung eines Begriffes hängt an dem, was mit dem Begriff *nicht* gemeint ist. Das heißt, Sprache verschleiert, dass die Dinge nicht so sind, wie wir sie benennen, sondern wir durch die Benennung die Welt unterteilen – und letztlich die Freiheit haben, die Grenzen zu ziehen, wo es uns beliebt.

Im vorliegenden Text wird die Methode von Befehl und Betrachtung nicht durchgehalten. Er ist explizit beschreibend, erläuternd und interpretierend. Die *Laws of Form* wurden derart geschrieben, um die Form von Gesetzen demonstrieren zu können. Gesetze sind Aufforderungen und keine Beschreibungen von Ist-Zuständen. Der vorliegende Text zieht sich auf einen beschreibenden und erklärenden Standpunkt zurück, er beschreibt und erläutert die Anweisungen und Betrachtungen, die in den *Laws of Form* vorgenommen werden.

Teil I: Der Indikationenkalkül

Vorab eine terminologische Bemerkung: Als Namen für den in den *Laws of Form* entwickelten Kalkül wird „Indikationenkalkül" verwendet. Synonyme dafür, die sich in der Sekundärliteratur finden, sind die Namen „Formenkalkül", „Brownscher Kalkül" und „Kalkül der Bezeichnungen". Bezüglich der den *Laws of Form* inhärenten Erkenntnistheorie werden wir später auch vom „Kalkül der Beobachtung" sprechen. Dies alles sind (interpretative) Übersetzungen des von George Spencer Brown gewählten Namens *Calculus of Indication*.

Zur Verortung der *Laws of Form* in der Mathematik: Der Mathematiker versteht unter dem Begriff „Kalkül" ein Verfahren zur Erzeugung von Sätzen oder Zeichenreihen nach bestimmten festen Regeln. Dazu werden Grundsätze bzw. Axiome angenommen und vorausgesetzt ebenso wie Regeln, die angeben, wie diese grundlegenden Zeichenreihen verändert werden können. Das heißt, Kalküle sind Verfahren, aus „Grundfiguren" oder Gleichungen weitere zu erzeugen. Ein Kalkül ist demnach eine uninterpretierte Struktur, in der die Grundfiguren, die formalen Regeln zur Manipulation und die erzeugten Figuren wiedergegeben sind. Ein Kalkül liefert in diesem Sinne noch keine Bedeutung; er gibt lediglich Regeln und Zusammenhänge in Form von Zeichen an. Ziel ist es, genau die gültigen bzw. wahren Figuren oder Zeichenreihen durch den Kalkül zu erzeugen. Ein Kalkül wird häufig auch als „formales System" bezeichnet.[16] Ein Kalkül kann dann auf verschiedene Weisen interpretiert werden, indem man den Zeichen Bedeutung gibt. Zum Beispiel werden wir später sehen, dass der Indikationenkalkül als Prädikatenlogik ausgelegt werden kann, und auch, dass es möglich ist, ihn auf eine Weise zu interpretieren, die es erlaubt, mit ihm numerisch zu rechnen (siehe in II. 1. den Abschnitt „Die Interpretationen für Logik und Zahlen", S. 124ff.).

Das Fundament der Mathematik ist aber nicht numerischer Natur, enthält also noch kein explizites Konzept von Zahlen. Wenn man so will: Die fundamentalen mathematischen Beziehungen umfassen noch nicht genügend Unterscheidungen, sie sind noch zu einfach, um so etwas vergleichsweise Kompliziertes wie mit Zahlen rechnen oder auch Logik betreiben zu können. Üblicherweise wird heutzutage eine Form der Mengenlehre als Fundament der Mathematik angenommen. Wie die

[16] Eine leicht verständliche und auch für Laien gut nachvollziehbare Darstellung des Begriffes eines formalen Systems findet man bei HOFSTADTER 1993.

numerische Arithmetik (man denke an die Peano-Axiome[17]) und auch der Indikationenkalkül beinhaltet der Ansatz der Mengenlehre zunächst kein numerisches Konzept; das heißt, dass Zahlen nicht vorausgesetzt werden. Aber aus oder mit Hilfe der Mengenlehre wie auch des Indikationenkalküls und der numerischen Arithmetik kann der Begriff oder die Idee von Zahlen entwickelt werden. Während jedoch Mengenlehre und Arithmetik unter der Prämisse konstruiert sind, zu einem Konzept von Zahlen zu gelangen, können wir den Indikationenkalkül als fundamentaleren Versuch auffassen, die allgemeinsten mathematischen Beziehungen formal darzustellen, der eben auch – aber gewissermaßen nebenher – für Zahlen interpretiert werden kann.

---

[17] Der arithmetische Kalkül von Giuseppe Peano liefert die Zeichen, aus denen die natürlichen Zahlen gewonnen werden können.

1. Vor dem Eintritt (*entry*)

Im Folgenden wird unter „Eintritt“ (*entry*) das Treffen einer (ersten) Unterscheidung verstanden. Der Begriff veranschaulicht ein Durchschreiten, eine Veränderung, ein Losgehen oder Anfangen. Beim Eintreten wird eine Grenze überschritten. Zudem verweist der Begriff auf eine Tätigkeit, da immer jemand eintritt, sowie auf jemanden, der die Grenze kreuzt, und schließlich auf eine eigene Aktivität, da man nicht eingetreten werden kann. Durch die Verwendung dieses Begriffes soll vor allem aber auch der Zusammenhang mit dem *re-entry*, dem Wieder-Eintritt, begrifflich hervorgehoben werden. Andere mögliche Namen wie „Einsatz“, „Anfang“ oder „Ursprung“ haben andere Vorzüge, betonen andere Schwerpunkte (haben ihre Berechtigung, wenn man andere Motive verfolgt) und werden hier nur am Rande erwähnt. [18]

Dem ersten vorbereitenden Kapitel der *Laws of Form* sind selbst noch sechs chinesische Schriftzeichen vorangestellt, die dem ersten Abschnitt des *Dao De Jing* von Lao-Zi (etwa 500 v. Chr.) entnommen sind und wie folgt übersetzt werden können:

Der Anfang von Himmel und Erde ist namenlos.

Diese Voranstellung ist konzeptionell bedeutsam. Der Satz besagt, dass der Urgrund der folgenden Ausführungen, also der „Zustand“ noch vor dem Ausgangspunkt des Kalküls, Unterschiedslosigkeit ist. Denn: Wir können den Anfang von Himmel und Erde als ein Bild für die anfängliche, grundlegende Unterscheidung für ein Universum, wie George Spencer Brown das nennt, identifizieren. Wenn der Anfang namenlos ist, gibt es kein Motiv für eine Unterscheidung, er ist ununterschieden. Denn ein Name zeigt immer etwas in Unterscheidung zu anderem an, was eben nicht mit dem Namen gemeint ist. Und umgekehrt: Wenn der Anfang von Himmel und Erde unterschieden wäre, müsste etwas auf diesen Unterschied hinweisen; es bräuchte einen Namen oder eine Anzeige (Bezeichnung), um den

[18] In meiner Examensarbeit *Die „Logik“ des radikalen Konstruktivismus. Eine Untersuchung zu den „Laws of Form“ von George Spencer Brown* habe ich den Begriff *entry* noch mit „Einsatz“ übersetzt. Eine Metapher, die Peter Fuchs wegen der zahlreichen Anspielungen favorisiert(e). Dazu beachte man FUCHS 2003: 79. Für diesen Text habe ich mich für „Eintritt“ entschieden, weil dieser Begriff das Bild, mit etwas Neuem zu beginnen, deutlicher zum Ausdruck bringt; und nicht zuletzt wird der *re-entry* in der Literatur oft mit „Wieder-*eintritt*“ übersetzt. Darüber hinaus hat mir die Nähe von Einsatz und Setzung stets missfallen. Eine weitere interessante Vorstellung evoziert auch der Begriff „Eintrag“.

Unterschied festzustellen. Wenn es diese(n) nicht gibt, kann der namenlose Ur-Anfang auch nicht unterschieden sein.[19]

Für den mathematischen Zugang ist aber zunächst nur festzuhalten, dass es der Voranstellung der chinesischen Schriftzeichen zufolge keine Ideen oder Konzepte gibt, die vorausgesetzt wären. Auch zum Beispiel Raum, Zeit und Sprache liegen „nach" dem namenlosen Anfang, wenngleich sie für die Darstellung und Beschreibung der Gesetze der Form benötigt werden.

Wie in jedem Kalkül kann zwischen dem Formalismus und seiner Interpretation unterschieden werden. Ist Kalkulation einmal in Gang gesetzt – durch Zeichen und Regeln ihrer Manipulation –, kann man die Erforschung der Konsequenzen oder Regelmäßigkeiten als ein Spiel auffassen, bei dem von der Bedeutung oder Interpretation der Zeichen vollkommen abstrahiert wird. Im Falle des Indikationenkalküls ist die Interpretation des zu formalisierenden Symbols (das später eingeführte *cross*) das Treffen einer Unterscheidung. Das Spiel besteht dann darin, nach festgelegten Regeln so genannte Ausdrücke zu verändern und Regelmäßigkeiten zu entdecken, das heißt weitere Regeln zu finden.

In der Sprache des Kalküls erhalten unterschiedliche „Sorten" von Regeln unterschiedliche Namen. Die ursprünglichen ersten Regeln werden „Axiome" genannt. Sie können durch nichts als die Interpretation, der sie entspringen, gerechtfertigt werden. Ihre Umsetzung in die mathematische, symbolhafte Sprache werden „Initiale" genannt. Regeln – wie die im folgenden Absatz –, die außerhalb des Kalküls stehen, weil sie durch nichts als ihre Plausibilität zu rechtfertigen sind, erhalten die Bezeichnung „Kanons".

Der Anfang der Mathematik ist der Ort, an dem noch keine Gesetze, Definitionen, Regeln oder Operationen ins Leben gerufen wurden. Und von dort aus dürfen wir stets nur voraussetzen und verwenden, was wir vorher entdeckten. Dies selbst ist die erste Regel (später erster Kanon genannt), die wir finden, um die Präzision zu sichern; eine Regel über Regeln: Was nicht erlaubt ist, ist verboten.

---

[19] In den Abschnitten im dritten erkenntnistheoretischen Kapitel über die Zusammenhänge der *Laws of Form* mit Daoismus und Buddhismus werden wir diesen Ausgangspunkt wiederfinden. Den Raum, der vor einer ersten Unterscheidung *ist* (genaugenommen *ist* er nicht einmal, da man, um ihn so zu beschreiben, schon auf die Unterscheidung Sein – Nicht-Sein zugreift), nennt George Spencer Brown *empty space*. Im Daoismus wird der namenlose Ur-Anfang Dao genannt. Er ist das Unwandelbare. Das aus dem Dao stammende Prinzip von Yin-Yang symbolisiert den ständigen Wandel. Von beidem wird in dem Abschnitt zum Daoismus im erkenntnistheoretischen Teil dieses Textes noch die Rede sein.

Die Anweisung, eine Unterscheidung zu treffen, erfolgt erst am Anfang des zweiten Kapitels der *Laws of Form*. Das vorhergehende erste Kapitel hat vorbereitenden Charakter und beinhaltet Erläuterungen der Begriffe, die notwendig sind, um die Anweisung verstehen zu können, und Beschreibungen des Ursprungs, das heißt des Bodens, auf dem sich der Kalkül entwickelt. Zunächst wird die Aufmerksamkeit auf bestimmte Annahmen und Wortverwendungen gerichtet, die ohne weiteres einleuchten (sollen). Wesentlicher Inhalt dieses Kapitels sind dementsprechend die Ideen der Unterscheidung und Anzeige, die Definition der Unterscheidung und die sich daraus ergebenden Axiome, welche später formal umgesetzt werden und als grundlegende Gesetze der Manipulation bzw. Veränderung von Ausdrücken dienen.

Grundlegende Ideen: Unterscheidung und Anzeige

Mit dem ersten Satz des ersten Kapitels der *Laws of Form* werden die für den Kalkül grundlegende Unterscheidung und die entsprechenden Anzeigen (*indication*) in Form von Benennungen eingeführt:

> „Wir nehmen die Idee der Unterscheidung und die Idee der Bezeichnung [Anzeige; F. L.] als gegeben an, und dass wir keine Bezeichnung [Anzeige; F. L.] vornehmen können, ohne eine Unterscheidung zu treffen." (SPENCER BROWN 1997: 1)[21]

Damit werden nicht nur zwei Ideen als gegeben angenommen, sondern auch ein Unterschied zwischen ihnen gesehen. Mit der anfänglichen Unterscheidung zwischen Unterscheidung und Anzeige wird eine Asymmetrie in die ursprüngliche „Namenlosigkeit" oder Unterschiedslosigkeit gebracht. Die totale Symmetrie der Leere des namenlosen Uranfanges (der Anfang von Himmel und Erde) wird gebrochen. Es ist diese Unterscheidung, mit denen die *Laws of Form* einsetzen, weil sie die allgemeinste ist. Jede andere Unterscheidung würde implizit die Unterscheidung zwischen Unterscheidung und Bezeichnung mitführen. Jede Idee und jedes Konzept ist ja einerseits von anderen Ideen und Konzepten unterschieden, und andererseits führt auch jede Idee und jedes Konzept seine andere Seite mit, als das, was es nicht ist.

---

[20] Die rechtsbündigen, kursiven Überschriften markieren die zwölf Kapitel der *Laws of Form*.

[21] Im Original: „We take as given the idea of distinction and the idea of indication, and that we cannot make an indication without drawing a distinction." (SPENCER BROWN 1969: 1)

Die Ideen[22] der Unterscheidung und der Anzeige werden voneinander unterschieden und sie werden bezeichnet (nicht nur: angezeigt[23]). Der Gebrauch dieser Unterscheidung verdeckt ihre Einheit. Auch dies könnte man als Eintritt, als Anfang des Kalküls betrachten. Es ist sicherlich der Anfang dessen, was George Spencer Brown in den *Laws of Form* demonstriert, und es ist der Boden, aus dem wir die Axiome für den Indikationenkalkül gewinnen werden. Dieser Beginn ist notwendig um zu verstehen, was (später) mit der konstruktiven Anweisung „Triff eine Unterscheidung!“ gemeint ist, die gemeinhin als Eintritt verstanden wird.

Im englischen Original verwendet George Spencer Brown den Begriff *indication*, was in der deutschen Sekundärliteratur zu den *Laws of Form* zumeist mit „Bezeichnung“ übersetzt wird. Wie bereits im „Einführenden Überblick“ erwähnt, übersetzen wir diesen Begriff mit „Anzeige“. Zum Verständnis dieser Entscheidung ist es hilfreich, andere Bedeutungen zu kennen, die mit *indication* mitgemeint sind: vor allem „Andeutung“ und „Hinweis“. Die Anzeige hebt eben die eine Seite einer Unterscheidung hervor, sie zeigt die eine an bzw. weist auf die eine der Seiten hin. Von den genannten Übersetzungsmöglichkeiten ist „Anzeige“ gerade wegen des darin enthaltenen „Zeigers“, der auf die eine oder die andere Seite einer Unterscheidung zeigt, am prägnantesten. Im Zusammenhang mit einem Beobachter, der eine Unterscheidung trifft, können wir auch von einer Lenkung von Aufmerksamkeit sprechen. Ein Beobachter schenkt einer Seite einer Unterscheidung mehr Aufmerksamkeit als der anderen. Von daher leuchtet auch ein, dass mit einer Anzeige noch nicht unbedingt der Gebrauch eines Namens gemeint ist. Um anzuzeigen wird noch nicht einmal ein (Schrift-) Zeichen benötigt. Das heißt, um die Welt als unterschiedene zu erkennen, bedarf es nicht notwendigerweise einer symbolischen, die Welt repräsentierenden Ebene. (Das „Zeichen“ markiert eben nicht *außerhalb* der wahrgenommenen Welt, das „Zeichen“ *ist* die Welt.) Hinter einer Anzeige steht lediglich ein Motiv dafür, etwas als unterschiedlich im Wert zu erkennen. Das *kann* durch eine Bezeichnung fixiert werden. Die Anzeige kann die Form einer Bezeichnung oder eines Namens

---

[22] Im englischen Original spricht George Spencer Brown von *ideas*. Neben „Ideen“ bietet sich auch „Begriff“ als Übersetzung an. Die Begriffsverwendung hat aber anscheinend nicht die Absicht, auf eine bestimmte Ideengeschichte zu verweisen. Es stellt sich vielmehr so dar, dass es hier nicht um eine bestimmte Unterscheidung bzw. Bezeichnung geht, und George Spencer Brown den Begriff *idea* deshalb als Verallgemeinerung verwendet, als Hinweis auf die allgemeine Form einer „Vorstellung“.

[23] In einem Text können Ideen oder Unterscheidungen auch nur bezeichnet werden. Zu der Unterscheidung zwischen „anzeigen“ und „bezeichnen“ siehe auch die Verwendung der Unterscheidung zwischen „eine Unterscheidung treffen“ und „sich eine Unterscheidung vorstellen“ weiter unten.

haben. Zum Beispiel merkt man zuerst, dass es kalt ist, bevor man es denken oder sagen kann. Jedes Zeichen und jeder Name ist eine Anzeige, aber eine Anzeige muss kein Name sein. Mit der Idee der Anzeige wird ausgedrückt, dass man eine Seite einer Unterscheidung durch ihre Hervorhebung von der anderen unterscheidet. Mit einer Anzeige ist demnach etwas Allgemeineres gemeint als mit einer Bezeichnung oder einem Zeichen, weshalb in diesem Text *indication* mit „Anzeige“ übersetzt wird.

Es ist in dem Zusammenhang mit der Unterscheidung zwischen „Zeiger“ und „Zeichen“ aufschlussreich, zwischen dem Treffen einer Unterscheidung und der Vorstellung einer Unterscheidung zu unterscheiden.[24] Wenn man eine Unterscheidung trifft, zeigt man eine ihrer Seiten an. Und die Unterscheidung, das heißt die Einheit der beiden Seiten, verschwindet aus dem Blickfeld. Oder mit anderen Worten: Das Treffen einer Unterscheidung kann nie bewusst, also gedanklich miterlebt werden. Es geschieht jetzt. Das kann man nur mit einer weiteren Unterscheidung beobachten – und *dass* man beobachtet, kann wiederum nur mit einer weiteren Beobachtung, die eine Unterscheidung trifft, erkannt werden. Stellt man sich hingegen eine Unterscheidung vor, wie beispielsweise die zwischen gut und böse, ist die Unterscheidung selbst angezeigt (und auch bezeichnet, da man beide Seiten kennt); die vorgestellte Unterscheidung wird von anderen (unangezeigten) Unterscheidungen unterschieden. Eine Unterscheidung zu treffen meint nicht, sich eine Unterscheidung ins Bewusstsein zu rufen. Dann kennt man immer beide Seiten, aber man trifft die Unterscheidung eben nicht, sondern stellt sie sich vor und trifft dabei eine andere Unterscheidung, die mit der momentanen Aktivität des Bewusstseins einher geht: Man unterscheidet Unterscheidungen. Eine Unterscheidung treffen kann man nur (und immer wieder) jetzt. Insofern ist das Vorstellen einer Unterscheidung auch ein Treffen einer Unterscheidung – allerdings: einer anderen als der vorgestellten.

Das heißt, das aktuelle Getroffensein einer Unterscheidung kann ein Beobachter nur mittels einer weiteren Unterscheidung, einer weiteren Beobachtung erkennen – und dann sieht er nicht mehr die aktuelle, sondern eine vergangene Unterscheidung. Davon setzt sich das Vorstellen einer Unterscheidung ab. In diesem Fall kennt man die Unterscheidung und hat Namen für beide Seiten, so dass man sie bewusst einsetzen kann. Man trifft dann aber eben eine Unterscheidung zwischen Unterscheidungen. Über eine bestimmte Unterscheidung nachzudenken, zu reden oder zu schreiben, ist immer die Vorstellung einer Unterscheidung.

---

[24] Ein anderer Sprachgebrauch könnte auch zwischen „Verwendung” und „Feststellung“ einer Unterscheidung differenzieren.

Wenn man eine Unterscheidung trifft, hebt man durch eine Anzeige eine der beiden Seiten hervor und asymmetrisiert so die Unterscheidung. Die Anzeige macht erst den Unterschied aus, da die Seiten der Unterscheidung ohne sie nicht verschieden voneinander wären. Wir hätten lediglich zwei Seiten, aber nichts, was sie unterscheidet. Eine Anzeige meint immer dieses, das Angezeigte, und nicht anderes. Das heißt, wenn unterschieden wird, wird eine Anzeige herangezogen. Eine Anzeige kann nicht alles anzeigen – oder höchstens in Abgrenzung von nichts. Deshalb ist eine Unterscheidung Bedingung der Möglichkeit für eine Anzeige. Umgekehrt formuliert, gehen aber auch mit einer Anzeige zwei Seiten einher, eben die angezeigte und die unangezeigte, und von daher ist ebenso eine Anzeige die Bedingung der Möglichkeit für eine Unterscheidung. Das heißt aber nicht, dass Unterscheidung und Anzeige identisch wären.[25] Sie gehen zwar jeweils miteinander einher, bleiben aber dennoch klar unterschieden. Das Auftreten von Unterscheidung und Anzeige vollzieht sich nicht in der Logik des Nacheinander, sondern ist als gegenseitig bedingtes Entstehungsverhältnis zu denken.

Der Akt des Unterscheidens allein[26] erzeugt noch keine Asymmetrie und setzt nur den Unterschied zwischen Unterschiedenem und Nicht-Unterschiedenem. Die Unterscheidung ohne die Anwesenheit einer Anzeige trifft also noch keine konkrete Unterscheidung; wenn man so will, weiß man noch nicht, welche Unterscheidung es ist. Die Idee der Unterscheidung für sich erzeugt also keine Ordnung im Raum und gibt keine Präferenz für eine der Seiten an, solange ihr das Motiv für eine Hervorhebung, für eine Anzeige fehlt. (Und solange das Motiv fehlt, wird die Unterscheidung nicht getroffen.) Deshalb macht eine Unterscheidung nur dann einen Unterschied, wenn auch eine Anzeige auftritt. Durch diese wird die Unterscheidung asymmetrisiert, denn es wird nur eine Seite angezeigt, und an diese Seite kann mit weiteren Unterscheidungen angeschlossen werden. Wie auch Dirk Baecker hervorhebt, ist

> „die Asymmetrie die Bedingung schlechthin für die Anschlussfähigkeit von Unterscheidungen." (BAECKER 1993b: 17)

Erst die Asymmetrie macht Erkenntnis (im weitesten Sinne) möglich, denn mit der Anzeige wird eine Ordnung in die Un-Entschiedenheit, die Symmetrie der „noch nicht" indizierten Unterscheidung eingeführt. Das

---

[25] Wovon Boris Hennig in *Luhmann und die formale Mathematik* auszugehen scheint. In MERZ-BENZ; WAGNER 2000, S.157-198, hier S. 159 f.

[26] Mit dem „alleinigen Akt" ist hier aber eben noch nicht das Treffen einer Unterscheidung gemeint. Es wird hier mit der Vorstellung gespielt, als gäbe es eine Unterscheidung, die noch nicht durch eine Anzeige asymmetrisiert ist.

Treffen einer Unterscheidung impliziert die Verwendung einer Anzeige, so dass man nun auf der einen und nicht auf der anderen Seite der Unterscheidung steht. Diese Seite kann man nun weiter unterscheiden, aber man kommt nicht zur Einheit der verwendeten Unterscheidung zurück.

Wenn keine Unterscheidung getroffen wird, geschieht nichts, niemand kann einen Unterschied feststellen. Es kann keine Beobachtung, kein Gedanke und keine Kommunikation stattfinden bzw. anschließen, und es macht wenig Sinn, davon zu sprechen, dass dennoch etwas passiert. Denn in einer „unterschiedslosen Welt“ wäre ja jede Veränderung einerseits die Veränderung von „etwas“, also etwas von anderem Unterschiedenem, und würde andererseits den Unterschied zwischen den Zuständen vor und nach der Veränderung implizieren.

Die Einheit von Unterscheidung/Anzeige ist Beobachtung; das, was immer gerade jetzt geschieht. Denn wenn man beobachtet, trifft man Unterscheidungen und bezieht sich eben immer auf eine Seite einer Unterscheidung.

Obwohl also die Ideen der Unterscheidung und der Anzeige simultan und gleichberechtigt zusammenhängen, fährt George Spencer Brown im zweiten Satz fort mit:

„Wir nehmen daher die Form der Unterscheidung für die Form.“ (SPENCER BROWN 1997: 1)[27]

Das ist ein Vorgriff auf den Formbegriff, der im zweiten Kapitel der *Laws of Form* eingeführt wird. Die Entscheidung, die Form der Unterscheidung anstatt die Form der Anzeige als Form zu wählen, ist an sich willkürlich und hat rein pragmatische Gründe, denn wie wir sahen, liegt auch jeder Unterscheidung eine Anzeige zugrunde.

In diesem Sinne merkt Ranulph Glanville an, dass wir auch die Form der Anzeige für die Form nehmen könnten, da wir das, was wir unterscheiden wollen, auch schon anzeigen müssen, um es zu unterscheiden (vgl. GLANVILLE 1988: 167). Die ersten Sätze der *Laws of Form* könnten also auch lauten:

> Wir nehmen die Idee der Unterscheidung und die Idee der Anzeige als gegeben an, und dass wir keine Unterscheidung treffen können, ohne eine Anzeige vorzunehmen. Wir nehmen daher die Form der Anzeige für die Form. <

---

[27] Im Original: „We take, therefore, the form of distinction for the form.“ (SPENCER BROWN 1969: 1)

Dass George Spencer Brown die Form der Unterscheidung für die Form nimmt, und nicht die Form der Anzeige, meint, dass später ein Symbol eingeführt wird, welches für eine Unterscheidung bzw. für das Getroffensein oder das Treffen einer Unterscheidung steht. Der Kalkül ist eine Formalisierung des Treffens von Unterscheidungen und er operiert mit Anzeigen. Für den Kalkül ist irrelevant, dass unterscheiden und anzeigen gemeinsam auftreten. Es ist nur wichtig, die eine Richtung des Zusammenhanges herzustellen: Um anzuzeigen, muss unterschieden sein.[28]

Noch einmal: Es geht also mit einer Unterscheidung, die getroffen wird, unmittelbar eine Anzeige einher, die ja gewissermaßen erst anzeigt, welche Unterscheidung es denn ist. Gleichzeitig ist eine Unterscheidung nur brauchbar, kann nur getroffen werden, wenn auch angezeigt wird. Eine Anzeige ist nicht zu verwechseln mit einem Namen, der eine elaborierte Form der Anzeige ist. Wir finden also in der Unterscheidung und der Anzeige zwei Aspekte einer Einheit, und diese Einheit, das heißt ihr gemeinsames, simultanes Auftreten ist Beobachtung. Nichtsdestotrotz kann man die Funktion dieser beiden Aspekte für Beobachtung getrennt betrachten – oder vielmehr: man kann sie nur beobachten, indem man sie trennt. Mit der Trennung der beiden Aspekte wird jedoch verdeckt, dass sie sich gegenseitig bedingen und insofern mit jedem von ihnen der andere vorausgesetzt ist.

---

[28] Varga von Kibéd wies mich darauf hin, dass es wohl möglich wäre, einen Kalkül zu entwickeln, der umgekehrt von der Form der Anzeige ausgeht. In der von George Spencer Brown gewählten Form entspricht die Form der Unterscheidung dem operationalen Aspekt, der mit dem stationären (anzeigenden) Aspekt rechnet, auf ihm operiert. Würden wir stattdessen die Form der Anzeige wählen, würde der stationäre Aspekt mit dem operationalen rechnen. Vermutlich erschiene diese Alternative den gewohnten Vorstellungen als ungewöhnlich.

Und auch Rudolf Kaehr bemerkt zu einer möglichen Vorgängigkeit von Unterscheidung und Anzeige, dass „...es irrelevant ist, ob nun der volitive Akt oder der kognitive Akt als symmetrischer oder als asymmetrischer interpretiert wird, denn sowohl die Unterscheidung wie die Markierung sind als duale gesetzt." (BAECKER 1993b: 156)

Die Definition der Unterscheidung

Eine Definition ist eine Bestimmung aufgrund einer Grenzziehung, also einer Unterscheidung. Insofern legt die Definition der Unterscheidung auch fest, was eine Definition ist. Unterscheidung und Definition sind (letztlich beliebige, nur von einem Beobachter abhängende) Setzungen, für die mit George Spencer Brown gilt:

> „Definition: Unterscheidung ist perfekte Be-Inhaltung." (SPENCER BROWN 1997: 1)[29]

Wenn man sich die Unterscheidung als Kreis auf einem Blatt Papier veranschaulicht, ist mit der Definition nicht mehr gemeint, als dass das Treffen einer Unterscheidung eine Grenze in einem Raum zieht, die zwei Seiten derart voneinander trennt, dass ein Punkt von der einen Seite nur auf die andere gelangt, indem er die gemeinsame Grenze kreuzt. Allerdings ist mit dem Kreis als Veranschaulichung lediglich einer Unterscheidung (ohne Anzeige) noch nicht eine Innenseite von einer Außenseite geschieden. Auch wenn man gewohnt ist, das Kreisinnere beim Anblick eines Kreises sofort und eindeutig zu erkennen: streng genommen trennt ein Kreis nur zwei Seiten.[30] Was Innen- und was Außenseite ist, hängt vom Standpunkt, also von der Anzeige ab.

Wäre die Unterscheidung nicht perfekt, würde sie nicht zwei Seiten perfekt voneinander trennen. In diesem Sinne können wir davon sprechen, dass die Definition der Unterscheidung eine Form der Schließung ist. Sie schließt dieses ein und jenes aus. Ebenso zeigt eine Anzeige diese, die angezeigte Seite einer Unterscheidung an, und nicht jene. Auch die Anzeige ist in dem Sinne perfekt, als sie nicht für die unangezeigte Seite verwendet wird.

Aus den Ideen der Unterscheidung und der Anzeige sowie der Definition ergeben sich zwei Aspekte: Eine Unterscheidung zu treffen meint zum einen immer, eine Grenze so zu kreuzen, dass man von der Innenseite, der

---

[29] Im Original: „Definition: Distinction is perfect continence." (SPENCER BROWN 1969: 1) Die Übersetzung der deutschen Ausgabe von Thomas Wolf klingt ungewöhnlich, ist aber beispielsweise den Alternativen „Unterscheidung ist perfekte Enthaltung/perfektes Enthaltensein" vorzuziehen.

[30] Das erinnert an folgenden Einfall (der mir als Jugendlicher in der Form eines Witzes erzählt wurde): Ein Biologe, ein Physiker und ein Mathematiker erhalten die Aufgabe, eine möglichst große Rasenfläche mit einem 5 Meter langen Band zu umspannen. Der Biologe legt es geschwungen um möglichst viele verschiedene Pflanzen; der Physiker legt das Band als Kreis, da so (mathematisch) die größte Fläche mit einem gegebenem Umfang hergestellt wird (und denkt, er hätte gewonnen); bis der Mathematiker, der nur einen kleinen Kreis um sich gelegt hat, erklärt: „Ich definiere außen als innen."

angezeigten Seite, in den Raum gelangt, der durch die Markierung bezeichnet ist, und zum anderen, durch die Anzeige die Unterscheidung zu markieren. Das englische, von George Spencer Brown für die Markierung einer Unterscheidung verwendete Wort *cross* führt diese beiden Aspekte explizit mit. Man kann es als Substantiv wie als Verb lesen. Als Unterscheidung steht das *cross* für die Aufforderung, die Grenze zu kreuzen. Als Anzeige steht das *cross* für die Anwesenheit einer Markierung der Unterscheidung, im Gegensatz zur Abwesenheit.

Dass George Spencer Brown der Unterscheidung einen operationalen Vorrang vor der Anzeige einräumt, was ja schon die Wahl der Form als Form der Unterscheidung bestimmte (siehe oben die ersten beiden Sätze der *Laws of Form*), findet sich auch in der folgenden Formulierung:

> „Wenn einmal eine Unterscheidung getroffen wurde, können die Räume, Zustände oder Inhalte auf jeder Seite der Grenze, indem sie unterschieden sind, bezeichnet [angezeigt; F. L.] werden." (SPENCER BROWN 1997: 1)[31]

Die Möglichkeitsform dieser Formulierung (*„can be indicated"*) ist ungenau und spiegelt die Schwierigkeit wieder, die Simultaneität von Unterscheidung und Anzeige in ein Nacheinander zu überführen.

Die Axiome

Über den Begriff des Motivs erschließt sich, dass jemand eine Unterscheidung nur trifft, weil er schon einen Unterschied hinsichtlich eines Wertes sieht:

> „Es kann keine Unterscheidung geben ohne Motiv, und es kann kein Motiv geben, wenn nicht Inhalte als unterschiedlich im Wert angesehen werden." (SPENCER BROWN 1997: 1)[32]

Eine Unterscheidung zu treffen verlangt also zunächst nach einem Motiv, andernfalls gäbe es keinen Anlass, eine Unterscheidung zu treffen. Eine Absicht zu haben setzt voraus, dass man wertet, und zu werten beruht auf einem Unterschied hinsichtlich eines Wertes. Das heißt, man erkennt einen Sinn darin, eine Unterscheidung zu treffen. Ein Motiv setzt voraus, dass man schon einen gewissen Unterschied sieht. Die beiden Seiten, die die Unterscheidung hervorbringt, haben nicht den gleichen Wert. Bezogen auf

---

[31] Im Original: „Once a distinction is drawn, the spaces, states, or contents on each side of the boundary, being distinct, can be indicated." (SPENCER BROWN 1969: 1)

[32] Im Original: „There can be no distinction without motive and there can be no motive unless contents are seen to differ in value." (SPENCER BROWN, 1969: 1)

einen Beobachter heißt eine Unterscheidung zu treffen immer: zu werten. Wenn aber ein Motiv für eine Unterscheidung notwendig ist, und im Wert unterschiedene Inhalte notwendig für ein Motiv sind, dann geht jeder Unterscheidung notwendig eine andere voraus. Damit kann jede Unterscheidung nur im Raum einer anderen (auf einer Seite der anderen) getroffen werden, und wir können niemals die erste Unterscheidung treffen. Dies liefert uns ein erstes Indiz dafür, dass sie durch unsere Existenz als Beobachter schon immer getroffen ist (vgl. im erkenntnistheoretischen Teil das „ungeschriebene Kreuz", S. 153).

Über den Begriff des Motivs wird demnach auch der Begriff des Wertes eingeführt, der wesentlich für die Ableitung der Axiome ist. Die schon getroffene Unterscheidung zwischen Werten liefert das Motiv, eine Unterscheidung eben aufgrund der Setzung verschiedener Werte zu treffen. Und wenn wir eine Seite einer Unterscheidung anzeigen, können wir einen Namen verwenden, mit dem wir den Wert des Inhaltes anzeigen.

> „Wenn ein Inhalt einen Wert hat, kann ein Name herangezogen werden, diesen Wert zu bezeichnen [anzuzeigen; F. L.]." (SPENCER BROWN 1997: 1)[33]

Das heißt auch, dass jede Verwendung des Namens mit dem zugehörigen Wert identifiziert werden kann. Der Name wird verwendet, um den Wert anzuzeigen. Oder umgekehrt: Der Name verweist auf eine Anzeige, diese auf eine Unterscheidung und die Unterscheidung auf einen Wert.

> „Somit kann das Nennen des Namens mit dem Wert des Inhalts identifiziert werden." (SPENCER BROWN 1997: 1)[34]

Das heißt also, dass man einen Bezug herstellen kann zwischen dem Namen und dem Wert. Den Seiten oder Inhalten werden Werte zugeordnet und sie werden benannt. Wert und Name sind nicht identisch, aber dieser Wert gehört zu dieser Seite und jener zu jener. Mit „Identifizieren" ist nur oberflächlich gesehen ein Zuordnen gemeint. Das Nennen des Namens und der Wert des Inhalts sind nicht identisch, sondern das Eine geht mit dem Anderen einher. Der Zusammenhang ist ein anderer als beispielsweise der zwischen Wahrheitswerten und Aussagenvariablen, der ein Zuordnen im Wortsinne darstellt. Jedes Nennen des Namens ist die Markierung einer Unterscheidung, also der markierte Wert oder Zustand. Deshalb können sie miteinander identifiziert werden.

---

[33] Im Original: „If a content is of value, a name can be taken to indicate this value." (SPENCER BROWN 1969: 1)

[34] Im Original: „Thus the calling of the name can be identified with the value of the content." (SPENCER BROWN 1969: 1)

Mit einer Unterscheidung ist eine Grenze gezogen. Das Treffen einer Unterscheidung beinhaltet einerseits eine Anzeige der einen und nicht der anderen Seite, woher die Asymmetrie rührt, und andererseits das Kreuzen einer Grenze, womit man auf die andere Seite gelangt bzw. den Wert ändert. Die beiden folgenden Axiome „Gesetz des Nennens" und „Gesetz des Kreuzens" greifen diese unterschiedlichen Handhabungen der Unterscheidung auf und regeln, wie zu verfahren ist, wenn das Nennen oder Kreuzen wiederholt auftreten. Vom mathematischen Standpunkt ist dabei der Übergang von den Begriffen Unterscheidung und Anzeige auf den Begriff des Wertes wesentlich. In diesem vorbereitenden, begründenden Kapitel der *Laws of Form* wird noch mit den Begriffen „angezeigt" und „unangezeigt" gearbeitet bzw. später (im Vollzug des Kalküls) wird mit „markiert" und „unmarkiert" operiert, und deshalb muss gewährleistet sein, dass das Nennen eines Namens und das Kreuzen einer Grenze mit den Werten der Seiten einer Unterscheidung identifiziert werden können.

Mit dem Treffen einer Unterscheidung sind der angezeigte und der unangezeigte Zustand gegeben, so dass, wenn ein markierter Zustand seinen Wert ändert, das Resultat mit dem unmarkierten gleichgesetzt werden kann und umgekehrt: Wenn ein unmarkierter Zustand seinen Wert ändert, kann das Resultat mit dem markierten gleichgesetzt werden. Da die Unterscheidung perfekt ist, führt jedes Kreuzen der Grenze auf die andere Seite der Unterscheidung. Wenn wir eine Unterscheidung ein weiteres Mal treffen, gibt es die Möglichkeiten, dass die Wiederholung einen Unterschied macht oder dass sie keinen macht. Das heißt es kann nur zwei Anschlussoperationen geben: die Bestätigung der Asymmetrie durch eine weitere Anzeige oder die Aufhebung der Asymmetrie (und damit der Unterscheidung) durch das Kreuzen der Unterscheidung. Dieser Unterschied findet Ausdruck in den beiden folgenden Axiomen.

Bei dem ersten Axiom geht es darum, dass jede Nennung die gleiche Seite benennt und es nicht zu einem Wechsel des Wertes kommt. Dies findet Ausdruck in

> **Axiom 1**: „Der Wert einer nochmaligen Nennung ist der Wert der Nennung." (SPENCER BROWN 1997: 2)[35]

Das erste Axiom wird auch „Gesetz des Nennens" genannt. Einen Namen zwei- oder mehrmals zu nennen, ändert nichts an dem Wert. Das erste Axiom besagt: Wenn wir die Verwendung eines Namens mit dem Wert identifizieren können, dann ändert eine mehrmalige Verwendung nichts. Eher würde man davon sprechen, dass der Gebrauch des Namens seine

[35] Im Original: „Axiom 1 (law of calling): The value of a call made again is the value of the call." (SPENCER BROWN 1969: 1)

Verwendung bekräftigt. Auf dieser Ebene der Allgemeinheit, auf der wir uns hier bewegen, kann man aber in einem strengen Sinne nicht von Bekräftigung reden. Genauso wenig ist damit gemeint, dass beispielsweise in der Lautstärke zunehmende Aufforderungen nicht unterschiedlich sind. Und es bleibt damit natürlich möglich, auch einem mehrmaligen Auftreten eines Signals eine andere Bedeutung zu geben als einem einmaligen, wie beispielsweise bei Klopf- oder Klingelzeichen. Bezüglich des Wertes, der mathematisch betrachtet mit keiner Bedeutung belegt ist, außer eben markiert oder unmarkiert zu sein, ändert ein mehrmaliges Nennen aber nichts.

Wenn wir eine Unterscheidung treffen, kreuzen wir die Grenze der Unterscheidung und gelangen auf die andere Seite. Auch das Kreuzen der Grenze kann mit dem Wert des Inhaltes identifiziert werden. Da nur zwei Seiten vorliegen, ist es möglich, den Wert auch noch nach dem Kreuzen zuzuordnen.

> „Somit kann das Kreuzen der Grenze ebenfalls mit dem Wert des Inhalts identifiziert werden.“ (SPENCER BROWN 1997: 2)[36]

Hier ist mit „Identifizieren“ das gleiche gemeint wie beim Nennen des Namens, aber geschieht in diesem Fall auf eine andere Weise. Mit dem Nennen des Namens ging der Wert des Zustandes einher. Nun können das Kreuzen der Grenze und der Wert des Inhaltes miteinander identifiziert werden, weil die Unterscheidung genau zwei Seiten hervorbringt, so dass man die Seite und den Wert nach der Kreuzung kennt, wenn man den Wert des Zustandes vor der Kreuzung wusste. Wir gaben der Unterscheidung auch die Eigenschaft, eine Anweisung zu sein, die Grenze der Unterscheidung zu kreuzen. Nun bedeutet die Wiederholung, dass sich der Zustand ändert.

> **Axiom 2**: „Der Wert eines nochmaligen Kreuzens ist nicht der Wert des Kreuzens.“ (SPENCER BROWN 1997: 2)[37]

Das zweite Axiom wird auch als „Gesetz des Kreuzens“ bezeichnet. Jedes Kreuzen bringt einen auf die andere Seite. Nochmaliges Kreuzen heißt demnach die Seite und damit den Wert zu ändern. Diese Axiome verdeutlichen den Unterschied zwischen Nennung und Kreuzung. Sie können auf je ihre Weise mit einem Wert des Inhaltes identifiziert werden.

---

[36] Im Original: „Thus also, the crossing of the boundary can be identified with the value of the content.“ (SPENCER BROWN 1969: 2)

[37] Im Original: „Axiom 2 (law of crossing): The value of a crossing made again is not the value of the crossing.“ (SPENCER BROWN 1969: 2)

Das Gesetz des Nennens versinnbildlicht die Möglichkeit, dass die Wiederholung keinen Unterschied macht, und so bleibt der Wert einer nochmaligen Nennung der Wert der Nennung. Im Gesetz des Kreuzens verändert sich der Wert durch die Wiederholung: Der Wert vor dem Kreuzen ist nicht der Wert nach dem Kreuzen.

Somit gilt für jeden Namen:

„Wieder-Nennen ist Nennen",

und für jede Grenze:

„Wieder-Kreuzen ist nicht Kreuzen". (SPENCER BROWN 1997: 2)[38]

George Spencer Brown bemerkt in den Anmerkungen zu den *Laws of Form*, dass es genüge, sich aus dem ersten Kapitel die Definition der Unterscheidung als perfekte Be-Inhaltung und die beiden Axiome zu merken. Wir ergänzen, dass die Axiome als grundlegende Formen der Veränderung von Ausdrücken für die Entfaltung und Formalisierung des Kalküls benötigt werden und dass sich im 11. Kapitel der *Laws of Form* die Definition verändern wird (vgl. in diesem Text Kapitel I. 4.: „Der *re-entry* und der imaginäre Wert", S. 96).

[38] Im Original: „(...) to recall is to call" und „(...) to recross is not to cross". (SPENCER BROWN 1969: 1f.)

2. Der Eintritt in die Form

Dieser Abschnitt befasst sich mit dem Eintritt (*entry*), also dem Treffen einer ersten Unterscheidung und dem zentralen Begriff der Form. Zudem werden die Grundlagen für die Kalkulation bereit gestellt.

George Spencer Brown schlägt in den Anmerkungen seinen Lesern vor, auf einem Blatt Papier anzufangen, Unterscheidungen zu treffen und als Kreise darzustellen. Wenn man das tatsächlich tut, wird man alsbald Unterschiede bezüglich der Kreise ausmachen können. Zum Beispiel ergibt sich, dass man einen weiteren Kreis innerhalb eines anderen oder außerhalb von allen anderen einzeichnen kann. Nachdem man auf diese Weise eine Anordnung von Kreisen auf das Blatt Papier gezeichnet hat, drängt sich die Frage auf, ob sich Kreise auch schneiden dürfen. Wenn wir unseren eigenen Spielregeln folgen wollen, können wir sie selbstverständlich auch als sich schneidend arrangieren. Die Definition der Unterscheidung besagt jedoch, dass eine Unterscheidung *perfekt* beinhaltet. Also muss auch ein Kreis entweder außerhalb oder innerhalb eines anderen Kreises stehen. Die Form der Unterscheidung als Zwei-Seiten-Form ist simpler als zum Beispiel Mengenlehre. Denn selbstverständlich schneiden sich Mengen in der Mengenlehre, darin besteht gerade eine ihrer Funktionen. Auch die Form der Unterscheidung wird die Möglichkeit hervorbringen, sich schneidende Mengen zu repräsentieren. Wir sind aber noch ganz am Anfang und haben zunächst nur die Möglichkeit, Kreise ineinander oder nebeneinander zu stellen.

Die Kreise auf dem Papier, die wir formbildend gezeichnet haben, werden in der mathematischen Darstellung vereinfacht. Zum Beispiel wird die Größe eines Kreises nicht berücksichtigt – und auch nicht, ob es wirklich ein Kreis ist. Entscheidend ist lediglich die geschlossene Grenze zwischen zwei Seiten. Insofern spielt es für die formale Darstellung auch keine Rolle, ob sich die Kreise über- oder untereinander befinden oder in welcher Reihenfolge sie auftreten. Für die mathematische Darstellung des Indikationenkalküls wird dann später vereinfachend in Zeilenform geschrieben, denn damit kann die wesentliche innen/außen Unterscheidung repräsentiert werden, ohne dass die Information der Markierung verloren ginge.

Nach meiner Erfahrung macht es einen erheblichen Unterschied, ob man einfach weiter liest oder ob man der Aufforderung auf der nächsten Seite folgt und selbst Kreise zeichnet. Später kann die Anordnung der Kreise in die Symbolik des Indikationenkalküls überführt und anschließend deren Wert bestimmt werden. Dies als Motivation, *trotz allem* zum Stift zu greifen und die Methode von Befehl und Betrachtung ernst zu nehmen.

Raum (*empty space*) für eigene Unterscheidungen/Kreise:

Zeichnen Sie einfach nur die Kreisumfänge. Zeichnen Sie sie nach Belieben groß oder klein, ineinander oder nebeneinander – nur lassen sie es immer geschlossene Linien sein (kreisähnliche Figuren sind am übersichtlichsten).

Die Anweisung und die Markierung

Die Darstellung des Indikationenkalküls begann George Spencer Brown mit der Einführung der Ideen der Anzeige und der Unterscheidung und er fordert nun konstruktiv anweisend die Lesenden auf:

> „Triff eine Unterscheidung. Nenne sie die erste Unterscheidung.“ (SPENCER BROWN 1997: 3)[39]

Wie George Spencer Brown durch die Erwähnung der Methode von Befehl und Betrachtung hervorhebt, sind sowohl Unterscheidung als auch Anzeige nichts, was an sich vorhanden wäre, also ohne jemanden, der sie trifft und gebraucht. Dies betonend schreibt George Spencer Brown entgegen dem üblichen mathematischen Sprachgebrauch nicht „Es sei eine Unterscheidung“. Vielmehr manifestiert sich in dem Gebrauch des Imperativs, mit dem George Spencer Brown startet, auch sprachlich die erkenntnistheoretische Umstellung von Beobachtung von Dingen auf Beobachtung von Differenzen, die ein Beobachter gebraucht. Nichts wird als unabhängig vom Beobachter angesehen. Vom Standpunkt des Kalküls, also ohne Berücksichtigung des Vorwortes zur Methode von Befehl und Betrachtung, ist diese Einsicht hier allerdings noch latent und wird erst im 12. Kapitel der *Laws of Form* explizit (vgl. den Abschnitt I. 5., S. 102ff.).

Da wir etwas weiter unten feststellen werden, dass die Form der Unterscheidung für jede Unterscheidung identisch ist, stellt sich die Frage, warum die erste von allen anderen unterschieden wird, indem sie als einzige einen speziellen Namen bekommt. Was ist mit der ersten Unterscheidung, die allen anderen vorausgeht, gemeint? Diese Frage wird im 12. Kapitel der *Laws of Form* wieder aufgegriffen. An dieser Stelle dient die Auszeichnung lediglich als Bezugspunkt: man kann auf die erste Unterscheidung verweisen. Im Folgenden wird es die „erste Unterscheidung“ sein, die den Wert hervorbringt, mit dem im Kalkül gerechnet wird (vgl. den Abschnitt „Ausdruck und Wert“, S. 55f.).

In den folgenden Sätzen der *Laws of Form* werden die allgemeinen Begriffe Raum und Zweck bestimmt.

> „Nenne den Raum, in dem sie [die Unterscheidung; F. L.] getroffen wird, den Raum, der durch die Unterscheidung geteilt oder gespalten wird.“ (SPENCER BROWN 1997: 3)[40]

---

[39] Im Original: „Draw a distinction. Call it the first distinction.“ (SPENCER BROWN 1969: 3)

Eine Unterscheidung teilt immer eine Einheit, sie wird hier Raum genannt. Mit Raum ist nicht die alltägliche, umgangssprachliche Bedeutung gemeint, die mit Dimension und Entfernung zusammenhängt. Raum ist durch das Treffen einer Unterscheidung bestimmt:

> „Nenne die Teile des Raumes, der durch die Teilung oder Spaltung gebildet wird, die Seiten der Unterscheidung oder wahlweise die *Räume*, Zustände oder Inhalte, die durch die Unterscheidung unterschieden werden." (SPENCER BROWN 1997: 3) [41] [Hervorhebung: F. L.]

Die Teile oder Seiten der Unterscheidung werden auch wieder Räume genannt. Ein Raum ist also dadurch gegeben, dass eine Unterscheidung getroffen wird. Eine Unterscheidung bringt zunächst einmal zwei Räume hervor: den angezeigten und den unangezeigten – eben die beiden Seiten einer Unterscheidung. Zudem wird die Unterscheidung *in* einem weiteren Raum getroffen.

Unter Vorgriff auf die Idee einer Markierung, die erst ein paar Sätze später als Markierung einer Unterscheidung eingeführt wird, kommt George Spencer Brown zu dem Begriff des Zwecks, der für den ersten Kanon, den wir schon kennen gelernt haben, notwendig ist.

> „Lass jegliche Markierung, jegliches Token oder Zeichen zusammen mit der, oder in Bezug auf die Unterscheidung als ein Signal aufgefasst werden. Nenne die Verwendung eines jeglichen Signals dessen Zweck." (SPENCER BROWN 1997: 3)[42]

Jedes Zeichen ist ein Signal, wenn man seine Bedeutung kennt bzw. wenn man ihm Bedeutung zuschreiben kann. Buchstaben oder Wörter sind Beispiele für Signale, deren Verwendung selbstverständlich für uns ist; wir wissen, was gemeint ist. Die Verwendung eines Signals ist der Zweck eines Signals. Mit diesem Zeichen bezwecke ich dies, mit einem anderen anderes. Und dann lässt sich auch beschreiben, dass in bestimmten Situationen die Nicht-Verwendung eines Zeichens zweckhaft sein kann.

---

[40] Im Original: „Call the space in which it is drawn the space severed or cloven by the distinction." (SPENCER BROWN 1969: 3)

[41] Im Original: „Call the parts of the space shaped by the severance or cleft the sides of the distinction or, alternatively, the spaces, states, or contents distinguished by the distinction." (SPENCER BROWN 1969: 3)

[42] Im Original: „Let any mark, token, or sign be taken in any way with or with regard to the distinction as a signal. Call the use of any signal its intend." (SPENCER BROWN 1969: 3)

Der Indikationenkalkül umfasst – wie jede mathematische Theorie – auch „Gesetze“, die außerhalb der Berechnung, also außerhalb eines Kalküls stehen. Dabei handelt es sich um allgemeine Grundprinzipien, die die Kalkulation selbst regeln. George Spencer Brown nennt solche Gesetze „Kanon“[43]. Der ***erste Kanon***, die so genannte ***Vereinbarung über die Absicht***, ist ein fundamentaler Kanon für jede mathematische Darstellung:

> „Lass den Zweck eines Signals auf dessen erlaubte Verwendung beschränkt sein. (...) Was nicht erlaubt ist, ist verboten.“ (Spencer Brown 1997: 3)[44]

Dieser Kanon wurde oben schon erwähnt. Im Grunde ist er trivial und selbstverständlich für eine jede präzise mathematische Abhandlung. Ein Signal darf nur für den Zweck gebraucht werden, für den es eingeführt und erlaubt wurde. Wir könnten den Kanon auch „Gesetz der Präzision“ nennen. Er ist fundamental für jede Mathematik, wenngleich zumeist nur implizit, indem er unerwähnt verwandt wird. Er ist die Regel, die notwendig ist, um zu verhindern, dass vage oder abhängig von Meinung wird, welche Rechen- und Beweisschritte zulässig sind. Man wüsste ohne den ersten Kanon nicht, was möglich, was erlaubt ist – alles Mögliche und Unmögliche wäre erlaubt. Für uns, die wir den Kalkül erkunden, bedeutet das: Man darf nur tun, was eingeführt und erlaubt wurde. Solange etwas nicht erlaubt ist, weil man es (noch) nicht rechtfertigen kann, ist es verboten.

Für die formale Darstellung benötigt der Kalkül ein Symbol für das Treffen einer Unterscheidung. Mit ihm soll angezeigt werden, dass zwei Seiten voneinander getrennt wurden und dass die eine angezeigt wird. Die Markierung, die George Spencer Brown einführt, ist minimalistisch: ein senkrechter Strich unterscheidet zwei Seiten, also rechts und links vom Strich, ein waagerechter, oben an dem senkrechten anschließender und nach links gerichteter Strich bezeichnet die angezeigte und nicht die andere Seite.

[43] Da die Kanons in anweisender Form formuliert sind, trifft der Begriff „Grundprinzip“ nur bedingt. Kanons unterscheiden sich von Befehlen, wie „Triff eine Unterscheidung!“, dadurch, dass sie nichts konstruieren sondern etwas zulassen bzw. erlauben. In diesem Sinne spricht George Spencer Brown von „Befehlsstrukturen“ (*structures of command*). Vergleiche dazu auch Spencer Brown 1997: 69f.

[44] Im Original: „First Canon. Convention of Intention: Let the intent of a signal be limited to the use allowed to it. (…) In general, what is not allowed is forbidden.“ (Spencer Brown 1969: 3)

Die Markierung bzw. das *cross*, das gelegentlich auch als „Token" bezeichnet wird, ist eine abkürzende Schreibweise für einen Kreis. Der senkrechte Strich trennt die linke von der rechten Seite; in einem geschriebenen Text trennt man damit zum Beispiel Worte oder Buchstaben voneinander. Der waagerechte Strich im *cross* markiert die angezeigte Seite einer Unterscheidung. Die Markierung der Unterscheidung kennzeichnet einen Zustand oder Raum, der durch die Unterscheidung unterschieden wurde. Das heißt, ein *cross* markiert einen Raum: den Raum, in dem es steht. Um den Raum zu markieren, wird eine Grenze in ihm gezogen und eine der dadurch bedingten Seiten angezeigt. Das Verhältnis von Raum und Seite ist analog zu der in der Systemtheorie bekannten Unterscheidung zwischen Form und Medium, auf die wir gleich zu sprechen kommen.[45]

Den markierten Zustand oder Raum identifizieren wir mit dem Vorhandensein der Markierung und damit mit dem Getroffensein der Unterscheidung, den unmarkierten mit der Abwesenheit von beidem. Wir brauchen also nur eines (die Markierung der Unterscheidung), um in der Formalisierung zweierlei zu haben, die Anwesenheit oder die Abwesenheit einer Markierung. Deshalb benötigen wir nur ein Symbol, obwohl wir zwei Zustände voneinander unterschieden haben. Zudem wird auch keine Unterscheidung zwischen Operator und Operand gemacht.[46] In diesem Zusammenhang deutet sich an, dass das *cross* nicht der Negation entspricht, denn eine Negation benötigt stets eine Position (vgl. in II. 1. den Abschnitt zur Unterscheidung zwischen *cross* und Negation, S. 122f.). Die Markierung hingegen ist die eine Seite der Unterscheidung „markiert bzw. getroffen" und „unmarkiert bzw. nicht getroffen".

Der Grund dafür, dass bisherige Mathematik ihren Ursprung nicht finden konnte (mehr dazu im „Exkurs in den mathematik-geschichtlichen Zusammenhang" in Kapitel II., S. 114ff.), scheint in der Tat zu sein, dass bislang stets zwei Namen für die beiden (gegensätzlichen) Zustände herangezogen wurden: a und non-a. In den *Laws of Form* ist eine Seite markiert (hat einen Namen), die andere bleibt unmarkiert und hat zwar den Namen „unmarkiert", so dass darüber geredet werden kann, hat jedoch innerhalb des Kalküls kein Symbol. Die Abwesenheit eines Symbols wird als der Name des unmarkierten Zustandes gebraucht. Wenn man (an einer Stelle) in einem Ausdruck keinen Namen findet, weiß man, dass dort der unmarkierte Zustand ist. Das heißt, man benötigt kein zweites Symbol.

---

[45] Man beachte auch die damit zusammenhängende differenzierte Verwendung der Begriffe „markiert" bzw. „angezeigt" für „Seiten" bzw. „Räume".

[46] Vergleiche für die Bedeutung dieser Besonderheiten den Abschnitt in I. 4.: „Der Unterschied zwischen Boolescher und Brownscher Algebra" (S. 99f.).

Die Form

Da sich der Begriff der Form in den *Laws of Form* über den Begriff der Unterscheidung erschließt, haben wir zunächst die Unterscheidung betrachtet. Nun wird der Formbegriff bestimmt. Für ihn gilt: Haben wir eine Unterscheidung getroffen, können wir ihre „Struktur" als Form bezeichnen:

> „Nenne den Raum, der durch jedwede Unterscheidung gespalten wurde, zusammen mit dem gesamten Inhalt des Raumes die Form der Unterscheidung. Nenne die Form der ersten Unterscheidung die Form." (SPENCER BROWN 1997: 4)[47]

Das heißt, dass von Form gesprochen wird, wenn eine Unterscheidung getroffen wird. Im ersten Kapitel der *Laws of Form* hatte George Spencer Brown die Form als die Form der Unterscheidung statt als Form der Anzeige bestimmt. Nun findet diese Entscheidung Ausdruck in der Benennung der Form. Zudem wird als weitere Differenzierung angegeben, die Form der *ersten* Unterscheidung als die Form zu bezeichnen. Die Form wird in jede weitere Unterscheidung kopiert, so dass neue Formen entstehen, die mit der ursprünglichen „der Form nach" identisch sind. Es gibt nur eine Form: die Form der Unterscheidung. Die Form der Unterscheidung ist für jede Unterscheidung dieselbe, sie ist immer Zwei-Seiten-Form, wobei die eine Seite angezeigt ist. Wenn wir verschiedene Unterscheidungen (vorstellend, nicht treffend) vergleichen, so ist Form das allen Gemeinsame, und unterschiedlich sind sie, weil sie Verschiedenes anzeigen bzw. bezeichnen. Das heißt, in dem, was eine Unterscheidung unterscheidet, unterscheidet sie sich von allen anderen Unterscheidungen; und darin, in welcher Form sie unterscheidet, ist sie mit allen Unterscheidungen identisch (vgl. BAECKER 2002: 70). Da also jede Unterscheidung die gleiche Form hat, ist es gleichgültig, mit welcher Unterscheidung wir beginnen. Sie ist nur die erste Unterscheidung und unterscheidet sich ansonsten von keiner anderen.

Die Form ist der Raum, der durch jedwede Unterscheidung gespalten wurde, zusammen mit dem gesamten Inhalt, den beiden Seiten und der Grenze zwischen ihnen. Der Spencer Brownsche Formbegriff bringt also schon insofern Selbstbezüglichkeit mit sich, als er beides, die beiden Seiten einer Unterscheidung und die Seite einer Unterscheidung (Raum), in der diese Unterscheidung getroffen wird, zusammenbringt. Jeder Raum ist eine

[47] Im Original: „Call the space cloven by any distinction, together with the entire content of the space, the form of the distinction. Call the form of the first distinction the form." (SPENCER BROWN 1969: 4)

Seite einer Unterscheidung und eine Unterscheidung wird in einer weiteren Unterscheidung (einer ihrer Seiten) getroffen.[48] Auch oben hatten wir schon erkannt, dass eine Unterscheidung in einem „Raum“ getroffen wird und diesen in „Räume“ unterteilt. Wenn man so will, umfasst der Formbegriff alle drei Räume einschließlich einer Grenze. Diese vier „Elemente“ der Form bilden eine Zusammengehörigkeit in dem Sinne, dass aus angezeigter Seite, unangezeigter Seite, ihrer Grenze und dem umfassenden Raum nichts entfernt werden kann, ohne die Form zu zerstören. Mit der Elimination von einem dieser Vier verschwinden auch die anderen.[49] Das führt insbesondere zu dem Schluss, dass etwas, eine Einheit, für sich selbst – also unabhängig – nicht existieren kann (siehe dazu den erkenntnistheoretischen Teil dieses Textes). Denn sobald jemand etwas – das kann ein Ding, ein Gedanke, eine Idee wie die Idee einer Unterscheidung etc. sein, eben etwas, was als ein Etwas erkannt wird – als das erkennt, als was er es erkennt, trifft er oder sie eine Unterscheidung, indem eben eine Seite angezeigt wird, und damit ganz unbeobachtbar nebenher die nicht angezeigte Seite sowie die Grenze zwischen den Seiten erzeugt oder mitbedingt wird. Den vierten oder mithervorgerufenen Aspekt des umfassenden Raumes kann man auch als Kontext des Standpunktes bezeichnen. Es ist der Raum, in dem die Seiten der Unterscheidung stehen (wenn wir es aufzeichnen).

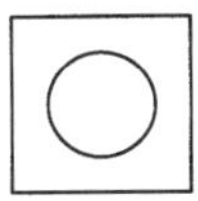

In dieser grafischen Veranschaulichung erkennen wir den Innenraum des Kreises, den ihn umgebenden Raum und den gesamten Raum (innerhalb des Quadrats), der die beiden ersten Räume umfasst (und der seinerseits als Raum, der durch eine weitere Unterscheidung von einem anderen Raum getrennt wurde, aufgefasst werden kann).

Entsprechend heißt es bei George Spencer Brown:

> „Lass jedes Token der Markierung so verstanden werden, dass es den Raum, in den es kopiert wird, spaltet. Das heißt, lass jedes Token eine

[48] Bei Niklas Luhmann findet man entsprechend als Definition von Form beispielsweise: „Eine Form ist letztlich eine Unterscheidung, die in sich selbst als Unterschiedenes wiedervorkommt.“ (LUHMANN 1997: 57)

[49] Eine sehr anschauliche und einleuchtende Darstellung dieses Sachverhaltes findet man in HERBST 1976: 88-93.

Unterscheidung in seiner eigenen Form sein.“ (SPENCER BROWN 1997: 5)[50]

Das meint, dass nur eine Art (Form) der Unterscheidung angenommen wird, denn jede Unterscheidung hat nach dieser Anweisung die Form der ersten Unterscheidung. Des Weiteren ergibt sich, dass wir zu dem Begriff der Form (zunächst) kein Gegenüber, keine andere Seite finden können, da wir dazu eine Unterscheidung gebrauchen müssten und diese nach der Definition wieder in der Form wäre. Jede Unterscheidung ist eine Trennung der Welt in zwei Seiten und jedes Treffen einer Unterscheidung erzeugt Form. Mit jeder Gegenüberstellung würde man wieder eine Form schaffen, die Form von Form und Nicht-Form, wie auch immer Nicht-Form benannt würde.

Im Gegensatz zur aristotelischen, scholastischen und ästhetischen Tradition, die dem Formbegriff die Differenzbegriffe Materie, Substanz und Inhalt gaben, besitzt für den Spencer Brownschen Formbegriff lediglich der Begriff des „Mediums“ von Fritz Heider (siehe HEIDER 1926: *Ding und Medium*) als Gegenbegriff (zu Form) Überzeugungskraft.[51] Er beschreibt die unverfügbaren Voraussetzungen jeder Formbildung, den Kontext der Unterscheidung. Das Medium stellt den Hintergrund dar, auf dem Formen entstehen. Man denke an Fußabdrücke (Form) im Sand (Medium) oder an Worte (Form), die aus Buchstaben (Medium) gebildet werden. In dieser Hinsicht ist der Begriff des Mediums ein Gegenbegriff zu Form. Wenn man so will, werden Unterscheidungen formbildend getroffen in einem Medium, das dies zulässt. Der Unterschied ist jedoch kein fester, gesetzter, absoluter, eher ein loser, operativer, relativer, da er den Standpunkt der Beschreibung betrifft, von dem aus unterschieden wird; das meint die Ebene, auf der man sich befindet. Denn: Auch das Medium ist wieder eine Seite einer Form und ebenso kann jede Form ein Medium für weitere Formen sein. Man denke an Schrittmuster (Form) am Strand, die aus Fußabdrücken (Medium) bestehen oder an Sätze (Form), die aus Worten (Medium) gebildet werden. Das zeigt anschaulich, dass der Begriff „Medium“ im strengen Wortsinne kein Gegenbegriff zu „Form“ ist, sondern „Form“ und „Medium“ dafür eingesetzt werden, Ebenen voneinander zu unterscheiden. Das Medium stellt im weitesten Sinne den Raum dar oder die Substanz, in oder aus oder mit der Formen gebildet werden können. Dabei ist das Medium nicht als eine oder als die Ursache für

---

[50] Im Original: „Let each token of the mark be seen to cleave the space into which it is copied. That is to say, let each token be a distinction in its own form.“ (SPENCER BROWN 1969: 5)

[51] Diese Verbindung hat Niklas Luhmann entdeckt, siehe zum Beispiel 1994: 182 f.

Formen zu denken. Vielmehr stellt das Medium eine Einschränkung der möglichen Formen dar. Medien beschränken, welche Formen „in ihnen“ oder „durch sie“ entstehen können; als diese Einschränkung ist ein Medium nicht Ursache der Formen sondern deren Voraussetzung (siehe BAECKER 1999: 175).

Der Formbegriff des Indikationenkalküls umfasst den Raum, in dem die beiden Seiten der dort getroffenen Unterscheidung stehen. Insofern ist der Begriff des Mediums als Ergänzungsbegriff – statt als Gegensatzbegriff – zu Form zu verstehen, der die Beschreibung von Form und insbesondere von konkreten Formen in ihrem Zusammenhang erleichtert (in dem erkenntnistheoretischen Teil wird „Leere“ (*empty space*) als Gegenbegriff zu Form erprobt).

Ausdruck und Wert

Indem die Form der Unterscheidung kopiert wird, erhalten wir eine zweite Form, die unterschieden von der ersten ist. Sie ist nur unterschieden dadurch, dass sie eine andere, eine weitere ist, die jedoch der Form nach mit der ersten identisch ist. Es werden Unterscheidungen unterschieden und wir befinden uns weiterhin in der Form. Jede Kopie der Markierung nehmen wir als Zeichen oder Symbol für den markierten Zustand. Damit erhalten wir über die An- oder Abwesenheit einer Markierung die Unterscheidung zwischen unmarkiertem und markiertem Zustand. Das Zeichen kann als Name herangezogen werden, der den markierten Zustand anzeigt.

Unter einem *Arrangement* verstehen wir die Form einer Anzahl von *crosses*, die der Bedingung genügt, dass verschiedene *crosses* aufeinander bezogen werden bzw. zusammen stehen. Das heißt, dass Markierungen ineinander oder nebeneinander stehen. Wenn wir also ein Blatt Papier mit Kreisen versehen haben und in die Form der Markierung der Unterscheidung (⌉) bringen, nennen wir dies ein Arrangement.

Raum für die Übersetzung der oben (Seite 47) gezeichneten Kreise:[52]

[52] Schreiben Sie für jeden Kreis ein ⌉ ; schreiben Sie es entsprechend seiner Stellung inner- oder außerhalb der oder des anderen.

Wenn ein Arrangement von Markierungen insgesamt als eine Anzeige gemeint ist, also entweder den markierten oder unmarkierten Zustand anzeigt, nennt George Spencer Brown es *Ausdruck*.

Dies führt zu einem zentralen Konzept eines jeden Kalküls, der Leitunterscheidung der Berechnungen: dem Wert. Den Wertbegriff hatten wir im Zusammenhang mit dem Nennen des Namens und dem Kreuzen der Grenze kennen gelernt (vgl. in I. 1. den Abschnitt „Die Axiome“, S. 41f.). Nun wird die Verbindung des Wertes mit beliebigen Ausdrücken hergestellt.

> „Nenne einen Zustand, der durch einen Ausdruck bezeichnet [angezeigt; F. L.] wird, den Wert des Ausdrucks.“ (SPENCER BROWN 1997: 4)[53]

Der Wert eines Ausdruckes ist damit entweder markiert oder unmarkiert. Das heißt für den Mathematiker oder Logiker vor allem: Der Indikationenkalkül startet zweiwertig. Die Anzeige eines Zustandes kann mit dem Wert des Zustandes identifiziert werden, und daher meint der Begriff Ausdruck, dass das Arrangement in Bezug auf seinen Wert betrachtet wird, also daraufhin, ob der Ausdruck mit dem markierten oder mit dem unmarkierten Zustand identifiziert werden kann. Die Unterscheidung zwischen „markiert“ und „unmarkiert“ geht einher mit der ersten Unterscheidung. Wäre die erste Unterscheidung beispielsweise die zwischen „gut“ und „schlecht“, würden alle folgenden im Lichte dieser Unterscheidung betrachtet, wobei soweit noch unbestimmt wäre, welche Seite mit welchem Wert identifiziert wird. Für den Indikationenkalkül unterscheidet die erste Unterscheidung ganz allgemein zwischen dem markierten und unmarkierten Zustand oder Wert, weshalb wir im Folgenden bezüglich des Wertes gelegentlich auf die erste Unterscheidung zurückkommen.

Dass ein beliebiges Arrangement überhaupt mit einem der beiden Zustände identifiziert werden kann, ist bis zu dieser Stelle im Kalkül noch nicht erwiesen. Zu diesem Zweck werden die Axiome herangezogen und in eine dem Kalkül angepasste Form gebracht.

---

[53] Im Original: „Call a state indicated by an expression the value of the expression.“ (SPENCER BROWN 1969: 5)

Die Grundgleichungen

Mit der Einführung einer Markierung für einen (durch eine Unterscheidung) unterschiedenen Zustand und der Einführung von Ausdrücken, die wir als die Form einer Anzahl von zusammenstehenden Markierungen der Unterscheidung auffassen, die als Anzeige beabsichtigt sind, können die beiden Axiome, die im ersten Kapitel entdeckt wurden, formalisiert werden. Dabei wird der Begriff der Äquivalenz für Gleichungen benötigt, in denen die Ausdrücke auf beiden Seiten des Äquivalenzzeichens den gleichen Wert haben. Die zwei Seiten einer Gleichung, die beiden äquivalenten Ausdrücke, sind unterschiedlich, können aber miteinander gleich gesetzt werden, weil sie den gleichen Wert haben. Äquivalenz bezieht sich auf den Wert eines Ausdruckes.

Nun werden die beiden Axiome aus dem ersten Kapitel der *Laws of Form* in die folgenden Formen der „Kondensation" und der „Aufhebung" gebracht. Die damit bezeichneten Äquivalenzen von zwei Ausdrücken sind allgemeingültige Formen, die der ursprünglichen Form der Unterscheidung entnommen sind. Für die formale Darstellung der Axiome ist zu beachten, dass das Nennen als Nebeneinander und das Kreuzen als Ineinander der zwei *crosses* interpretiert werden.[54]

> „Nun folgt aus **Axiom 1**: $\urcorner\;\urcorner = \urcorner$
> Nenne dies die Form der Kondensation." (SPENCER BROWN 1997: 4)

Die ***Form der Kondensation*** ist das Resultat der formalen (und symbolischen) Umsetzung von „Wieder-Nennen ist Nennen".

> „Lass jedes Token als Anweisung beabsichtigt sein, die Grenze der ersten Unterscheidung zu kreuzen." (SPENCER BROWN 1997: 5)[55]

Das Token, also das Zeichen für die Markierung einer Unterscheidung, steht einerseits als Name für den markierten Zustand und andererseits als Anweisung für die Kreuzung der Grenze der ersten Unterscheidung. Wir hatten diese doppelte Bedeutung des *cross* schon im Zusammenhang der Rechtfertigung der Axiome des ersten Kapitels der *Laws of Form* betrachtet. Nun wird sie formal ausgedrückt. Es betrifft die Grenze der ersten Unterscheidung, weil wir nur eine Form haben; jedes *cross* ist eine Kopie dieser Form.

---

[54] Was nicht zwingend ist; der Kalkül wäre auch umgekehrt darstellbar. Ich vermute hier einen Zusammenhang zu der Wahl der Form als Form der Unterscheidung – und nicht als Form der Anzeige.

[55] Im Original: „Let any token be intended as an instruction to cross the boundary of the first distinction." (SPENCER BROWN 1969: 5)

Das Kreuzen hat auch eine Richtung:

> „Lass die Kreuzung von dem Zustand weg erfolgen, der auf der Innenseite des Tokens bezeichnet [angezeigt; F. L.] ist. Lass die Überschreitung in den Zustand erfolgen, der durch das Token bezeichnet [angezeigt; F. L.] wird." (SPENCER BROWN 1997: 5)[56]

Haben wir eine Unterscheidung getroffen und ein *cross* geschrieben, bedeutet das, dass wir die Grenze der Unterscheidung in Richtung auf den Raum kreuzen, der durch den markierten Zustand angezeigt ist, das heißt von der Innenseite des *cross* auf seine Außenseite, das ist der Raum, in dem das *cross* steht. Steht auf der Innenseite eine weitere Unterscheidung, wird dieselbe Grenze erneut gekreuzt. Nun sind wir wieder im unmarkierten Zustand, dem Raum, der durch das oder mit dem ersten *cross* angezeigt wird. Formal veranschaulicht wird dies durch:

> „Nun folgt aus **Axiom 2**: $\overline{\overline{}|}| \; =$
> Nenne dies die Form der Aufhebung." (SPENCER BROWN 1997: 5)

Die ***Form der Aufhebung*** ist das Resultat der formalen Umsetzung von: „Wieder-Kreuzen ist nicht Kreuzen." Im Allgemeinen meint eine Unterscheidung zu treffen (hier also: ein *cross* zum Zwecke der Anzeige zu gebrauchen), die Grenze der Unterscheidung in Richtung auf die Außenseite zu kreuzen, so dass die Unterscheidung getroffen ist. Wird die Grenze erneut gekreuzt, ist sie nicht mehr getroffen; das meint, dass das wiederholte Kreuzen den Wert des Zustandes ändert. Durch die Wiederholung kommt man wieder in den unmarkierten Raum, in den das erste *cross* geschrieben wurde.

In den Anmerkungen zum zweiten Kapitel der *Laws of Form* gibt George Spencer Brown eine Ableitung des zweiten Axioms an, die sehr einleuchtend ist, für die aber die Form der Substitution benötigt wird, die bisher noch nicht gerechtfertigt wurde (siehe SPENCER BROWN 1969: 71f.). Im Haupttext kommt diese Erläuterung deshalb nicht vor. Ganz allgemein gilt, dass immer eine Seite einer Grenze markiert und die andere unmarkiert ist. Wenn wir das mit einer Markierung m veranschaulichen, ergeben sich die beiden folgenden Möglichkeiten: Wenn der Raum innerhalb eines *crosses* der markierte ist, so ist der Raum außerhalb der unmarkierte, und umgekehrt: Wenn der Raum außerhalb des *cross* markiert ist, ist der Raum innerhalb unmarkiert. Das heißt (indem wir m für markiert stehen lassen):

---

[56] Im Original: „Let the crossing be from the state indicated on the inside of the token. Let the crossing be to the state indicated by the token." (SPENCER BROWN 1969: 5)

$\overline{m}\rceil$ =   . und $\overline{}\rceil$ = m. Aus dem Einsetzen der zweiten Gleichung in die erste folgt das zweite Axiom.

Die beiden Formen der Kondensation und der Aufhebung ergeben sich aus dem Treffen einer zweiten Unterscheidung auf entweder der Außen- oder der Innenseite einer ersten Unterscheidung. Diese Formen werden in dem Indikationenkalkül als *primitive Gleichungen* bezeichnet, da sie ursprünglich aus der Idee der Unterscheidung abgeleitet wurden und die grundlegendsten und einfachsten sind. In diesem Text werden sie „Grundgleichungen" genannt. Aus oder mit ihnen werden später kompliziertere Gleichungen gefunden.

Der markierte und der unmarkierte Zustand werden als die beiden einzigen einfachen (oder primitiven) Ausdrücke bezeichnet. Da ein komplizierterer Ausdruck auch eindeutig mit einem Wert identifiziert werden kann, können wir jeden beliebigen Ausdruck als eine (komplizierte) Unterscheidung auffassen.

Das *cross*

Die Markierung der Unterscheidung erhält einen Namen, den wir in diesem Text schon verwendet haben und der wegen seiner Doppeldeutigkeit dem Umstand gerecht wird, dass die Markierung auch als Anweisung verstanden wird, die Grenze zu kreuzen.

> „Wir sehen nun, dass, wenn ein Zustand bezeichnet [angezeigt; F. L.] werden kann, indem man ein Token als Namen gebraucht, er bezeichnet [angezeigt; F. L.] werden kann, indem man das Token als Anweisung vereinbarungsgemäß gebraucht. Jedes Token kann daher als Anweisung für die Operation einer Absicht aufgefasst werden und ihm kann selbst ein Name gegeben werden, cross, um zu bezeichnen [anzuzeigen; F. L.], was beabsichtigt ist." (SPENCER BROWN 1997: 6)[57]

Das Treffen einer Unterscheidung – und damit der Gebrauch einer Anzeige oder eines Namens und das Kreuzen einer Grenze – ist damit die einzige Operation, die im Kalkül verwendet wird. Die Form der Unterscheidung ist die einzig zugelassene, und innerhalb des Kalküls finden wir keinen Weg,

---

[57] Im Original: „We now see that if a state can be indicated by using a token as a name it can be indicated by using the token as an instruction subject to convention. Any token may be taken, therefore, to be an instruction for the operation of an intention, and may itself be given a name, **cross**, to indicate what the intention is." (SPENCER BROWN 1969: 6)

die Form zu verlassen, wir stoßen immer wieder auf die Form. Deshalb ist Be-Inhaltung die einzige Relation, die der Kalkül benötigt:

> „Nachdem wir entschieden haben, dass die Form jedes Tokens, das *cross* genannt wird, vollkommen in sich selbst enthalten sein muss, haben wir nur eine Art der Relation zwischen Kreuzen gestattet: Be-Inhaltung. Lass den Zweck dieser Relation so eingeschränkt sein, dass es heißt, ein *cross* beinhalte das, was auf seiner Innenseite ist, und beinhalte das nicht, was auf seiner Außenseite ist." (SPENCER BROWN 1997: 6)[58]

Durch das Kopieren von *crosses* in und neben andere werden kompliziertere Ausdrücke erzeugt. Die Markierung legt fest, was beinhaltet ist und was nicht.

Das Konzept der ***Tiefe eines Raumes*** wird in der Folge eine Hilfe sein, bestimmte Sachverhalte beschreiben zu können. Um die Tiefe des Raumes festzustellen, in dem ein beliebiger Ausdruck steht, zählt man von außen, wie viele Grenzen maximal überschritten werden können (siehe SPENCER BROWN 1997: 17).

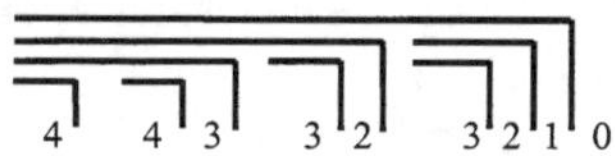

Der tiefste Raum dieses Ausdruckes hat die Tiefe vier, der seichteste Raum eines jeden Ausdruckes hat die Tiefe null. Der Raum der Tiefe Null ist der Raum, in dem der Ausdruck als ganzer steht.

Mit Hilfe des Konzeptes der Tiefe kann auch formuliert werden, was die ganze Zeit schon gewusst und benutzt wurde: Eine Unterscheidung wird in einem Raum getroffen, der wiederum eine Seite einer weiteren Unterscheidung darstellt. Diese ist nicht sichtbar, weil sie nicht mitgeschrieben wird. Man könnte auch nie alle mitschreiben, weil jede Unterscheidung wieder in einem Raum stehen müsste etc. Insofern liegt jedem Ausdruck ein ungeschriebenes *cross* zugrunde. Die Frage, die sich aufdrängt, ist dann aber: Was ist die erste Unterscheidung? In welchem Raum wird sie getroffen? (Vgl. I. 5. „Der *re-entry* der Form in die Form", S. 102ff., bzw. das 12. Kapitel der *Laws of Form*).

---

[58] Im Original: „Having decided that the form of every token called cross is to be perfectly continent, we have allowed only one kind of relation between crosses: continence. Let the intent of this relation be restricted so that a cross is said to contain what is on its inside and not to contain what is not on its inside." (SPENCER BROWN 1969: 6f.)

Das dritte Kapitel der *Laws of Form* enthält vier weitere Kanons und einige begriffliche Bestimmungen. Diese sind nötig, um mit der Kalkulation und dem Suchen und Finden von Regelmäßigkeiten, also der Primären Arithmetik, beginnen zu können. Bildlich gesprochen stehen Axiome am Anfang des Kalküls und Kanons stehen außerhalb. Sie stecken beide die Grenze zwischen dem im Kalkül Erlaubten und nicht Erlaubten ab. Kanons müssen herangezogen werden, um das Vorgehen überhaupt erst zu ermöglichen, und sie werden anweisend formuliert. Insofern kann nicht zur Debatte stehen, einen Kanon zu beweisen. Man kann ihn verwerfen, wenn er einem unplausibel erscheint. Es liegt also in der Verantwortung des Autors, die Kanons so zu wählen, dass sie unmittelbar einleuchten. Und deshalb halte ich die Vorgehensweise von George Spencer Brown, die Kanons an Ort und Stelle ihres ersten Gebrauchs einzuführen, statt sie – wie sonst auch üblich – am Anfang aufzulisten, für sehr hilfreich und einleuchtend.

Fundamentale Kanons

Der erste Kanon (Vereinbarung über die Absicht) wurde bereits im 2. Kapitel der *Laws of Form* behandelt. Der ***zweite Kanon***, genannt ***Kontraktion der Referenz***, dient der Vereinfachung der Darstellung. Er erlaubt es, mehrere Befehle in dem Sinne zusammen zu ziehen, dass sie alle unter Benutzung nur eines Befehls gemeint sind, solange verständlich bleibt, was gemeint ist.

> „Im allgemeinen lass Befehle in jedem Maß zusammengezogen werden, in dem man ihnen noch folgen kann." (SPENCER BROWN 1997: 8)[59]

So gebraucht George Spencer Brown den Befehl „Nimm ein beliebiges Kreuz c", um vier Befehle abzukürzen: (1.) die Konstruktion eines *cross* (das Treffen einer Unterscheidung), (2.) seine Markierung mit c, so dass (3.) c der Name ist, und schließlich (4.) die Bezeichnung des *cross* durch den Namen c. Würde dieser Kanon nicht eingeführt, hätte man – streng genommen – keine Erlaubnis für diese Vereinfachung der Darstellung und müsste unnötig pedantisch Detail für Detail stets aufführen.

Der zweite Kanon enthält eine gewisse Vagheit in der Hinsicht, ob man einem zusammengezogenen Befehl tatsächlich folgen kann oder nicht. Die

[59] Im Original: „In general, let injunctions be contracted to any degree in which they can still be followed." (SPENCER BROWN 1969: 8)

Verständlichkeit liegt hier in der Verantwortung des Autors und bestimmt die Grenze der Zusammenziehung. Die Kalkulation wird damit aber keinesfalls vage. Versteht jemand einen Befehl nicht, muss man ihn genauer ausführen.

Ein Kanon, ohne den keine Berechnungen möglich wären, ist der ***dritte Kanon***, der ***Vereinbarung über Substitution*** genannt wird.

> „In jedem Ausdruck lass jedes Arrangement in ein äquivalentes Arrangement geändert werden." (Spencer Brown 1997: 8)[60]

Ohne diese Vereinbarung könnten Ausdrücke nicht verändert werden. Man könnte einen gegebenen komplexen Ausdruck nicht vereinfachen und einen einfachen (primitiven) nicht komplexer werden lassen. Man hätte keine Möglichkeit herauszufinden, ob ein komplizierterer Ausdruck den markierten oder den unmarkierten Zustand anzeigt. Nun können wir aber zum Beispiel schreiben, indem wir die Form der Kondensation benutzen:

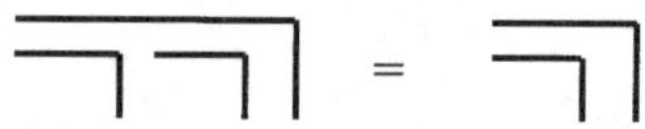

Jede solche Änderung nennen wir Schritt. In diesem Beispiel findet der Schritt in Richtung Vereinfachung statt – wenn man die Lesereihenfolge von links nach rechts als Richtung nimmt, denn die Äquivalenz bzw. das Äquivalenzzeichen gibt noch keine Richtung an. Das heißt, dass wir eine Veränderung einerseits hinsichtlich ihrer Art unterscheiden können (welche Äquivalenz gebraucht wird) und andererseits hinsichtlich ihrer Richtung. Die Idee der Substitution, Ersetzung von äquivalenten Ausdrücken, liefert die Idee eines Schrittes und einer Richtung des Schrittes. Ein Schritt ist eine Veränderung eines Ausdruckes in Richtung Einfachheit oder in Richtung Komplexität. Es gibt immer mehrere Möglichkeiten, einen beliebigen gegebenen Ausdruck in Richtung Komplexität zu ändern. In Richtung Einfachheit gibt es bei einigen Ausdrücken nur eine Möglichkeit. Damit aber jedem Ausdruck der markierte oder unmarkierte Wert zugeordnet werden kann, ist es notwendig, dass zumindest immer eine Möglichkeit der Vereinfachung besteht; ausgenommen die einfachen Ausdrücke, die per se nicht vereinfacht werden können und unmittelbar den markierten oder unmarkierten Zustand anzeigen.

---

[60] Im Original: „Third canon. Convention of substitution: In any expression, let any arrangement be changed for an equivalent arrangement." (Spencer Brown 1969: 8)

Raum für die Berechnung des Wertes des Ausdruckes, der sich aus der selbst gezeichneten Kreiskonstellation ergab (Seite 55):

Der ***vierte Kanon*** ist zunächst einmal nur eine ***Hypothese der Vereinfachung***:

> „Nimm an, der Wert eines Arrangements sei der Wert eines einfachen Ausdrucks, in welchen jenes durch geeignete Schritte geändert werden kann." (SPENCER BROWN 1997: 9)[61]

Die Hypothese besagt, dass man jedem Arrangement einen Wert zuordnen kann. Das heißt, dass jedes Arrangement als Ausdruck aufgefasst werden kann, da bestimmt werden kann, welcher Wert angezeigt wird. Die einfachen Ausdrücke, die An- oder Abwesenheit einer Markierung, können den Werten „markiert" und „unmarkiert" zugeordnet werden. Somit kann jeder Ausdruck durch entsprechende Schritte der Vereinfachung in eine An- oder eine Abwesenheit der Markierung überführt werden. Später wird das dritte Theorem (Übereinstimmung) bewiesen, welches besagt, dass unabhängig von verschiedenen möglichen Wegen der Vereinfachung ein gegebener Ausdruck stets auf nur einen der beiden einfachen Ausdrücke zurückgeführt werden kann. Das heißt, dass es keinen Unterschied macht, welche vereinfachenden Schritte getan und in welcher Reihenfolge sie ausgeführt werden. Die damit einhergehende Konsistenz des Kalküls spielt hier noch keine Rolle. Der vierte Kanon sichert lediglich, dass aus jedem gegebenen Ausdruck durch vereinfachende Schritte einer der einfachen Ausdrücke erreicht wird. Er wird an dieser Stelle aufgrund seiner unmittelbaren Gewissheit aufgestellt. Er kann noch nicht bewiesen werden (und von einem Kanon wird Beweisbarkeit ja auch nicht verlangt), da der Gedanke der Vereinfachung zu allgemein ist, und er wird deshalb als Hypothese eingeführt. Erneut: Man beachte, dass nicht behauptet wird, dass die Vereinfachung eindeutig ist. Diese stärkere These wird erst später bewiesen werden können.

---

61 Im Original: „Fourth canon. Hypothesis of simplification: Suppose the value of an arrangement to be the value of a simple expression to which, by taking steps, it can be changed." (SPENCER BROWN 1969: 9)

Aufgrund der begrenzten Möglichkeiten lässt sich leicht veranschaulichen, dass jeder nicht-einfache Ausdruck vereinfacht werden kann: Wenn zwei Markierungen der Unterscheidung nicht ineinander stehen, dann stehen sie nebeneinander. Mehr Möglichkeiten gibt es nicht und in beiden Fällen kann eines der Axiome herangezogen werden, um ein bzw. zwei *crosses* durch Substitution verwendende Äquivalenzumformung zu eliminieren. So kann man fortfahren, einen beliebig großen, aber endlichen Ausdruck von innen her (seiner größten Tiefe) zu verkleinern, das heißt die Anzahl der *crosses* zu verringern. Schließlich endet dies dadurch, dass nur noch ein *cross* oder gar keines übrig bleibt.

Im Gegensatz zum zweiten beschreibt der ***fünfte Kanon*** eine ***Erweiterung der Referenz***. Hier wird nicht das Zusammenziehen von Befehlen gestattet, sondern die Ausweitung von Formen. Wo ein Anlass zu weiterer Differenzierung gesehen wird, ist dem keine Grenze gesetzt. Die Erweiterung darf unbeschränkt fortgeführt werden.

> „Im allgemeinen also lass jede Form der Referenz uneingeschränkt teilbar sein.“ (SPENCER BROWN 1997: 10)[62]

Durch die Erweiterung der Referenz, die wir gebrauchen, um auszudrücken, dass die Rechenschritte nicht nur in die Richtung der Vereinfachung durchgeführt werden können, erweitern wir die Anzahl der „Primären Schritte“ auf vier, indem wir die Richtung der Anwendung der beiden Grundgleichungen unterscheiden. Damit erhalten wir zu der Form der Kondensation die der Bestätigung und zu der Form der Aufhebung die der Kompensation (darauf kommen wir zurück in I. 3. „Primäre Arithmetik und Primäre Algebra“, S. 68).

So nebensächlich die Erweiterung der Referenz an dieser Stelle erscheinen mag (denn schließlich sind die Seiten der Grundgleichungen *äquivalent*), so bedeutsam wird sie, wenn wir über die Entstehung von Komplexität reflektieren. Im Grunde ist die Erweiterung der Referenz gar keine Regel, die wir einführen. Eine Regel würde darin bestehen, eine Grenze zu setzen. Hier stellen wir jedoch fest, dass eine solche Grenze die Berechnungen nicht beschränkt. Dennoch muss die Erweiterung der Referenz explizit erlaubt werden, um der Vereinbarung über die Absicht (dem ersten Kanon) gerecht zu werden. Im dritten erkenntnistheoretischen Teil wird die Erweiterung der Referenz wieder auftreten als „konditionierte Koproduktion“.

---

[62] Im Original: „Thus, in general, *let any form of reference be divisible without limit.*“ (SPENCER BROWN 1969: 10)

Kalkulation und Kalkül

Am Ende der einführenden Bereitstellung der Grundbegriffe und Grundannahmen für die eigentlichen mathematischen Berechnungen und Entdeckungen von „Eigenschaften des Systems“ (bzw. von Zeichenreihen, die aus Grundzeichen und Regeln hergeleitet werden), benennt George Spencer Brown, was Kalkulation, ein Kalkül und insbesondere die primäre Arithmetik sind.

> „Nenne Kalkulation einen Vorgang, durch den sich eine Form infolge von Schritten in eine andere verwandelt, und nenne ein System von Konstruktionen und Vereinbarungen, welches Kalkulation gestattet, ein Kalkül.“ (SPENCER BROWN 1997: 10)[63]

Mit Kalkulation ist also die Veränderung eines Ausdruckes in einen äquivalenten Ausdruck gemeint, wobei sich Äquivalenz auf den Wert von Ausdrücken bezieht. Eine Kalkulation ist eine Berechnung innerhalb des Systems: Zeichenketten werden in Zeichenketten überführt. Ein System von Regeln, das solches hervorbringt, wird Kalkül genannt.

> „Die Formen der Schritte, die in einem Kalkül erlaubt sind, können definiert werden als alle Formen, die sich aus einem Satz gegebener Gleichungen ableiten lassen. Nenne die Gleichungen, die so gebraucht werden, um diese Formen zu bestimmen, die initialen Gleichungen oder Initiale des Kalküls.“ (SPENCER BROWN 1997: 10)[64]

Dahinter steht die Idee, dass alle die Schritte, die durch den Kalkül gestattet werden, aus einigen wenigen Schrittmustern hervorgebracht werden können. Nimmt man geeignete so genannte Initiale, lassen sich alle Schrittmuster oder Formen von Schritten ableiten.

> „Nenne das Kalkül, das dadurch bestimmt wird, indem die beiden primitiven Gleichungen als Initiale herangezogen werden, das Kalkül der Bezeichnung [Anzeige; F. L.].“ (SPENCER BROWN 1997: 10f.)[65]

---

63 Im Original: „Call calculation a procedure by which, as a consequence of steps, a form is changed for another, and call a system of constructions and conventions which allows calculation a calculus.“ (SPENCER BROWN 1969: 11)

64 Im Original: „The forms of steps allowed in a calculus can be defined as all the forms which can be seen in a given set of equations. Call the equations so used to determine these forms the initial equations, or initials, of the calculus.“ (SPENCER BROWN 1969: 11)

65 Im Original: „Call the calculus determined by taking the two primitive equations as initials the calculus of indication.“ (SPENCER BROWN 1969: 11)

In dem vorliegenden Text arbeiten wir mit dem naheliegenden Begriff „Indikationenkalkül". Mit dem bisher Betrachteten wird klar, warum sich der Name des Kalküls auf die Anzeige und nicht auf die Unterscheidung bezieht. Wir treffen eine Unterscheidung und untersuchen die Gesetzmäßigkeiten ihrer eigenen Form. Die zwei Seiten der Unterscheidung können mit den Werten „markiert" und „unmarkiert" identifiziert werden. Auf dieser Unterscheidung basiert die Kalkulation, denn Ausdrücke werden hinsichtlich ihres Wertes betrachtet und Schritte sind Veränderungen von Ausdrücken in Ausdrücke desselben Wertes. Der Unterschied von markiert und unmarkiert rührt daher aus der Anzeige, mit der eben die markierte Seite angezeigt und die unmarkierte Seite nicht angezeigt wird. Die Kalkulation und der Kalkül beruhen also zwar nach wie vor auf dem Treffen von Unterscheidungen, Gegenstand der Untersuchung ist im Besonderen jedoch die Anzeige, über die den Ausdrücken ein Wert zugeordnet werden kann, mit dem dann kalkuliert wird. Der Kalkül der Anzeige oder der Indikationenkalkül benennt demnach die Berechnungen, die mit der dargelegten Formalisierung der beiden Axiome einhergehen.

> „Nenne das Kalkül, das beschränkt ist auf die Formen, die durch direkte Konsequenzen aus diesen Initialen erzeugt werden, die primäre Arithmetik." (SPENCER BROWN 1997: 11)[66]

Die Einschränkung durch die „direkten Konsequenzen" verweist auf den Unterschied zu der Primären Algebra. Arithmetik betreibt man mit Konstanten, Algebra mit Variablen (zu diesem Unterschied kommen wir im folgenden Kapitel in dem Abschnitt I. 3. „Variablen", S. 74f.).

[66] Im Original: „Call the calculus limited to the forms generated from direct consequences of these initials the primary arithmetic." (SPENCER BROWN 1969: 11)

3. Primäre Arithmetik und Primäre Algebra

Mit dem vierten Kapitel der *Laws of Form* beginnt der im eigentlichen Sinne mathematische, kalkulierende Teil des Indikationenkalküls. Das Vorhergehende war und ist notwendig als Vereinbarung über die Grundlagen; aber die berechnende Tätigkeit ist das Auffinden von Gesetzmäßigkeiten oder allgemeinen Mustern, wie George Spencer Brown es nennt. Mit der Setzung der beiden Initiale wird dieser Prozess in Gang gesetzt. Die Anwesenheit und die Abwesenheit der Markierung, der *marked state* und der *unmarked state*, sind die Konstanten der Kalkulation der Primären Arithmetik. Auf Grundlage der Konstanten wird es dann möglich, auch allgemeine Regeln oder Muster zu finden, die unabhängig davon sind, welchen Zustand bestimmte Teile eines Ausdruckes darstellen. Über die damit einhergehende Einführung von Variablen wird die Primäre Algebra begründet. Sie wird so weit dargestellt – in Form von Konsequenzen und Theoremen –, bis erkennbar und beweisbar wird, dass der Indikationenkalkül sowohl vollständig als auch unabhängig ist.

4. Kapitel: Die Primäre Arithmetik

Die Primäre Arithmetik

Der Ausgangspunkt der Kalkulation bzw. der Einstieg in die primäre Arithmetik sind die Initiale. Zunächst hatten wir die Gesetze des Nennens und Kreuzens gefunden, aus denen die Axiome gewonnen wurden. Der Begriff „Initial“ kennzeichnet den Einstieg in die Berechnungen; „Zahl“ und „Ordnung“ sind die Namen der Initiale. I1 und I2 sind auch Namen: Abkürzungen, die in den Demonstrationen und Beweisen im Folgenden verwendet werden, um kurz und präzise angeben zu können, worauf man sich bezieht.

Initial 1 (Zahl) I1: ⌉ ⌉ = ⌉

Initial 2 (Ordnung) I2: ⌉⌉ (ineinander) =

Das erste Initial erlaubt Änderungen in der Anzahl der Markierungen, die nebeneinander stehen, weshalb es mit „Zahl“ bezeichnet wird. Das zweite Initial beschreibt, dass ineinander geschriebene Markierungen aufgehoben bzw. eingeführt werden können. Mit ihm können Markierungen eliminiert bzw. hervorgebracht – also Ebenen gestrichen und eingesetzt – werden, weshalb es „Ordnung“ genannt wird. Alle Kalkulationen des Indikationenkalküls basieren auf diesen Initialen, und der Kalkül wird entwickelt, indem allgemeine Muster der Kalkulation gefunden und unterschieden werden.

Da wir die Richtung, in der ein Äquivalenzzeichen gelesen werden kann, unterschieden hatten, beschreiben die Initiale jeweils zwei Rechenoperationen: Man kann zwei nebeneinander geschriebene *crosses* zu einem *kondensieren* bzw. ein *cross bestätigen*, so dass zwei nebeneinander geschrieben werden; und man kann zwei ineinander geschriebene *crosses aufheben* bzw. den unmarkierten Zustand mit zwei *crosses kompensieren*, so dass zwei ineinander geschriebene *crosses* erscheinen.[67] Auf diesen vier Formen kann der Indikationenkalkül aufgebaut werden.

Das erste Ziel wird es sein zu zeigen, dass wir jedes Arrangement als Ausdruck verstehen können (Theorem 1) und dass jeder Ausdruck eindeutig entweder den markierten oder den unmarkierten Zustand anzeigt (Theorem 3). Damit ist der Kalkül dann konsistent, verwechselt also die Seiten der grundlegenden Unterscheidung (markiert/unmarkiert) nicht. Das heißt, der Indikationenkalkül führt nicht zu Widersprüchen.

Das erste ***Theorem 1 (Form)*** lautet:

> „Die Form jeder endlichen ganzen Zahl von Kreuzen kann als Form eines Ausdrucks aufgefasst werden." (SPENCER BROWN 1997: 12)[68]

Jede Form einer beliebigen Anzahl von Kreuzen nennen wir Arrangement. Das Theorem besagt demnach, dass wir jedes Arrangement als Ausdruck auffassen können, der aus einer endlichen Anzahl von *crosses* besteht. Ein Ausdruck unterscheidet sich von einem Arrangement dadurch, dass er als Anzeige beabsichtigt ist. Ein Ausdruck zeigt immer entweder den markierten oder den unmarkierten Zustand an. Insofern beinhaltet das erste Theorem, dass ein beliebiges Arrangement einem der einfachen Ausdrücke zugeordnet werden kann. Durch Rechenschritte in Richtung Vereinfachung ist das Arrangement bestimmbar. Ebenso geht damit einher, dass jeder Ausdruck aus den einfachen Zuständen heraus konstruiert werden kann. Einerseits erschaffen oder schöpfen wir alle möglichen Arrangements aus dem markierten oder unmarkierten Zustand heraus. Ist ein beliebiges Arrangement gegeben, können wir andererseits Schritte der Verkürzung ausführen, so dass wir wieder entweder den markierten oder den unmarkierten Zustand erreichen.

---

[67] Die Initialgleichungen wurden jeweils zuerst von links nach rechts und dann von rechts nach links betrachtet.

[68] Im Original: „The form of any finite cardinal number of crosses can be taken as the form of an expression." (SPENCER BROWN 1969: 12)

Der Grund für die Endlichkeitsbedingung liegt auf der Hand, wenn man einmal zu rechnen begonnen hat. Man könnte zwar auch einen unendlichen Ausdruck vereinfachen, würde aber nie zu einem Ende kommen und wissen, welchen Zustand man erreicht. Denn die Vereinfachung wäre nur in (abzählbar) unendlich vielen Schritten auf einen der einfachen Zustände zurückführen. Das würde endlos dauern, da man nur endlich viele Rechenschritte in einer gegebenen Zeit ausführen kann.[69] Mit dem Theorem „Form“ ist die gesamte Kalkulation auf endliche Ausdrücke beschränkt. Erst mit der Einführung von Gleichungen höheren Grades als des ersten wird es durch eine Formalisierung von Selbstbezüglichkeit möglich, unendliche Ausdrücke in einer endlichen Zahl von Rechenschritten zu bestimmen (vgl. den Abschnitt in I. 4.: „Unendliche Ausdrücke und selbstbezügliche Gleichungen“, S. 89ff.).

Der Beweis des Theorems gründet in der Idee, dass man jeden beliebigen Ausdruck von innen, also von seiner größten Tiefe her, mit den beiden Initialen Stück für Stück kürzen kann. Im tiefsten Raum steht per Definition kein *cross*, da von außen nach innen alle Markierungen gekreuzt wurden, um den tiefsten Raum zu erreichen. *In* dem Raum mit der zweitgrößten Tiefe steht entweder ein einzelnes *cross* oder mehrere nebeneinander. Offensichtlich gibt es keine anderen Möglichkeiten. Wenn im zweittiefsten Raum (der tiefste Raum enthält ja per Definition kein *cross*) ein einzelnes *cross* steht, kann es nach Initial 2 mit dem ihn bedeckenden *cross* gestrichen werden; wenn dort zwei oder mehr *crosses* nebeneinander stehen, können sie nach Initial 1 auf ein einzelnes *cross* reduziert werden. Dieser Vorgang wird so lange die Tiefe des Ausdruckes verringernd fortgesetzt, bis eine einzelne Markierung oder der unmarkierte Zustand übrig bleibt.

Als Beispiel dient der Ausdruck, den wir im Zusammenhang mit dem Konzept der Tiefe des Raumes kennen gelernt haben:

 (links kondensieren, rechts aufheben)

=  (aufheben)

=  (aufheben)

= 

[69] Dieses Argument bezieht sich auf die Zeit, die zur Ausführung von Schritten benötigt wird. Es ist rein anschaulich, denn im Kalkül verfügen wir (noch) über kein Konzept von Zeit. Hier wird die Endlichkeit insofern als Grenze eingeführt, als keine Aussage über unendliche Ausdrücke getroffen wird.

Da also mit jedem Schritt ein oder mehr *crosses* eliminiert werden, muss die Berechnung eines (endlichen) Ausdruckes damit enden, dass nur noch eines oder aber keines mehr vorhanden ist. Wenn die Form jeder endlichen ganzen Anzahl von *crosses* auf einen der einfachen Zustände zurückführbar ist, dann kann jede solche Form als Ausdruck aufgefasst werden.[70]

Nachdem uns das erste Theorem und die damit verbundenen Überlegungen die Sicherheit verliehen haben, dass jeder denkbare Ausdruck tatsächlich auch den markierten oder unmarkierten Zustand anzeigt, finden wir mit ***Theorem 2 (Inhalt)*** eine allgemeine Regel zur Vereinfachung der Berechnung. Sie ist vereinfachend, weil man sich viele Rechenschritte sparen kann, wenn man sie kennt:

> „Wenn ein beliebiger Raum ein leeres Kreuz durchdringt, dann ist der Wert, der in diesem Raum bezeichnet [angezeigt; F. L.] wird, der markierte Zustand.“ (SPENCER BROWN 1997: 13)[71]

Bildlich gesprochen ist damit gemeint: Wenn wir einen Ausdruck *c* haben, der einen beliebigen Teilausdruck[72] *b* („beliebiger Raum“) und daneben ein einzelnes *cross* umfasst, dann ist der Wert des Ausdruckes *c* der markierte Zustand. Oder formal (und algebraisch, da Variablen verwendend):

$$c = \urcorner\; b = \urcorner$$

Die beweisende Überlegung besteht darin, dass der beliebige Teil *b* des Ausdruckes *c* entweder auf den markierten oder unmarkierten Zustand zurückgeführt werden kann. Ist *b* unmarkiert, bleibt nur das einzelne *cross* stehen und *c* ist der markierte Zustand; ist *b* markiert, kondensieren die beiden *crosses* zu einem. Was bleibt, ist also in beiden Fällen der markierte Zustand.

---

[70] George Spencer Brown führt einen präzisen Beweis des Theorems, und wie für alle anderen folgenden Beweise gilt, dass in dem vorliegenden Text nur die Beweisideen skizziert werden. Für ein gründliches Studium der *Laws of Form* kann nicht auf die Lektüre des Originals verzichtet werden. Der vorliegende Text versucht, mathematisch ungeschulten LeserInnen den Zugang zu erleichtern.

[71] Im Original: „If any space pervades an empty cross, the value indicated in the space is the marked state.“ (SPENCER BROWN 1969: 13)

[72] Mit Teilausdruck ist hier die Unterteilung eines Gesamtausdruckes in nebeneinander stehende Ausdrücke gemeint. Beispielsweise beinhaltet der Ausdruck, der aus zwei nebeneinander stehenden Kreuzen besteht, als seine zwei Teilausdrücke je ein *cross*. Mit dem Begriff des Teilausdruckes lässt sich auch das zweite Theorem anschaulicher beschreiben: Ist ein Teilausdruck eines Ausdruckes **c** ein einzelnes *cross*, so hat **c** den Wert des markierten Zustandes.

Ein wichtiges und notwendiges Merkmal eines jeden Kalküls ist, dass er die Unterscheidungen, die er trifft, konsistent durchhält. Das ***Theorem 3 (Übereinstimmung)*** sorgt dafür, dass die unterschiedenen Zustände markiert und unmarkiert nicht verwechselt werden.

> „Die Vereinfachung eines Ausdrucks ist eindeutig.“ (SPENCER BROWN 1997: 14)[73]

Das heißt, wenn ein beliebiger Ausdruck *c* auf unterschiedlichen Wegen vereinfacht werden kann, dann werden alle diese Wege das gleiche Ergebnis haben: Er wird entweder stets markiert oder stets unmarkiert sein. Es ist nicht der Fall, dass der Wert eines Ausdruckes von einer Wahlmöglichkeit des Weges abhängt.

Zum Beweis des dritten Theorems benötigen wir eine Verallgemeinerung des zweiten Theorems, die als Sechster Kanon eingeführt wird, genannt die Regel der Dominanz. Wenn ein beliebiger Ausdruck *c* gegeben ist, kann er verschiedene Teilausdrücke im seichtesten (äußersten) Raum beinhalten. Nach der Regel der Dominanz ist der Wert des Gesamtausdruckes markiert, wenn zumindest einer der Teilausdrücke markiert ist. Mit dem ersten Initial und dem zweiten Theorem ist das unmittelbar einleuchtend.

Der Beweis der (konsistenten) Unterschiedenheit von markiert und unmarkiert beruht auf einem Schema, wie jedem *cross* des Ausdruckes *c* entweder ein n für unmarkiert oder ein m für markiert zugeordnet werden kann; und zwar auf eine Weise, die den Wert von *c* nicht ändert.[74] Als veranschaulichendes Beispiel betrachten wir folgenden Ausdruck:

Sodann beginnen wir im tiefsten Raum, unter jede Markierung ein m für markiert zu schreiben. Das zeigt uns an, dass ohne weitere, in seichteren Räumen stehende *crosses* der Wert des Ausdruckes der markierte wäre. Wir notieren also:

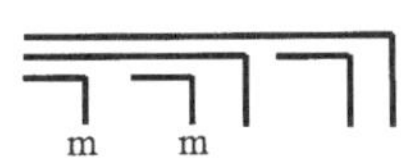

---

[73] Im Original: „The simplification of an expression is unique.“ (SPENCER BROWN 1969: 14)

[74] George Spencer Brown führt für den sechsten Kanon neue Begriffe ein, die den Beweis des zweiten Theorems nicht unerheblich komplizieren, wo es gar nicht nötig scheint. Im Folgenden veranschaulichen wir eine Beweisidee, die auf der Vorgehensweise von George Spencer Brown basiert, aber anscheinend ohne begriffliche Umwege das Argument klarer vor Augen führt.

Im nächsten Schritt werden die Markierungen, die eine mit m gekennzeichnete Markierung beinhalten (auf der Ebene darunter), mit n markiert (nach Initial 2 heben sich diese Markierungen mit der oder den inneren auf) und die, die keine Markierung enthalten, wie im ersten Schritt mit m:

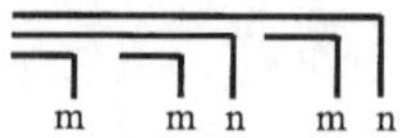

Nun können wir am seichtesten, äußeren Raum ablesen, welchen Wert dieser Ausdruck anzeigt, in dem Beispiel also den unmarkierten Zustand. Da diese Zuordnung eindeutig ist, also nicht von verschiedenen Wegen abhängt, und eben den Wert nicht ändert, ist die unterschiedliche Reihenfolge der Rechenschritte bzw. sind die verschiedenen Wege der Vereinfachung irrelevant. Der Unterschied des Weges macht keinen Unterschied für den Wert von *c*. Mit der Regel der Dominanz haben wir eine weitere Vorgangsweise entdeckt, wie der Wert eines Ausdruckes bestimmt werden kann. Sie ist eindeutig, das heißt, sie stimmt mit jedem möglichen Weg durch Vereinfachung mit Hilfe der Initiale überein.

Man kann auch das folgende Theorem als Beweis des dritten ansehen. Es ist dessen Umkehrung. Wenn wir unsere Richtung der Rechenschritte ändern und nicht davon ausgehen, dass ein Ausdruck gegeben ist, der vereinfacht werden kann, sondern davon, dass wir von den einfachen Ausdrücken ausgehend mit Hilfe der Initiale komplexere Ausdrücke entwickeln können, dann kommen wir auf das ***Theorem 4 (Unterscheidung)***:

> „Der Wert jedes Ausdrucks, der konstruiert wird, indem Schritte von einem gegebenen einfachen Ausdruck aus getan werden, ist verschieden von dem Wert jedes Ausdrucks, der konstruiert wird, indem Schritte von einem unterschiedlichen einfachen Ausdruck aus getan werden.“ (SPENCER BROWN 1997: 18)[75]

So, wie die Vereinfachung den Unterschied des Wertes beibehielt, halten auch Schritte von der Einfachheit weg diesen Unterschied aufrecht. Ausgehend von zwei unterschiedlichen einfachen Ausdrücken können nie zwei identische oder im Wert übereinstimmende Ausdrücke konstruiert werden. George Spencer Brown verwendet für den Beweis das dritte Theorem (Übereinstimmung), womit er trivial wird.

---

[75] Im Original: „The value of any expression constructed by taking steps from a given simple expression is distinct from the value of any expression constructed by taking steps from a different simple expression.“ (SPENCER BROWN 1969: 18)

Mit diesen beiden Theoremen ist nunmehr ausgeschlossen, dass ein Schritt im Kalkül erlaubt ist, mit dem die zwei Werte, die durch die Formen des Kalküls angezeigt und bezeichnet werden sollen, verwechselt werden können. Ein Kalkül, der seine grundlegende Unterscheidung nicht verwechselt, heißt konsistent.

In Abgrenzung zu den folgenden Theoremen kann man diese ersten vier insofern als eine Einheit begreifen, als sie den Rahmen der Untersuchung abstecken und die Konsistenz der Berechnungen sichern. Sie werden Theoreme der Darstellung genannt.

Unmittelbar einleuchtend sind die folgenden drei Theoreme, die hier nicht weiter beachtet werden.[76] Ihre Anführung und ihre Beweise sind für einen sauber entwickelten Kalkül unerlässlich, müssen uns aber in dieser Darstellung nicht weiter beschäftigen. Sie rechtfertigen den Gebrauch bestimmter Vereinfachungen des Rechenweges, weshalb sie Theoreme der Vorgangsweise genannt werden.

Theorem 5 (Identität)

> „Identische Ausdrücke drücken den selben Wert aus." (Spencer Brown 1997: 19)[77]

Theorem 6 (Wert)

> „Ausdrücke des selben Wertes können miteinander identifiziert werden." (Spencer Brown 1997: 19)[78]

Theorem 7 (Konsequenz)

> „Ausdrücke, die äquivalent mit einem identischen Ausdruck sind, sind äquivalent miteinander." (Spencer Brown 1997: 20)[79]

Zum Verständnis ist der Unterschied identisch/äquivalent von Bedeutung. Identische Ausdrücke sind auf keine Weise unterscheidbar, außer dass dies der eine und jenes der andere ist. Äquivalente Ausdrücke zeigen lediglich den gleichen Wert an; das heißt, Äquivalenz betrifft nur den Wert eines Ausdruckes.

---

[76] Interessant erscheint nur die Frage, was das für eine Theorie ist, die diese Sätze anzuführen und zu beweisen zu ihren Aufgaben zählt.

[77] Im Original: „Identical expressions express the same value." (Spencer Brown 1969: 20)

[78] Im Original: „Expressions of the same value can be identified." (Spencer Brown 1969: 20)

[79] Im Original: „Expressions equivalent to an identical expression are equivalent to one another." (Spencer Brown 1969: 21)

Das siebte Theorem besagt demnach, dass, wenn ein Ausdruck *c* mit *v* äquivalent ist und ebenso ein Ausdruck *d* mit *v* äquivalent ist, dann eben auch *c* und *d* äquivalent sind, das heißt, den gleichen Wert anzeigen.

Variablen

In seinem Text geht George Spencer Brown nun dazu über, auch mit variablen, also unbestimmten Teilausdrücken zu kalkulieren, und findet und beweist die Theoreme der Invarianz (*Form der Position*) und der Varianz (*Form der Transposition*), die der Primären Algebra als Initiale zu Grunde gelegt werden.

Schon in den letzten Theoremen haben wir die Idee von Variablen in Ausdrücken implizit verwendet, indem von beliebigen Ausdrücken gesprochen wurde. Mit Zeichen für Variablen (*a*, *b*, *c*, *p*, *q*, *r* etc.) kann dann formal dargestellt werden, dass ein beliebiger Ausdruck an verschiedenen Stellen eines größeren Ausdruckes vorkommt. Die beiden folgenden Theoreme führen in das Rechnen mit Variablen ein, so dass wir *im Allgemeinen* – das heißt ohne Festlegung der Variablen auf einen bestimmten Ausdruck (bzw. damit dann auf den markierten oder den unmarkierten Zustand) – nicht mehr entscheiden können, auf welchen Zustand der Ausdruck als ganzer zurückführbar ist. Da die Theoreme 8 und 9 von der Arithmetik zur Algebra überleiten, werden sie Theoreme der Verbindung genannt.

Die beiden Theoreme sind spezielle, allgemeine Aussagen über die Form von Ausdrücken. Es kann aufgrund der Identität von Teilen eines Ausdruckes mit anderen Teilen trotz der Variablen ein Rechenweg eingeschlagen und dem Ausdruck ein Wert zugeordnet werden. Die beiden die Darstellung der *Primären Arithmetik* beschließenden Theoreme sind Ausdruck der Gewissheit, in welchen Zustand bestimmte, Variablen enthaltende Ausdrücke überführt werden können. Für diese Gleichungen macht es also keinen Unterschied, für welchen Ausdruck die Variablen *p*, *q* und *r* stehen bzw. auf welche Zustände sie zurückgeführt werden können.

Theorem 8 (Invarianz): $\overline{\overline{p\rceil}\, p\rceil} =$

Indem man nacheinander die beiden möglichen Fälle für p (den markierten und den unmarkierten Zustand) einsetzt, so dass man sieht, dass in jedem Fall der unmarkierte Zustand herauskommt, kann man dieses Theorem beweisen.[80]

80 Interessant ist, dass die symbolische oder formale Darstellung dieses Theorems schwächer ist als der beschreibende, vorangestellte Text:

Einen weiteren Zusammenhang zwischen variablen Ausdrücken beschreibt:

Theorem 9 (Varianz): 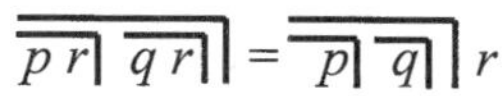

Hier ist es möglich, für alle acht Kombinationsmöglichkeiten[81] die Identität der beiden Seiten der Gleichung nachzuweisen. Sehr viel zeitsparender ist hier eine Betrachtung lediglich der möglichen Zustände von *r*. Setzt man für *r* den unmarkierten Zustand ein, hat man sofort die Identität der beiden Seiten der Gleichung und mithin deren Äquivalenz. Ist *r* der markierte Zustand, ergeben die Teilausdrücke `*p r*´ und `*q r*´ auf der linken Seite nach Theorem 2 jeweils den markierten Zustand. Nach Initial 2 heben sich dann die inneren *crosses* auf, so dass nur das äußere *cross*, also der markierte Zustand, auf der linken Seite stehen bleibt.

Die rechte Seite des neunten Theorems ist nach dem zweiten Theorem ohnehin der markierte Zustand, wenn r markiert ist. Damit ist bewiesen, dass das neunte Theorem für jede mögliche Belegung der Variablen gültig ist.

5. Kapitel: Ein Kalkül, dem Kalkül entnommen

Das fünfte Kapitel der *Laws of Form* leitet zur Algebra über. Es werden nun explizit Variablen eingeführt, die Ausdrücke in der Primären Arithmetik bezeichnen, aber unbekannt sind, das heißt, deren Wert man nicht kennt. Der Kalkül, welcher dadurch gewonnen wird, dass die Theoreme der Invarianz und der Varianz als Initiale gesetzt werden, kann als ein Kalkül für den Kalkül der Primären Arithmetik aufgefasst werden und wird Primäre Algebra genannt. Es ist ein neuer Kalkül, der aus der Primären Arithmetik gewonnen wird.

„Wenn aufeinander folgende Räume s_n, s_{n+1}, s_{n+2} durch zwei Kreuze unterschieden werden, und s_{n+1} **einen** Ausdruck durchdringt, der identisch ist mit dem gesamten Ausdruck in s_{n+2}, dann ist der Wert des resultierenden Ausdrucks in s_n der unmarkierte Zustand.“ (Spencer Brown 1997: 20; Hervorhebung von F. L.: man verstehe „einen“ als „unter anderem einen“)

Dies ist genaugenommen folgendermaßen zu formalisieren und auch dann mit oben vorgeschlagener Methode beweisbar: **p p q** = . (Siehe auch Spencer Brown 1997: 75.)

[81] Es sind drei Variablen gegeben, die jeweils zwei Werte annehmen können, also gibt es 2 • 2 • 2 Varianten, alle drei Variablen zu belegen.

In der numerischen Algebra kennt man zum Beispiel $(a+b)^2 = a^2+2ab+b^2$, wobei a und b als Variablen für Zahlen stehen, für die für jede Einsetzung die Gleichung erfüllt ist. Oder in der Geometrie gilt für den Umfang eines jeden Kreises $U = 2\pi r$. 2 und π sind konstant, U und r sind variabel und bestimmen sich über die Kreisumfangsformel gegenseitig. Ebenso haben wir in der primären Arithmetik beispielsweise gefunden, dass unabhängig davon, ob p den markierten oder unmarkierten Zustand anzeigt, gilt: $\overline{\overline{p\rceil}\, p\rceil} = \quad$.

An dieser Stelle könnte man irrtümlich annehmen, dass die *crosses* für Operatoren und die Variablen für Operanden stünden. Die Variablen stehen aber für (beliebige) Ausdrücke, also auch für ein Arrangement von Markierungen. Es wird also weiterhin keine Unterscheidung zwischen Operation und Operand getroffen.

Die beiden anschließend eingeführten Regeln der Substitution und des Ersetzens sagen nichts Neues aus. Sie werden allgemein als Regeln für Algebren anerkannt, da sie als der Äquivalenz implizit gelten. Sie sind Abkürzungen für die Theoreme fünf bis sieben, indem sie Befehle und Anweisungen zusammenfassen, die für die Primäre Algebra gebraucht werden.

Die erste Regel der Substitution erlaubt das Einsetzen eines identischen Teilausdruckes in einen Ausdruck, und sichert die Äquivalenz der Ausdrücke vor und nach der Substitution. Die zweite Regel betrifft Gleichungen. Ist eine Gleichung äquivalenter Ausdrücke gegeben, und ersetzt man auf beiden Seiten einen Teilausdruck durch einen beliebigen anderen (der nicht äquivalent zum ersetzten Ausdruck sein muss), so gilt die Äquivalenz der entstandenen Ausdrücke – der Wert dieser Ausdrücke kann dann auch verschieden von dem Wert der Ausdrücke der anfänglichen Gleichung sein. Die zweite Regel besagt nur, dass die Äquivalenz nach den Ersetzungen noch stimmt, da weiterhin beide Ausdrücke den gleichen Wert anzeigen. Wichtig zu beachten ist dabei, dass man *jedes* Auftreten des zu ersetzenden Teilausdruckes auch tatsächlich ersetzt.

Wenn wir mit den Konstanten der Arithmetik experimentieren, kann es geschehen, dass wir eine Regelmäßigkeit finden, die unabhängig von den gewählten Konstanten ist. Das nennen wir ein Theorem über die Arithmetik.

Zum Verhältnis von Primärer Arithmetik und Primärer Algebra halten wir fest, dass die Algebra eine Meta-Theorie zur Arithmetik darstellt. Metasprachliche Einsichten der Arithmetik werden in metasprachlichen Schemata dargestellt, für die Variablen verwendet werden. Insofern ist die Aufgabe der Algebra, die gültigen Schemata der Arithmetik zu axiomatisieren.

Die Primäre Algebra

Die Primäre oder Brownsche[82] Algebra ist ein Kalkül für die Primäre Arithmetik. Wie am Ende der Darstellung der Arithmetik gefunden, lauten die Initiale der Primären Algebra:

Initial 1 (Position) J1: $\overline{\overline{p}\rceil\, p}\rceil =$

Initial 2 (Transposition) J2: $\overline{\overline{r\,p}\rceil\ \overline{r\,q}\rceil}\rceil = \overline{\overline{p}\rceil\ \overline{q}\rceil}\rceil\ r$

Diese Initiale hat George Spencer Brown nicht zufällig gewählt, denn ein Set von Initialen ist nicht unbedingt geeignet, einen Kalkül zu fundieren. Ob ein Set von Initialen brauchbar ist, weiß man erst, wenn man herausgefunden hat, wohin es führt. Noch in anderer Hinsicht kann man die Brauchbarkeit von Initialsystemen unterscheiden, nämlich dahingehend, ob sie einfache Beweise gestatten. Der Indikationenkalkül hat in dieser Hinsicht viele Stärken – wie zum Beispiel der Beweis des Vier-Farben-Theorems belegt.[83] Für die Demonstration der offensichtlichen ***Konsequenz 1 (Reflexion)***

C1: $\overline{\overline{a}\rceil}\rceil = a$

benötigt George Spencer Brown jedoch zwei volle Seiten. Ein Beweis in der Primären Arithmetik wäre sehr viel einfacher, indem man das Einsetzungsverfahren verwendet, also für a die beiden Möglichkeiten ausprobiert; wie oben schon vorgeführt. In der Algebra können und sollen die Konsequenzen jedoch demonstriert werden, und das heißt, dass sie mittels der Initiale der Algebra abgeleitet werden. Man beginnt mit der linken Seite und führt Rechenschritte aus, so dass man die rechte Seite erhält – oder umgekehrt. Dabei dürfen nur die beiden Initiale verwendet werden; später, nachdem noch weitere Konsequenzen gefunden und demonstriert wurden, darf man dann auch diese Konsequenzen für Schritte in der Demonstration verwenden.

Mit den Theoremen acht und neun der Primären Arithmetik als Initiale der *Primären Algebra* lassen sich etliche Konsequenzen demonstrieren, die die Schritte der Vereinfachung und der Erweiterung im Umgang mit Aus-

---

[82] So ein alternativer Namensvorschlag von George Spencer Brown zur Abgrenzung zu George Booles Algebra.

[83] Diesen Beweis findet man noch nicht in der Originalausgabe der *Laws of Form*. Erst in einer späteren englischen und dann auch in der deutschen Auflage von 1997 (S. 141-191) ist er aufgeführt.

drücken deshalb erleichtern, weil sie eine Anzahl von Schritten unter einen einzigen subsumieren. Auf der einen Seite decken sie Zusammenhänge auf, die das Gebäude beschreiben, das aus den anfänglichen Axiomen entwickelt werden kann. Die Konsequenzen sind allgemeingültige Formen. Und auf der anderen Seite kann man sie funktional als Vereinfachung für spätere Rechnungen begreifen, da sie jeweils mehrere Rechenschritte zusammenfassen. Statt also jedes Mal die ganzen Rechenschritte, die in der Demonstration der Konsequenzen durchlaufen werden müssen, erneut für eine weitere Demonstration zu machen, greift man auf eine Konsequenz zurück und benötigt damit nur einen Schritt.

An einem möglichst einfachen Beispiel soll das Verfahren der Demonstration veranschaulicht werden. Neben der ersten soll auch ***Konsequenz 2 (Generation)*** vorausgesetzt werden:

$$\text{C2:}\quad \overline{a\ b}\rceil\ b = \overline{a}\rceil\ b$$

Man kann diese Gleichung aus zwei Richtungen beschreiben. Von rechts nach links: Steht ein Teilausdruck *b* außerhalb eines weiteren Teilausdruckes *a*, der unter einem *cross* steht, kann *b* auch zusätzlich unter das *cross* geschrieben werden. Von links nach rechts: Enthält ein Ausdruck einen Teilausdruck einmal unter einem *cross* und einmal außerhalb desselben, kann man das Vorkommen unter dem *cross* eliminieren. Die Demonstration dieser Konsequenz kann zum Beispiel folgendermaßen aufgeschrieben werden:

$\overline{a\ b}\rceil\ b = \overline{\overline{\overline{a}\rceil}\rceil\ \overline{\overline{b}\rceil}\rceil}\rceil\ b$ Um diese Äquivalenz zu erhalten, wendet man auf das a und auf das b daneben die Konsequenz C1 an: Um einen beliebigen Ausdruck kann man zwei Kreuze schreiben.

$= \overline{\overline{\overline{a}\rceil\ b}\rceil\ \overline{\overline{b}\rceil\ b}\rceil}\rceil$ Nach Initial 2 der Algebra (J2) kann man das außerhalb stehende b unter die *crosses* und neben $\overline{a}\rceil$ sowie $\overline{b}\rceil$ stellen.

$= \overline{\overline{\overline{a}\rceil\ b}\rceil}\rceil$ Der rechte innere Teilausdruck kann mit Initial J1 durch die Abwesenheit einer Markierung ersetzt werden.

$= \overline{a}\rceil\ b$ Nach der oben angenommenen Konsequenz C1 können zwei *crosses*, die einen Teilausdruck beinhalten, weggelassen werden.

Diese Schrittfolge führt von der linken Seite der zweiten Konsequenz auf die rechte, indem schon gefundene und erlaubte Regeln zur Veränderung von Ausdrücken angewendet wurden. Damit ist die Konsequenz demonstriert und gültig. Sie kann auch für weitere Demonstrationen verwendet werden.

Mit der zweiten Konsequenz kann zum Beispiel eine weitere Konsequenz demonstriert werden, die wir schon als Theorem über die Arithmetik entdeckt hatten, nämlich das zweite Theorem, Inhalt genannt. In der Algebra hat dies die Form der ***Konsequenz 3 (Integration)***:

$$\overline{}|\; a = \overline{}|$$

Man erkennt wieder, dass ein Ausdruck, der einen Teilausdruck umfasst, der nur aus einem leeren *cross* besteht, den gleichen Wert anzeigt wie der markierte Zustand. Dies kann in der Algebra folgendermaßen hergeleitet und damit mathematisch per Demonstration gerechtfertigt werden:

$\overline{}|\; a = \overline{a}|\; a$	Man setze in Konsequenz C2: *a* als unmarkiert und *b* als *a*. Man lese (in Konsequenz C2) von rechts nach links: Was neben dem *cross* steht, kann auch in das *cross* geschrieben werden.
$= \overline{\overline{\overline{a}|\; a}|}|$	Hier wurde Konsequenz C1 verwendet: Um einen beliebigen Ausdruck kann man zwei Kreuze schreiben.
$= \overline{}|$	Nach Initial J1 der Algebra entspricht der Ausdruck im Raum der Tiefe 1, also innerhalb des äußersten *cross*, dem unmarkierten Zustand. Deshalb entspricht der Ausdruck als ganzer dem markierten Zustand.

Damit wurde ein Weg gefunden, durch gerechtfertigte Äquivalenzumformungen von der linken Seite der dritten Konsequenz die rechte zu erreichen. Damit gilt diese Konsequenz.

Zwei Konsequenzen, die wir später benötigen werden, sollen hier noch erwähnt sein:

Konsequenz 4 (Okkultation)	C4: $\overline{\overline{a}|\,\overline{b}|}|\; a = a$
Konsequenz 5 (Iteration)	C5: $a\; a = a$

Die Demonstrationen befinden sich in der Fußnote:[84]

---

[84] **C4**: Verwende **C2** (von rechts nach links) am äußeren *cross*, erneut **C2** (ebenso) am inneren und dann **J1**.

Eine anspruchsvollere Übung stellt die Demonstration der folgenden Konsequenz dar. Die Mühe lohnt sich aber, da sie im folgenden Kapitel eine wichtige, von George Spencer Browns Darstellung abweichende Rolle spielt. Die ***Konsequenz CL*** ähnelt Konsequenz C4, besagt aber etwas anderes:[85]

$$\text{CL:}\quad \overline{\overline{a\rceil}\,b\rceil}\;\overline{\,b\,\rceil} = \overline{\,b\,\rceil}$$

Nachdem wir uns durch einige Berechnungen mit „der Natur von Rechenschritten“ vertraut gemacht haben und bevor wir die berechnenden Kalkulationen beenden und uns Eigenschaften des Kalküls zuwenden, bemerken wir die Inkonsistenz des „Kalküls der Schritte“, die mit dem zweiten Theorem, Kontraktion der Referenz, zusammenhängt: Konsequenzen als Zusammenfassungen von Rechenschritten zu einem einzigen aufzufassen, führt zu einer auf den ersten Blick merkwürdigen Erkenntnis über die Natur von Schritten: keinen Schritt zu machen, ist auch ein Schritt.[86] Wenn zwei (oder mehr) Schritte nach obigen Überlegungen als ein Schritt aufgefasst werden können und zugleich offensichtlich gilt, dass einen Schritt zu machen und ihn dann umgekehrt auszuführen ergibt, dass man insgesamt keinen Schritt unternommen hat, dann führt das zu einer Situation, die man folgendermaßen notieren kann (> ist ein Schritt, < ist der umgekehrte Schritt):

$$>>\ \ <\ \ =\ \ ><\ \ =\ \ \ .$$
$$>\ \ ><\qquad\qquad =\ >\ .$$

In der ersten Zeile wurden im ersten Schritt (wir gebrauchen Schritte in der Anzeige von Schritten) zwei Schritte zu einem zusammengefasst und dann dieser Schritt rückgängig gemacht, so dass die ursprüngliche Schrittfolge äquivalent damit ist, keinen Schritt zu machen. In der zweiten Zeile wurde der zweite Schritt rückgängig gemacht (man beachte die Abstände

---

C5: Gebrauche **C1** für das erste **a** und dann **C4** (wobei **b** dem unmarkierten Zustand entspricht).

[85] Ein möglicher Weg, diese Konsequenz zu demonstrieren: **C1**, **J2**, **C5**, **C1**, **C4**.

[86] Vgl. SPENCER BROWN 1997: 32. Das erinnert im übrigen an die berühmte Feststellung von Paul Watzlawick. Ausgehend von der Beobachtung, dass „Verhalten kein Gegenteil hat, oder um dieselbe Tatsache noch simpler auszudrücken: Man kann sich nicht *nicht* verhalten“ (WATZLAWICK; BEAVIN; JACKSON 1996: 51), folgern die Autoren die Unmöglichkeit, nicht zu kommunizieren. Formuliert als „metakommunikatives (...) Axiom“: „Man kann nicht nicht kommunizieren.“ (53) Und das heißt in Anlehnung an die Natur von Schritten: >Nicht-Kommunikation ist auch Kommunikation.<

zwischen den Zeichen), so dass ein einzelner Schritt übrig bleibt.[87] Also ist das Ergebnis der Rechnung in Schritten abhängig von der Reihenfolge der Schritte, die man zur Berechnung unternimmt, und somit ist der „Kalkül der Schritte" inkonsistent. Das beunruhigt jedoch insofern nicht, als ein Schritt nicht dazu gedacht ist, eine Grenze zu kreuzen. Der Wert eines Ausdruckes ändert sich durch das Ausführen eines Schrittes nicht. Und hinsichtlich des Wertes ist es unbedeutend, ob ein Schritt unternommen wird oder nicht.

7. Kapitel: Theoreme zweiter Ordnung

Die Theoreme zehn bis dreizehn der Brownschen Algebra betreffen Verallgemeinerungen von einigen zuvor aufgestellten Konsequenzen, die für die vorliegende Einführung unerheblich sind. Interessant ist lediglich, dass die Verallgemeinerung darin besteht, bestimmte Gleichungen auf *jede Anzahl* von Teilausdrücken auszuweiten. Damit ist zwar noch keine Unendlichkeit gemeint, aber die Beweise können auch auf dieser nicht mehr explizit darstellbaren Ebene geführt werden.

Das Theorem 10 wird später für die Interpretation für Zahlen relevant sein und dort angeführt.

Nachdem mit der Algebra variable Ausdrücke eingeführt wurden, beschreiben Theoreme zweiter Ordnung, dass die Länge der Ausdrücke in bestimmten Konsequenzen ebenfalls variabel ist.

Des Weiteren kann man zum Beispiel zeigen (***Theoreme 14 und 15***), dass jeder Ausdruck in einen anderen überführt werden kann,

> „der nicht mehr als zwei Kreuze tief ist" oder „in dem nicht mehr als zwei Erscheinungen jeder gegebenen Variablen enthalten sind."
> (SPENCER BROWN 1997: 35)[88]

Diese Theoreme sind interessant, weil sie Aussagen über die Veränderbarkeit der Form von Ausdrücken treffen. Sie werden aber auch angeführt, weil sie bei dem späteren Beweis der Vollständigkeit der Brownschen Algebra benötigt werden.

---

[87] Es ist klar, dass der umkehrende Schritt in den beiden Fällen verschieden ist.

[88] Im Original: ***Theorem 14***: „From any given expression, an equivalent expression not more than two crosses deep can be derived." ***Theorem 15***: „From any given expression, an equivalent expression can be derived so as to contain not more than two appearances of any given variable." (SPENCER BROWN 1969: 40 f.)

Das achte Kapitel der *Laws of Form* soll die Primäre Arithmetik und die Primäre Algebra nachträglich verbinden. Für den mathematischen Fortgang liefert es nichts Neues, weshalb hier nur ihre beiden zentralen Aussagen wiedergegeben werden.

Der ***Siebte Kanon (Prinzip der Relevanz)*** lautet:

> „Ist eine Eigenschaft jeder Bezeichnung [Anzeige; F. L.] gemeinsam, braucht sie nicht bezeichnet [angezeigt; F. L.] werden.“ (SPENCER BROWN 1997: 37)[89]

und das ***Theorem 16 (Die Brücke)***:

> „Wenn Ausdrücke in jedem Fall einer [ihrer; F. L.][90] Variablen äquivalent sind, sind sie äquivalent.“ (SPENCER BROWN 1997: 41)[91]

Weiter geht es mit allgemeineren Charakteristika des Kalküls.

Vollständigkeit und Unabhängigkeit

Für ein Verstehen und Nachvollziehen des Indikationenkalküls sind diese beiden Kapitel der *Laws of Form* unwesentlich. Deshalb geben wir hier lediglich in anderen Worten wieder, was mit den Theoremen „Vollständigkeit“ und „Unabhängigkeit“ zum Ausdruck gebracht wird.

Die Eigenschaften Vollständigkeit und Unabhängigkeit nachzuweisen, ist eine formale Anforderung, die einen Kalkül klassifiziert, und die ihn auch mit anderen in diesen Hinsichten vergleichbar macht. Im 9. Kapitel „Vollständigkeit“ beweist George Spencer Brown, dass seine Algebra und Arithmetik sich ganz überlappen, also angemessen füreinander sind.

> „Theorem 17 (Vollständigkeit): Die primäre Algebra ist vollständig.“ (SPENCER BROWN 1997: 43)[92]

---

[89] Im Original: „If a property is common to every indication, it need not be indicated.“ (SPENCER BROWN 1969: 43)

[90] Es sind nicht die Aussagen jeweils einer Variablen äquivalent und daher auch selbst im Wert identisch (das wäre trivial), sondern: Wenn in den beiden Fällen der Belegung einer Variablen (markiert oder unmarkiert), die in beiden Ausdrücken vorkommt, die dadurch entstehenden Ausdrücke äquivalent sind, dann sind auch die ursprünglichen Ausdrücke vor der Einsetzung des markierten oder unmarkierten Zustandes äquivalent.

[91] Im Original: „If expressions are equivalent in every case of one variable, they are equivalent.“ (SPENCER BROWN 1969: 47)

Das bedeutet, dass jede Gleichung, die als Theorem über die *Primäre Arithmetik* beweisbar ist, als Konsequenz in der *Primären Algebra* demonstriert werden kann. Da dies auf alle zutrifft, bezeichnen wir den Kalkül nach üblichem mathematischen Sprachgebrauch als vollständig. Vollständigkeit ist damit eine relationale Beziehung zwischen Kalkülen (Arithmetik und Algebra) und keine Eigenschaft eines einzelnen. Eine Algebra wird „vollständig" genannt, wenn sie alle Eigenschaften der dazugehörigen Arithmetik in Form von Konsequenzen repräsentiert. Der Beweis bedarf einiges an mathematischen Fertigkeiten, weshalb er hier den Rahmen sprengen würde.[93]

Im Hinblick auf die Unvollständigkeitssätze von Kurt Gödel (siehe GÖDEL 1931) könnte die Feststellung, dass der Indikationenkalkül nicht nur konsistent[94], also widerspruchsfrei ist, sondern auch vollständig, auf den ersten Blick Widerspruch hervorrufen. Eine naheliegende Vermutung ist, dass die Sätze von Kurt Gödel hier keine Anwendung finden, weil die *Laws of Form* das Imaginäre zu repräsentieren erlauben (vgl. den Abschnitt in I. 4.: „Der *re-entry* und der imaginäre Wert", S. 92ff.). Wenn das Imaginäre einem formalen System inhärent ist, lassen sich die Sätze von Gödel nicht mehr auf dieses System applizieren.

Zudem beweist George Spencer Brown im 10. Kapitel der *Laws of Form* die Unabhängigkeit der beiden Initiale der *Primären Algebra*. Das heißt, dass mit keinem von beiden das andere Initial demonstriert werden kann. Oder anders formuliert: Würde man auf eines verzichten, könnte man nicht die gleichen Konsequenzen demonstrieren und erhielte mithin nicht den Indikationenkalkül. Das sagt aber nichts darüber aus, ob man nicht auch mit anderen Theoremen der Primären Arithmetik den Indikationenkalkül begründen könnte.

---

[92] Im Original: „Theorem 17. Completeness: The primary algebra is complete." (SPENCER BROWN 1969: 50)

[93] Wer den Beweis in den *Laws of Form* nachvollziehen will, sei gewarnt vor mindestens drei Druckfehlern (nur) in der deutschen Ausgabe. Auf Seite 44: Zeile 10 heißt es $\mathbf{A}_2$ statt $\mathbf{A}_1$; Zeile 15 enthält in s_1 ein durchgezogenes *cross*, das eigentlich zwei *cross* sein müssten; und Zeile 16 enthält einen senkrechten Strich ganz rechts zu viel.

[94] Aus den Theoremen 3 und 4 folgte oben die Konsistenz der Primären Arithmetik.

Beweis und Demonstration bzw. Theorem und Konsequenz

Für den geregelten Ablauf der Kalkulation und für seine Darstellung ist es nicht notwendig, verschiedene Begründungs- oder Rechtfertigungsformen zu unterscheiden und begrifflich sauber zu trennen. Das gehört nicht zum Kalkül, sondern zu seinem Meta-Bereich. In der Geschichte der Mathematik wurde das auch nicht getan, obwohl die Unterscheidung zwischen Beweis und Demonstration sehr einleuchtend ist. Mit ihr gewinnen wir einige Erkenntnisse über die Struktur von Kalkülen.

Eine Demonstration ist eine Anwendung der Regeln des Kalküls, die auch beispielsweise ein Computer ausführen kann. Für den Beweis eines Theorems haben wir dagegen etwas zu finden, das nicht in den Regeln und Gesetzen des Kalküls vorkommt und das einen weiteren Zusammenhang beschreibt. Das Beispiel der unendlich vielen Primzahlen macht den Unterschied deutlich (vgl. S. 25f.). Für den Beweis wird zwar abstrakt auf die Grundrechenarten zurückgegriffen, die den Anwendungen der Konsequenzen entsprechen. Aber dies ist nur Hilfsmittel für eine Beweisidee. Tatsächlich kommt in dem Beweis keine einzige Demonstration vor. Auch Beweisideen können die Form von anerkannten Mustern haben. In diesem Beispiel besteht es darin, die Endlichkeit der Anzahl der Primzahlen anzunehmen, und dann einen Rechenweg zu finden, mit dem man auf einen Widerspruch stößt; es handelt sich um einen so genannten Widerspruchsbeweis. Wenn wir eine größte Primzahl als gegeben annehmen und bestimmte Überlegungen vollziehen, die mit dieser Annahme einhergehen, so führt uns das zu der Einsicht, dass es größere Primzahlen geben muss.

Eine Möglichkeit, den Unterschied zwischen den Rechtfertigungsformen Beweis und Demonstration genauer zu beschreiben, liegt in der Unterscheidung von Innen und Außen des Kalküls. Da eine Demonstration in der Befolgung von Anweisungen besteht, die durch den Kalkül bereitgestellt werden, wohingegen wir in einem Beweis mit Begriffen operieren, die den Anweisungen des Kalküls nicht zugänglich sind, besteht der Unterschied zwischen Beweis und Demonstration darin, dass

> „eine Demonstration innerhalb des Kalküls, ein Beweis außerhalb" stattfindet. (SPENCER BROWN 1997: 81)[95]

Dies bedeutet, dass ein Beweis sich niemals auf die gleiche Art und Weise rechtfertigen lässt wie eine Demonstration.

[95] Im Original: „A demonstration, we remember, occurs inside the calculus, a proof outside." (SPENCER BROWN 1969: 94)

Daraus folgt ein unüberwindliches Dilemma:

> „Jeder Versuch, solche Beweise [die den Anweisungen des Kalküls nicht zugänglich sind; F. L.] selbst zum Gegenstand von Anweisungen zu machen, gelingt nur um den Preis, ein anderes Kalkül zu erschaffen, in dem das ursprüngliche Kalkül eingebettet ist, und außerhalb dessen wir wieder Formen erkennen werden, die einem Beweis zugänglich sind, nicht aber einer Demonstration.“ (SPENCER BROWN 1997:80f.)[96]

Die Gewissheit über die Gültigkeit eines Beweises, die nach obigen Ausführungen nicht auf der gleichen Evidenz wie die einer Demonstration beruhen kann, sieht George Spencer Brown im Konzept der Erfahrung. Deshalb müsse unsere Gewissheit auf dieser Stufe als intuitiv angesehen werden. Oder mit anderen Worten: Wenn wir die Struktur eines Beweises nicht in der Form unseres Kalküls kodifiziert haben (und dann würden wir einer Struktur nicht den Namen Beweis geben), müssen wir auf eine andere Weise Gewissheit über die Gültigkeit erlangen. Wenn wir nicht aufgrund unserer Erfahrung mit dem vertraut wären, was wir als die Grundlage eines Beweises ansehen, könnten wir einen Beweis nicht als Beweis erkennen. Das Konzept der Erfahrung ist verwandt mit der Methode von Befehl und Betrachtung, in der das Selber-Tun zu Wissen führt.

Zudem wissen Mathematiker meistens schon, ob ein Theorem gültig ist, selbst wenn sie noch keinen Beweis haben. Dass dies tatsächlich der Fall ist, zeigt die Tatsache, dass Mathematiker fast immer Theoreme oder Sätze zu beweisen suchen, bei denen es ihnen (oder einem anderen) schließlich auch gelingt.[97] In Anbetracht der großen Anzahl möglicher Theoreme können wir schließen, dass Mathematiker über ein intuitives Vorwissen verfügen, das aus ihren Kenntnissen der Materie rührt.[98]

---

[96] Im Original: „In any attempt to render such proofs themselves subject to instruction, we succeed only at the cost of making another calculus, inside of which the original calculus is cradled, and outside of which we shall again see forms which are amenable to proof but not demonstration.“ (SPENCER BROWN 1969: 93)

[97] Bei manchen Theoremen wurde noch kein Beweis gefunden, dennoch wissen Mathematiker, dass die Theoreme stimmen. Mathematiker wissen in der Regel schon vor dem Beweis, ob ein Theorem beweisbar ist.

[98] Aufschlussreich ist auch folgende Beschreibung von George Spencer Brown:

„Um einen Beweis zu entdecken, müssen wir etwas Subtileres tun als suchen. Wir müssen darauf kommen, die *Relevanz* einer Tatsache, welche Aussage bezüglich ihrer auch immer wir rechtfertigen wollen, in vollem Ausmaß zu erkennen, derer wir uns daher bereits ständig gewahr sind. Während wir wissen mögen, wie man eine Suche nach etwas unternimmt, das wir *nicht* sehen können, mag die Subtilität der Technik,

Insofern spricht George Spencer Brown davon, dass Kalkül und Beweis in einem angemessenem Verhältnis zueinander stehen müssen. Der Kalkül erweist sich nach George Spencer Brown als die gemeinsame Grenze zwischen Beweis und Demonstration (siehe SPENCER BROWN 1997: 80ff.). In diesem Sinne können wir anhand der Unterscheidung zwischen Beweis und Demonstration den Unterschied zwischen *Primärer Arithmetik* und *Primärer Algebra* illustrieren. Nachdem die Initiale der *Primären Algebra* selbst zum Zeitpunkt ihrer Herleitung Theoreme der *Primären Arithmetik* sind, können wir eine Gleichung mit Variablen je nach unserem Standpunkt entweder als Theorem in der Arithmetik oder als Konsequenz in der Algebra auffassen. Da jede *demonstrierbare* Konsequenz in der Algebra ein *beweisbares* Theorem über die Arithmetik bezeichnet, können wir sagen, dass Konsequenzen in der Algebra Eigenschaften der Arithmetik repräsentieren.

---

etwas versuchen zu finden, das wir bereits sehen *können*, leichter unseren Anstrengungen entgehen.“ (SPENCER BROWN 1997: 82)

4. Gleichungen zweiten Grades

Der Indikationenkalkül hat bislang bis auf seine einfache, schlichte, geradezu minimalistische Darstellung nichts grundsätzlich Neues zu Tage gebracht, das heißt, bis hier unterscheiden sich die Algebren Booles und Spencer Browns inhaltlich nicht. Aus der Einfachheit und dem minimalistischen Formalismus resultiert aber gerade die Einsicht, dass Gleichungen nicht auf den ersten Grad beschränkt sind. Am Ende dieses Kapitels soll daher auf den Unterschied zwischen Boolescher und Brownscher Algebra eingegangen und herausgearbeitet werden, woher der Gewinn der Entdeckung von Gleichungen höheren Grades rührt und was sie für die mathematische Theorie leistet.

In den vorangegangenen Abschnitten wurde der Indikationenkalkül bis zu einem Punkt entwickelt, von dem aus die wichtigen Eigenschaften Vollständigkeit und Unabhängigkeit gefunden werden konnten. Nun betreten wir Neuland, indem ein Verfahren entdeckt wird, mit dem gewisse unendliche Ausdrücke als endliche dargestellt werden können, so dass ihre zugehörigen Werte trotz der Unendlichkeit in einer endlichen Berechnung gefunden werden können.

Der Grad einer Gleichung gibt die Unbestimmtheit des Wertes (markiert oder unmarkiert) der in ihr vorkommenden Ausdrücke an. Ausdrücke in Gleichungen ersten Grades sind eindeutig bestimmt und es werden keine weiteren benötigt, um beispielsweise Logik zu betreiben. Von daher ist es nicht verwunderlich, dass es gelingen konnte, eine fundamentale Algebra (wie zum Beispiel die von George Boole) auf einem logischen Fundament zu entwickeln. Jedoch handelt man sich damit unüberwindliche Probleme ein, da man die Mathematik von Gleichungen höheren Grades abschneidet, wenn man sie mit Logik begründet; denn auf diese Weise werden (unnötigerweise) logische Beschränkungen in die Mathematik importiert.

Um den Zugang zu diesem wesentlichen und schwer verständlichen Kapitel zu erleichtern, wird eine kurze Skizze des Inhaltes vorangestellt: Nach George Spencer Brown erhält man Gleichungen zweiten Grades, indem unendliche algebraische Ausdrücke durch Selbstbezüglichkeit als endliche Gleichungen darstellt werden. Dazu muss ein Teilausdruck auf beiden Seiten der Gleichung auf noch zu spezifizierende Art und Weise vorkommen. Die so genannten Gedächtnis- und Oszillatorfunktionen liefern die einfachsten selbstbezüglichen Ausdrücke: entweder wird immer der gleiche Wert (selbstbestätigend) angenommen oder es findet ein permanenter Wechsel des Wertes (selbstwidersprechend) statt. Auf der Ebene von Aussagen entsprechen diese Gleichungen der Tautologie und der

Paradoxie. Nun sind Gleichungen zweiten Grades nur dann stets einer Lösung zugänglich, wenn man einen bisher nicht benötigten und betrachteten Wert gebraucht. Als Lösung für Gleichungen zweiten Grades führt George Spencer Brown den so genannten imaginären Wert ein, den er beschreibt als Oszillation zwischen dem markierten und dem unmarkierten Zustand. Diese Oszillation, die Zeit benötigt, unterwandert die Grenze der Unterscheidung, was durch das Bild des Tunnels dargestellt wird.

Für die mathematische Form, mit der der imaginäre Wert entdeckt wird, prägte George Spencer Brown den Begriff *re-entry* (Wieder-Eintritt): Eine Unterscheidung wird auf ihrer bezeichneten Seite in sich selbst wieder eingeführt. Sie ist dann einerseits die getroffene, gerade verwendete Unterscheidung, die Grundlage einer Beobachtung, aber auch der Gegenstand der Beobachtung. In der oben erwähnten Terminologie können wir formulieren, dass die Unterscheidung einerseits getroffen und andererseits vorgestellt wird (siehe im Abschnitt „Grundlegende Ideen: Unterscheidung und Anzeige“ in I. 1.: S. 36). Niklas Luhmann spricht dabei vom *re-entry* der Unterscheidung in das Unterschiedene. So führt ein *re-entry* beispielsweise zu Fragen wie: Ist die Unterscheidung zwischen wahr und falsch selbst wahr oder falsch? Ist die Unterscheidung zwischen gerecht und ungerecht selbst denn überhaupt gerecht?

Nur mit der Figur des *re-entry* ist (Selbst-)Reflexion möglich, denn nur so ist es möglich, sich intern wie von außen zu beobachten. Auch Selbstreferenzen wie die Erforschung der Forschung, die Liebe der Liebe oder das Erlernen des Lernens etc. sind durch einen *re-entry* beschreibbar. Im Kontext des vorliegenden Textes wird die Figur des *re-entry* aber vor allem für die ernsten wissenschaftlichen Probleme in den Grundlagen der Mathematik fruchtbar (siehe dazu den Teil II: „Zu den Grundlagen der Mathematik: Die Form der Paradoxie“, S. 112ff.).

11. Kapitel: Gleichungen zweiten Grades

Das 11. Kapitel der *Laws of Form* leitet George Spencer Brown ein, indem er betont, dass die Anzahl der Schritte in einer Demonstration endlich ist. Hätten wir uns nicht derart beschränkt, hätten wir Demonstrationen nicht durchführen können; wir hätten in unendlichen Ausdrücken keine Möglichkeit, ihren Wert zu bestimmen. Der Kanon 9 (Regel der Demonstration) ist ein Prinzip, das wir die ganze Zeit befolgt haben und befolgen mussten. Es besagt, dass die Demonstration einer jeden Äquivalenz von Ausdrücken in endlich vielen Schritten durchgeführt werden kann (vgl. SPENCER BROWN 1997: 47; 1969: 54). Denn wenn sie nicht in endlich vielen Schritten durchgeführt werden kann, kommt man nie zu einem Ende, das heißt, man könnte die Demonstration nicht durchführen. Der neunte

Kanon ist eine Wiederholung und Fixierung der Endlichkeit, die wir für Ausdrücke (nicht für Rechenschritte) schon im ersten Theorem („Form“) gefunden hatten.

Unendliche Ausdrücke und selbstbezügliche Gleichungen

Wir können eine Folge von wiederkehrenden Befehlen beginnen, um einen Anfangsausdruck in andere, äquivalente Ausdrücke zu ändern, die sich nur in der Länge unterscheiden: Abwechselnd sind a und b durch eine Unterscheidung getrennt. Mit der Darstellung einer Schrittfolge von äquivalenten Ausdrücken zeigt George Spencer Brown, dass der Ausdruck

$$\mathbf{S_1}:\ \overline{\overline{a|}\,b|}$$

auf eine Weise umgeformt werden kann, so dass Ausdrücke entstehen, die nach gleicher Form aufgebaut sind, so dass sich a und b durch jeweils ein *cross* getrennt abwechseln. Wir erläutern die Demonstration wie folgt:

$$\overline{\overline{a|}\,b|} = \overline{\overline{a|}\,b|}\;\overline{\overline{a|}\,b|}$$

Hier wird C5 angewendet, wonach ein beliebiger Ausdruck auch zweimal nebeneinander geschrieben werden kann.

$$= \overline{\overline{a|}\;\overline{\overline{b|}|}|}\;\overline{\overline{a|}\,b|}$$

Mit Konsequenz C1 wird das *b* des ersten Teilausdrucks unter zwei Kreuze gestellt.

$$= \overline{\overline{\overline{\overline{a|}\,b|}\,a|}\;\overline{\overline{\overline{a|}\,b|}\;\overline{b|}|}|}$$

Nach Initial J2 kann der rechte Teilausdruck unter die beiden Kreuze geschrieben werden, die innerhalb des linken Teilausdruckes stehen.

$$= \overline{\overline{\overline{\overline{a|}\,b|}\,a|}\;\overline{\overline{b|}|}|}$$

Mit CL wird der rechte Teilausdruck im äußersten Kreuz vereinfacht.[99]

$$= \overline{\overline{\overline{\overline{a|}\,b|}\,a|}\;b|}$$

Nach Konsequenz C1 können die beide Kreuze, die das *b* beinhalten, weggelassen werden. Dieser Ausdruck wird $\mathbf{S_2}$ genannt.

Damit ist nachvollziehbar, wie wir von dem Ausdruck $\mathbf{S_1}$ zu dem ähnlichen, verlängerten $\mathbf{S_2}$ gelangen. Indem wir die Rechenschritte erneut ausführen, erweitern bzw. verlängern wir zum Beispiel $\mathbf{S_2}$ zu $\mathbf{S_3}$ usw.[100]

---

[99] Es sieht so aus, als wäre George Spencer Brown hier ein unerheblicher Fehler in der Notation unterlaufen, denn **C4**, was er für diesen Schritt angibt, rechtfertigt die Umformung nicht.

[100] Es stellt eine anspruchsvolle Aufgabe dar zu zeigen, dass es die gleichen Schritte sind, die ausgeführt werden, um einen solchen Ausdruck auf die beschriebene Art und Weise zu verlängern, und dass es immer die gleichen sein werden.

Jeder dieser Ausdrücke $\mathbf{S}_i$[101] ist in Abhängigkeit der Werte von a und b selbstverständlich auf einen der primären Zustände zurückführbar. Da wir Äquivalenzumformungen vornehmen, haben alle diese durch die wiederkehrende Schrittfolge produzierten Ausdrücke die gleichen Werte für die gleiche Einsetzung von a und b. Sie sind für alle $\mathbf{S}_i$ identisch.[102]

Aufgrund des fünften Kanons der Erweiterung der Referenz können wir den Vorgang der Verlängerung des Ausdruckes $\mathbf{S}_1$ uneingeschränkt, also endlos fortsetzen.

Das ist der „Knackpunkt", der den Indikationenkalkül von Booles Algebra u.ä. unterscheidet. Denn nur über die unendliche Fortsetzung der Rechenschritte kann der unendliche Ausdruck konstruiert werden. Und nur ein unendlicher Ausdruck kann in eine selbstbezügliche endliche Form gebracht werden. Der Vorgang der Verlängerung setzt sich zeitlos fort, ihm wird kein Ende gesetzt. Für jemanden, der ihn produzieren, also festlegen wollte, ist das ein unmögliches Unterfangen, weil es unendlich viel Zeit bräuchte.

Weil wir den spezifischen wiederkehrenden Charakter der endlosen Folge von Ausdrücken erkennen, können wir in der Vorstellung zu einem unendlichen Ausdruck gelangen. Mit Hilfe von Punkten (...) kann er vorläufig gekennzeichnet sein. Wir besitzen wegen des Weges über die Unendlichkeit jedoch keine Gewissheit darüber, ob dieser noch ungreifbare Ausdruck **S** auch die gleichen Werte annimmt wie die $\mathbf{S}_i$.

$$\mathbf{S}\text{:}\quad \overline{\overline{\overline{\overline{\ldots a}\; b}\; a}\; b}\;\ldots$$

Wegen seiner speziellen Form können wir den Ausdruck **S** mit einem endlichen Formalismus als Gleichung ausdrücken: [103]

$$\mathbf{S}\text{:}\quad f = \overline{\overline{f\; a}\; b}$$

Da der Teil f des Ausdruckes, indem er unendlich fortgesetzt wird, in jeder geradzahligen Tiefe identisch mit dem ganzen Ausdruck ist, da er also in seinem eigenen Raum wieder vorkommt, erhielt diese Form den Namen *re-entry* (Wieder-Eintritt). Hier ist es keine einzelne Unterscheidung, die in

---

[101] Mit $\mathbf{S}_i$ sind alle endlichen Ausdrücke gemeint, die aus $\mathbf{S}_1$ durch die Wiederholung der Schrittfolge hergestellt werden können. Nach einer Schrittfolge nennen wir den Ausdruck $\mathbf{S}_2$, nach neun Schrittfolgen $\mathbf{S}_{10}$ usw.

[102] Eine arithmetische Betrachtung zeigt: Es gibt vier (2^2) verschiedene, mögliche Kombinationen der Werte von **a** und **b** für $\mathbf{S}_1$ bzw. $\mathbf{S}_2$ (**m** steht für markiert, **n** für unmarkiert): **a** = m, **b** = m, also $\mathbf{S}_1 = \mathbf{S}_2 = \mathbf{n}$; **a** = m, **b** = n, also $\mathbf{S}_1 = \mathbf{S}_2 = \mathbf{m}$; **a** = n, **b** = m, also $\mathbf{S}_1 = \mathbf{S}_2 = \mathbf{n}$; **a** = n, **b** = n, also $\mathbf{S}_1 = \mathbf{S}_2 = \mathbf{n}$.

[103] Oben bezeichnete **S** einen Ausdruck, hier eine Gleichung. Aufgrund der Herkunft der Gleichung wurde der Name beibehalten. **a**, **b**, und **f** sind weiterhin Ausdrücke.

sich selbst eingeführt wird, sondern ein Ausdruck, der in sich selbst vorkommt.

Mit dem *re-entry* einer Form in sie selbst wird das Infinite in finiter Gestalt präsentiert. Das heißt, Selbstbezüglichkeit ermöglicht Endlichkeit in der Darstellung von Unendlichkeit. Dabei wird die Redundanz genutzt, die unendliche, aber regelmäßige Ausdrücke, das heißt Ausdrücke mit wiederkehrenden Teilausdrücken, mit sich bringen. Ohne diese Regelmäßigkeit wäre die formale Vereinfachung mittels Selbstbezug nicht möglich.

Über die Unendlichkeit sind die beiden f in der Gleichung **S** tatsächlich identisch. Oder andersherum: Damit **S** erfüllt sein kann, muss f ein unendlicher Ausdruck sein. Dies ist als endliche Gleichung darstellbar, indem die beiden f auf einer anderen Ebene stehen: Das f auf der rechten Seite steht in einem Ausdruck in der Tiefe zwei. Und insofern bezieht f sich auf sich selbst. Wir halten also fest, dass mit Hilfe von Selbstbezüglichkeit unendliche Ausdrücke in eine endliche Darstellung gebracht werden können. Denn die möglichen Werte der Variablen in der Gleichung **S** sind nun in einer endlichen Anzahl von Schritten berechenbar. Um f zu bestimmen, betrachtet man, welchen der beiden einfachen Zustände f unter einer bestimmten Belegung von a und b annimmt.[104] Wir erhalten überraschenderweise: Für a = b = n hängt das f auf der linken Seite davon ab, welchen Wert man für das f auf der rechten Seite annimmt. Jede der beiden Annahmen ist zwar selbstbestätigend, insofern das zunächst unbestimmte f im Wert dem zunächst festgelegten f entsprechen muss, aber es sind eben beide Annahmen möglich. Und damit hat der unendliche Ausdruck **S** nicht für jede Belegung von a und b die gleichen Werte wie die $\mathbf{S_i}$. Für diese gilt, dass sie den unmarkierten Wert anzeigen, wenn a und b unmarkiert sind.

---

[104] In den (ersten) drei möglichen Fällen für **a** und **b** stimmen alle $\mathbf{S_i}$ und **S** überein, was folgendermaßen veranschaulicht werden kann: Aus **a** = m und **b** = m folgt $\mathbf{S_0}$: n, und für **f** in **S** ist nur n möglich. Aus **a** = m und **b** = n folgt $\mathbf{S_0}$: m, und für **f** in **S** ist nur m möglich. Aus **a** = n und **b** = m folgt $\mathbf{S_0}$: n, und für **f** in **S** ist nur n möglich. In dem (vierten) Fall, dass **a** und **b** mit dem unmarkierten Zustand identifiziert werden, kann **S** nicht nur auf den Zustand zurückgeführt werden, mit dem die $\mathbf{S_i}$ in diesem Falle identifiziert werden können (nämlich gemäß der Form der Aufhebung mit dem unmarkierte Zustand), sondern auch auf den markierten: Denn eben aus **a** = n und **b** = n folgt $\mathbf{S_1}$: n, aber **f** kann in **S** beide Werte m und n annehmen.

Das heißt: Wir können für **f** sowohl den markierten als auch den unmarkierten Zustand zulassen. Diese Ergebnisse werden offensichtlich, wenn man in der Gleichung **S** für **f** zunächst den markierten und dann den unmarkierten Zustand oder Wert annimmt.

Die Tatsache, dass wir unendlich viele Schritte unternehmen mussten (und weiterhin müssen), um **S** hervorzubringen, hat zur Folge, dass wir

> „...von einem gegebenen Ausdruck $\mathbf{S_1}$ aus einen Ausdruck **S** erreichen können, der nicht äquivalent mit $\mathbf{S_1}$ ist." (SPENCER BROWN, 1997: 49)[105]

Mathematisch betrachtet wurde damit über Unendlichkeit und Selbstbezüglichkeit Unbestimmtheit in die Kalkulation eingeführt. Bisher hatten wir in der Brownschen Algebra Unbestimmtheit nur insofern zu berücksichtigen, als ein Ausdruck unabhängige Variablen enthielt, so dass er im Allgemeinen nur mit der Kenntnis bestimmt werden konnte, welche Zustände durch die Variablen angezeigt sind. Der Grad solcher Gleichungen ist eins. Die hier betrachtete Gleichung **S** ist jedoch durch Festlegung von a und b nicht restlos bestimmt. Der Grad ihrer Unbestimmtheit ist daher: zwei.

Der *re-entry* und der imaginäre Wert

Wegen der Unendlichkeit von Ausdrücken ist es möglich, algebraische Gleichungen aufzustellen, die in der Primären Arithmetik nicht dargestellt werden können. Der Abstecher in die Unendlichkeit macht es unmöglich, bestimmte Gleichungen in der Arithmetik zu überprüfen. Sie können jedoch in der Algebra bestimmt werden. Das einfachste Beispiel ist:

$$\mathbf{O}: f = \overline{f}\rceil$$

Diese Gleichung ist erfüllt, wenn f mit dem Ausdruck **o**: $\overline{\overline{\ldots}\rceil}\rceil\ldots$ gleichgesetzt wird, der eine unendliche Anzahl ineinander gestellter Markierungen repräsentiert. Sie wird Oszillatorfunktion genannt. Eine weitere Gleichung ist die Gedächtnisfunktion:

$$\mathbf{G}: f = \overline{\overline{f}\rceil}\rceil$$

In **G** kann f den markierten und den unmarkierten Zustand annehmen, um die Gleichung zu erfüllen, und auch **o** ist Lösung dieser Gleichung. Auf der anderen Seite steht f in der Gleichung **O** den arithmetischen Lösungen $\overline{}\rceil$ und nicht offen. Und wenn o die Gleichung **O** lösen soll, kann **o** kein feststehender Ausdruck sein. Er muss sich unentwegt verlängern. Dieser Zustand befindet sich nach George Spencer Brown nicht mehr im

105 Die Namen der Ausdrücke wurden dem Text angepasst. Im Original: „It is evident, then, that, by an unlimited number of steps from a given expression e1, we can reach an expression e2 which is not equivalent to e1." (SPENCER BROWN 1969: 57)

Raum – wie alle Formen und Ausdrücke zuvor –, sondern in der Zeit. Zeit ist ein vollkommen neues Konzept im Kalkül. Zeit ist auch Form, aber sie stammt aus der Idee der Veränderung, während Raum, unser bisheriges Konzept, auf der Idee der Konstanz, der Stabilität beruht.

> „Wir weichen aus in den Tunnel, und das heißt: in die Zeit.“
> (BAECKER 1993b: 13)

Die paradoxe, von der einen auf die andere Seite der Unterscheidung verweisende Situation, wie sie die Oszillatorfunktion darstellt, kann mit den Mitteln, die der Kalkül mit den Gleichungen ersten Grades bereitstellt, nicht gelöst werden. Weder ist eine der Seiten die Lösung noch beide oder keine. Deshalb wird ein völlig neues Konzept eingeführt, ein Konzept, das die paradoxe Situation in ein Nacheinander der Zustände auflöst.[106] In einer endlosen Oszillation wechselt die Markierung zwischen den beiden Zuständen oder Werten.

Der unendliche Ausdruck o muss unentwegt verlängert werden, um die Bedingung zu erfüllen, O zu lösen. Weil der Vorgang ohne Ende verläuft, setzt er sich *zeitlos* fort. Auf der einen Seite generiert er also Zeit, weil der *imaginäre Zustand der Form* nicht im Raum lösbar ist, auf der anderen Seite tilgt er den Unterschied, den Zeit macht, da sich für ihn nie ändert, dass er sich stets verändert, und er wird zeitlos. Unendlichkeit und Zeitlosigkeit entstehen zugleich als die Seiten der Grenze Zeit.

In seiner Rezension der *Laws of Form* hat Heinz von Foerster auf die Entdeckung bzw. Entwicklung der Zeit aus den Axiomen euphorisch hingewiesen. Ich möchte diesen Aspekt hier nur kurz anschneiden, um dann im erkenntnistheoretischen Teil näher auf das „Entstehen“ von Zeit im Zusammenhang mit Raum einzugehen (siehe Seite 163ff.).[107]

---

[106] Walter Reese-Schäfer weist darauf hin, dass „ein erheblicher Teil“ der Paradoxien auf den Versuch zurückzuführen ist, bestimmte Dinge als gleichzeitig zu denken (REESE-SCHÄFER 2001: 64). Wir sehen hier, dass jede Paradoxie in einem Nacheinander des Gleichzeitigen fundiert ist.

Man sehe auch: „Ganz unabhängig von den klassischen Paradoxien der Bewegung ist also Zeit in einem noch viel tieferen Sinne paradox konstituiert, nämlich als Gleichzeitigkeit des Ungleichzeitigen: eine Schildkröte, die Achilles hieß.“ (LUHMANN 2005: 96) Die zwei Seiten einer Unterscheidung sind gleichzeitig gegeben, können aber als Referenz für eine Anzeige oder als Ausgangspunkt für Operationen nur nacheinander benutzt werden.

[107] Es soll an dieser Stelle weiterhin bemerkt werden, dass in der Speziellen Relativitätstheorie nach einem Vorschlag von Hermann Minkowski die Zeit als imaginärer Wert in das Raum-Zeit-Kontinuum integriert wird.

Die hier mit der Oszillation gefundene Zeit ist der Wechsel zwischen den Zuständen unserer ersten Unterscheidung. Der einzig mögliche Wechsel ist das Kreuzen von einem Zustand in den anderen. Auch in der Algebra der Gleichungen ersten Grades kreuzen wir Unterscheidungen, aber dort sind wir es (von außen), die etwas tun – ansonsten ist das System statisch. Wenn wir aber einen selbstbezüglichen Ausdruck aufstellen, „bewegt“ er sich von allein. Das ist der Unterschied.

Das Konzept von Zeit, das wir mit dem imaginären Zustand oder Wert erhalten, entspricht jedoch nicht dem alltäglichen Zeitkonzept. Mit der Oszillation geht kein Maß einher, was für unser gängiges Konzept von Zeit unentbehrlich ist. Diese „erste Zeit“ hat keine Dauer, kein Maß; sie ist lediglich der Wechsel, das Hin-und-her zwischen den Zuständen. Die Oszillation hat eben noch keine Geschwindigkeit, für die man Maßeinheiten von Raum und Zeit bräuchte. Und erst wenn man Geschwindigkeiten unterscheidet und so die Idee eines Maßes für Geschwindigkeiten entwickeln kann, erhält man ein Konzept von Zeit, das auf der Länge von Zeiteinheiten und deren Messbarkeit beruht. Für den hier intendierten Zeitbegriff gilt aber noch ganz abstrakt, dass er als sich entscheidende Unentschiedenheit auftritt (vgl. BAECKER 2002: 77).

Es ist einleuchtend, dass eine Veränderung nur erkannt werden kann, wenn ein „Medium“ daran beteiligt ist, in dem die Veränderung stattfindet: die Zeit. Das heißt nicht, dass das „Medium“ der Veränderung ontologisch vorgängig sein müsste, sondern vielmehr, dass beide Seiten einander derart bedingen, dass sie wie die zwei Seiten einer Unterscheidung untrennbar verbunden sind: Der Begriff der Zeit macht nur Sinn, wenn es Veränderungen gibt. Ändert sich nichts, können wir auch keine Zeit feststellen, und umgekehrt sind Veränderungen eines Zustandes nur in der Zeit auseinander zu halten.

Im Übrigen haben die Räume, die wir betrachten, auch keine Größe. Am Anfang der Laws of Form haben wir keine Konzepte wie Abstand, Gestalt oder Größe eingeführt, nur das Konzept der Unterscheidung. Insofern stehen Räume auch für keine Qualität, außer derjenigen, unterschiedene Zustände zu kennzeichnen. Ebenso finden wir in oder mit Gleichungen zweiten Grades eine Zeit, die lediglich den Wechsel zwischen den Zuständen darstellt, ohne weitere Eigenschaften wie Dauer zu implizieren.

Eine weitere Analogie stellen die Konzepte des positiven und negativen Feedbacks dar. Ein positives Feedback erinnert sich, ein negatives oszilliert. Das heißt, mit den *Laws of Form* haben wir eine Mathematik vorliegen, die Feedback-Prozesse beschreiben kann.

Mit dem *re-entry* bezeichnen wir ganz allgemein die Wiedereinführung einer Unterscheidung in den Bereich, den sie zu unterscheiden erlaubt. Ein Beispiel: Das Wissenschaftssystem ist nach der Systemtheorie von Niklas Luhmann auf der Grundlage der Unterscheidung wahr/nicht-wahr ausdifferenziert. Wenn man eine Wissenschaftstheorie erarbeitet, die die Verwendung dieser Unterscheidung wiederum mit der Unterscheidung wahr/nicht-wahr beobachtet, wird mit der Wissenschaftstheorie ein *re-entry* vollzogen. Bezüglich des Wissenschaftssystems befindet man sich in einer solchen Wissenschaftstheorie auf einer Meta-Ebene, da man nun die Frage nach der Wahrheit der Operation der Wissenschaft – also der Wahrheit der Unterscheidung wahr/nicht-wahr – stellen kann. Dadurch, dass es die gleiche Unterscheidung ist, die auf sich selbst angewendet wird, entsteht eine Situation,

> „in der die Unterscheidung gleichzeitig dieselbe (als die besondere Unterscheidung der Operationen dieses Systems) und eine andere (als beobachtete Unterscheidung) ist". (BARALDI, CORSI, ESPOSITO 1998: 152)

Im *re-entry* sind die systemeigene und die aktuelle Unterscheidung, die beobachtete und die beobachtende identisch. Dank des Rekurses auf die Zeit ist das System dazu fähig, die Operation der Unterscheidung auf sich selbst anzuwenden, die Unterscheidung als Teil seiner selbst zu behandeln. So wird sichtbar, dass eine Unterscheidung auf zwei verschiedenen Ebenen vorkommt: als die aktuell beobachtende Operation und als der Gegenstand der Operation.

Das Bild des Tunnels

Eine Möglichkeit, sich dieses Geschehen, das heißt die Oszillation zwischen den Werten, oder diesen Un-Zustand, das heißt den imaginären Wert, räumlich vorzustellen, liegt in dem Bild eines Tunnels, der die Grenze unterwandert. Durch den Tunnel gelangt die Markierung von der einen Seite der Unterscheidung auf die andere, ohne die Grenze zu kreuzen. Zu denken ist das als zeitlicher Vorgang, der räumlich durch die Untertunnelung dargestellt wird. Da f im Raum unbestimmt ist, kann f imaginär in Bezug auf die Form genannt werden, ist aber in Bezug auf die Zeit real und

> „kann im Bezug auf sich selbst im Raum bestimmt und somit real in der Form werden." (SPENCER BROWN 1997: 53)[108]

Wir befinden uns also weiterhin in der Form, die durch Selbstbezüglichkeit in eine zeitliche Dimension ausgedehnt wird. Im 11. Kapitel der *Laws of Form* geschieht damit etwas vollkommen Neues. Zu Beginn des Kalküls wurde mit der Definition der Unterscheidung als „perfekter Be-Inhaltung" eine Grenze gezogen. Mit dem *re-entry* entdecken wir hier nun die andere Seite dieser ursprünglich grundsätzlichen Grenzziehung. Über die Einheit einer jeden Unterscheidung – mathematisch der Raum, in dem die Unterscheidung getroffen wurde – sind ihre Seiten (imaginär) verbunden. Die eine Seite ist nichts ohne die andere. Die Figur des *re-entry* verweist gerade auf die Einheit der zwei Seiten einer Unterscheidung und damit auf deren voneinander abhängigem Bestehen. Sie haben nicht nur eine gemeinsame Grenze. Man gelangt von einer Seite auf die andere trotz *und* wegen der Trennung.

Damit ändert sich die Definition der Unterscheidung.[109] Mit dem imaginären Wert wird die Grenze zwischen den Seiten einer Unterscheidung unterwandert. Eine Unterscheidung, die in sich selbst auf einer ihrer Seiten wieder vorkommt, trennt ihre beiden Seiten nicht mehr perfekt, da man von einer Seite auf die andere gelangt, ohne die Grenze zu kreuzen. Das Bild

---

[108] Im Original: „Nevertheless, as we see above, it is real in relation with time and can, in relation with itself, become determinate in space, and thus real in the form." (Spencer Brown 1969: 61)

[109] So schreibt George Spencer Brown in der *Vorstellung der internationalen Ausgabe*, die der deutschsprachigen Version der *Laws of Form* vorangestellt ist, in einer Fußnote:

„Eine Definition, wie *Unterscheidung ist perfekte Be-Inhaltung* sagt nicht, was sie ist, sondern weist den Leser an diesem Punkt nur an, wie er sie zu definieren hat. Später werden wir, wie wir sehen werden, diese Definition zum Teil aufheben oder auf andere Weise definieren, somit beweisen, dass, was immer *sie* war, nicht unsere Definition von ihr war." (Spencer Brown 1997: X (Fußnote))

des Tunnels symbolisiert genau dies: auf die andere Seite zu gelangen, ohne zu kreuzen, dafür aber Zeit in Anspruch zu nehmen. Wir hatten ihre Perfektion bezüglich Be-Inhaltung die ganze Zeit angenommen und finden nun, dass sie so nicht ist; perfekte Be-Inhaltung „beinhaltet" Imperfektion.

George Spencer Brown gibt jedoch keine neue Definition an. Er stellt lediglich veranschaulichend heraus, dass die ursprüngliche Definition der Unterscheidung erweitert werden muss, da man *mit der Zeit* von einer Seite auf die andere gelangt, ohne deren Grenze zu kreuzen.

Auch mit der Unterscheidung zwischen Raum und Zeit kann veranschaulicht werden, was mit der Definition, wie wir sie ursprünglich kennen gelernt haben, hier geschieht: Zu Beginn hatten wir die Unterscheidung nur für ihre räumliche Hinsicht definiert. In der Zeit kann die Grenze der Unterscheidung überschritten werden, wobei die räumliche Trennung perfekt bleibt. Alles wandelt sich, und dennoch können Beobachter an bestehenden Identitäten festhalten.

Die Änderung der Definition der Unterscheidung können wir auch lesen als: Mit Festlegung finden wir Veränderung. Insofern sind die beiden Seiten nicht verschieden. Sie gründen in einer Einheit (Verbundenheit), die man mit Zweiheit nicht erreichen kann. Mit der Einführung von Selbstbezüglichkeit kommt die Einheit in der hier vorliegenden Form wieder in den Blick. Zu einem bestimmten Zeitpunkt ist etwas so oder anders, es ist festgelegt. Aber alles ist im Wandel, in Bewegung, und das können wir mit Hilfe der Idee von Zeit erkennen.

Eine offenkundige und angesichts der den *Laws of Form* vorangestellten chinesischen Schriftzeichen naheliegende Analogie finden wir in dem Symbol von Yin-Yang, das aus der daoistischen Tradition stammt.

Die weiße und die schwarze Fläche stehen für die Form einer Unterscheidung. Diese Unterscheidung steht auf einer Seite einer weiteren Unterscheidung, die durch den Kreis angezeigt ist. Zusätzlich zu der Grenze sind die Seiten über eine weitere Verbindung verknüpft: die Punkte der jeweils anderen Farbe auf beiden Seiten (wir werden im erkenntnistheoretischen Teil darauf zurück kommen: „Yin-Yang und der *re-entry*" in III. 3., S. 186).

Modulation und Anwendungen

Die letzten sechs Seiten des 11. Kapitels der *Laws of Form* befassen sich mit einigen Veranschaulichungen und Anwendungen: Impulse, die durch einen Ausdruck laufen; eine Markierung für selbstbezügliche Ausdrücke, so dass es möglich wird, einen selbstbezüglichen Ausdruck in einen größeren Ausdruck zu stellen, ohne die Information zu verlieren, welcher Teil in sich selbst wieder vorkommt (Unterscheidung zwischen *cross* und *marker*); und Schaltungen, die Abbildungen von Ausdrücken sind, anhand derer übersichtlich wird, welche Wellenstruktur ein Ausdruck repräsentiert. Die beiden letzten Modulatorgleichungen im Text der *Laws of Form* sind insofern von Interesse, als mit diesen anhand von speziellen Computerschaltkreisen zum ersten Mal in der Geschichte der Mathematik oder Technik vorgeführt wird, wie der Gebrauch von imaginären Booleschen[110], also nicht-numerischen Werten zu realen Ergebnissen führt.

Der so genannte *marker* wird benötigt, um kompliziertere selbstbezügliche Gleichungen darzustellen zu können. Den bekannten Ausdruck **S** kann man mit Hilfe des *markers* zum Beispiel folgendermaßen notieren:

$$S = \overline{\overline{a|}\, b|}$$

Nun kann auch dargestellt werden, dass in einem Ausdruck nur ein bestimmter Teilausdruck in sich selbst wieder eingeführt wird:

$$V = \overline{\overline{a|}\;\overline{\overline{b|}\, c|}\; d|}$$

Und selbstbezügliche Teilausdrücke können auch in einem weiteren, umfassenden selbstbezüglichen (Teil-)Ausdruck stehen oder zwei derartige Ausdrücken können ineinander verschachtelt platziert werden. Durch die Einführung des *markers* können also auch erheblich komplexere Ausdrücke und Gleichungen dargestellt werden als Gleichungen zweiten Grades.

In dem Abschnitt über die Form der Paradoxie werden wir sehen, wie der imaginäre Wert der (Brownschen, nicht-numerischen) Algebra mit der imaginären Einheit in der numerischen Algebra (komplexe Zahlen) und wie diese beiden mit Paradoxien zusammenhängen (siehe Seite 129ff.).

---

[110] Es sind in den *Laws of Form* selbstverständlich „Brownsche" Werte. George Booles Formalismus war ja gerade nicht einfach genug, um imaginäre Werte darstellen zu können. Aber letztlich kann man mit dem Indikationenkalkül wissen, dass es nicht in der „Sache" lag, dass Gleichungen zweiten Grades damals nicht gefunden wurden. Das heißt, Brownsche und Boolesche Werte müssten das Gleiche leisten können.

Der Unterschied zwischen Boolescher und Brownscher Algebra

Auch wenn man zur Brownschen Algebra identische Strukturen in Booles Konzeption findet, sind beide doch grundlegend verschieden. George Boole entwarf seine Algebra in *The mathematical analysis of logic* an die Logik angepasst, das heißt, er verstand Logik als Fundament seiner Algebra. Deshalb unterliegt seine Algebra logischen Beschränkungen. Das hat zur Folge, dass eine zum *re-entry* äquivalente, also selbstbezügliche Form nicht gefunden bzw. zugelassen werden kann. Ebenso kann die damit einhergehende Form der Paradoxie nicht erkannt und entsprechend berücksichtigt werden, was zu den fundamentalen Problemen in den Grundlagen der Mathematik geführt hat.

Die Paradoxie „verstößt" gegen die (in der Logik geltenden) Sätze vom ausgeschlossenen Dritten, vom Widerspruch und von der Identität. Mit dem Satz vom ausgeschlossenen Dritten wird zum Ausdruck gebracht, dass es nur die zwei zu Grunde gelegten Werte (in der Logik: wahr und falsch) gibt, so dass jede Aussage entweder dem einen oder dem anderen zugeordnet werden muss. Eine dritte Möglichkeit wäre eben ausgeschlossen.[111] Der Indikationenkalkül basiert nicht auf diesem Satz, weil sonst Gleichungen höheren Grades nicht möglich wären. Der Satz der Identität besagt, dass Einheiten identisch gehalten werden müssen, und der Satz vom Widerspruch, dass etwas nicht sein Gegenteil sein kann. Anders formuliert: Etwas ist mit sich selbst identisch, A ist A; etwas ist nicht identisch mit seinem Gegenteil, A ist nicht non-A. Auch diese Sätze gelten nur für Gleichungen ersten Grades und bilden eine Beschränkung, die eben dort gilt, bilden aber keine im eigentlichen Sinne mathematische Grenze.

Mit den *Laws of Form* erkennen wir, dass Logik nicht die zur Algebra gehörende Arithmetik ist, sondern nur eine ihrer Auslegungen. Die Arithmetik, die zur nicht-numerischen Algebra gehört, ist die Primäre oder Brownsche Arithmetik. Insofern können wir davon sprechen, dass George Spencer Brown die Algebra Booles am *Anfang* um das Fundament erweitert hat und sie dadurch von logischen Beschränkungen – insbesondere vom Gesetz des ausgeschlossenen Dritten – befreit wurde, so dass Booles Algebra am *Ende* weiter geführt werden kann. Das heißt hier vor allem, dass der *re-entry* eine Figur des Wiedereinschlusses des ausgeschlossenen Dritten ist.

---

[111] In der mathematischen bzw. logischen Praxis, die zweiwertig operiert, findet man dennoch immer wieder die Verwendung von „sinnlosen" bzw. „bedeutungslosen" Aussagen; oder von Aussagen, denen abgesprochen wird, einen Wahrheitswert zu haben. In gewisser Weise wird damit die Zweiwertigkeit aufgehoben. Zumindest werden Aussagen oder Ausdrücke aus der Betrachtung ausgeschlossen.

Die Problematisierung dieser drei für die klassische Logik fundamentalen Gesetze kann noch vertieft und vereinheitlicht werden zu dem, was Niklas Luhmann als das „Problem der Identität" identifiziert hat (vgl. LUHMANN 1990a: 95). Die Logik postuliert einfach die Identität, und das ist auf der Ebene erster Ordnung auch ohne weitere Bedenken möglich. Problematisch wird dann aber, wie man den Identitätsbegriff aufrecht erhalten kann, wenn eine Unterscheidung in sich selbst eingeführt wird – und dann ja zwar immer noch die gleiche, aber auch eine andere, eine wieder in sich selbst eingeführte Unterscheidung, und also auch nicht die selbe ist. Für die Soziologie konstatiert Niklas Luhmann aufgrund des Problems der soziologischen Praxis, die auch sich selbst – ihre eigene Tatsächlichkeit – berücksichtigen können müsse, dass die Prämissen einer zweiwertigen Logik gesprengt würden (vgl. LUHMANN 1997: 17). Letztlich kann man heute aufgrund von Selbstbezüglichkeit wissen, dass eine Logik, die nicht über Zweiwertigkeit und einen unreflektierten Identitätsbegriff hinausgeht, obsolet ist.[112]

Die Einfachheit und Schlichtheit des Indikationenkalküls rührt daher, dass in ihm – im Gegensatz zu anderen bekannten Versuchen, ein geeignetes Fundament für Mathematik zu finden – nur einer Seite einer Unterscheidung ein Name gegeben wird. Im Indikationenkalkül wird das Problem über Ab- und Anwesenheit des *cross* gelöst.

Das von George Spencer Brown entworfene System ist hinsichtlich zweier Eigenschaften von allen vorherigen unterschieden:

> „Die Anzahl der Elemente, auf die operiert wird, ist unbegrenzt und die Reihenfolge ihrer Darstellung irrelevant." (SPENCER BROWN 1997: XV)

Das rührt daher, dass es nur eine Sorte von Konstanten gibt. Bislang waren Formalisierungen nur mit der schon getroffenen Unterscheidung zwischen Operator (beispielsweise + und • oder in der Logik Aussageverknüpfungen wie „und" oder „wenn-dann") und Operand (dann z. B. 5 oder 6 bzw. Aussagen) möglich. In den *Laws of Form* gibt es nur das *cross*, das als beides fungiert bzw. welches wir als eine fundamentalere Formalisierung verstehen können, da es diese oder andere Unterscheidungen noch nicht benötigt.

---

[112] In die gleiche Richtung geht die Darstellung des konstruktivistischen Mathematikers Gabriel Stolzenberg. Er beschreibt den Satz vom ausgeschlossenen Dritten als einen selbstbestätigenden und „in die Falle führenden" Glaubenssatz von (sehr vielen) Mathematikern. Er stamme aus der Logik und verflache die Mathematik. Vergleiche STOLZENBERG 1978.

In der Entwicklung des Indikationenkalküls führt das zu einer größeren Einfachheit und Offenheit. Dadurch wird eine Formalisierung von selbstbezüglichen Ausdrücken überhaupt erst möglich. Die damit verbundene Entdeckung des imaginären Wertes können wir auffassen als eine Erweiterung der Booleschen Algebra an ihrem Ende.

Alle Versuche, die Mathematik zufriedenstellend zu fundieren, mussten scheitern, weil stets Logik als Grundlage angesehen und nicht der Versuch unternommen wurde, die Algebra von Boole auf ihre Arithmetik hin zu untersuchen. Insofern rücken die *Laws of Form* das Problem zurecht, ob Mathematik die Logik fundiert oder umgekehrt, indem sie die Primäre Arithmetik zur nicht-numerischen Algebra präsentieren und eine Ableitung beispielsweise von klassischer Logik oder Boolescher Algebra aus eben jener Primären Algebra erlauben (siehe in II. 1. „Mathematik als Grundlage für Logik“: S. 124ff.).

George Spencer Brown fand die Arithmetik zur Booleschen Algebra. Er fand ihre Konstanten und in welcher Beziehung sie zueinander stehen. Damit konnte er die Postulate – also die unbewiesenen Grundannahmen – der Booleschen Algebra herleiten, sie als Theoreme – also bewiesene Aussagen – seiner Arithmetik darstellen. Die primäre Arithmetik beginnt natürlich auch mit anfänglichen Setzungen, die aber wesentlich schlichter, einfacher und einleuchtender sind.[113]

[113] Das kann hier zunächst einmal natürlich nur geglaubt werden. Eine gute Möglichkeit, sich auch in dieser Hinsicht selbst ein Bild von anderen Versuchen zu machen (und gegebenenfalls von dort aus zu vertiefen), bietet GRATTAN-GUINNESS 2000.

5. Der *re-entry* der Form in die Form

Mit dem 12. Kapitel (der *Laws of Form*) wird der Indikationenkalkül inhaltlich nicht fortgeführt, und deshalb schreibt George Spencer Brown am Ende des 11. Kapitels:

> „Bevor wir Abschied nehmen, kehren wir zurück, um einen letzten Blick auf die Vereinbarung zu werfen, mit der der Bericht begonnen wurde." (SPENCER BROWN 1997: 59)[114]

Im 11. Kapitel der *Laws of Form* beobachteten wir Ausdrücke, die die Eigenschaft haben, dass Teilausdrücke von ihnen mit dem Gesamtausdruck identisch sind. Die Figur des *re-entry* des 12. Kapitels symbolisiert diese Beschaffenheit auf einer basalen, un-formalen Ebene, indem in ihr die Form der Unterscheidung auf der Innenseite der Unterscheidung beobachtet wird. Mit der Verwendung des *re-entry* im 12. Kapitel setzen wir auf einer beobachtenden Ebene die Bedingungen des Kalküls in ihn selbst ein. Der *re-entry*, wie er im vorangehenden Abschnitt dargestellt wurde, bezieht sich auf eine Unterscheidung bzw. auf eine bestimmte Form. Der *re-entry*, wie er nun vorgeführt wird, bezieht sich auf die Form als solche. Es ist ein spezieller *re-entry*: der *re-entry* der Form in die Form.[115] Wie wir im Folgenden sehen werden, können wir davon sprechen, dass mit dem Wieder-Eintritt eine Beobachterposition eingenommen wird, mit der wir hinter den Eintritt zurückgehen und von dort die Legitimität des Eintrittes begründen können.

So schreibt George Spencer Brown in den Anmerkungen zum 12. Kapitel:

> „Was ich im letzten Kapitel zu zeigen versuche, ist die Tatsache, dass wir wirklich die ganze Zeit über wussten, dass die zwei Axiome, an

---

[114] Im Original: „Before departing, we return for a last look at the agreement with which the account was opened." (SPENCER BROWN 1969: 68)

[115] In der Sekundärliteratur zu den *Laws of Form* kann man die These finden, dass der *Wieder-Eintritt in die Form* aus dem Kalkül herausführt. (Vergleiche vor allem BAECKER 1993b: 14.) Es bleibt aber zu beachten, dass die Figur des *re-entry* aus dem Indikationenkalkül stammt. Das heißt, man kann in diesem Zusammenhang zwischen dem *re-entry* einer Unterscheidung in die Unterscheidung und dem *re-entry* der Form in die Form unterscheiden. Während der *re-entry* der Unterscheidung wesentlicher Bestandteil des Indikationenkalküls ist, wird mit dem *re-entry* in die Form ein spezieller, einmaliger *re-entry* vollzogen, der nicht mehr zu den mathematischen Kalkulationen zu zählen ist. Mit letzterem werden die Bedingungen des Kalküls durch den Kalkül beobachtbar. Oder mit anderen Worten: Mit dem *re-entry* in die Form wird der Anfang des Kalküls durch den Kalkül in den Blick genommen.

denen wir unseren Kurs ausrichteten, gegenseitig zulässig und übereinstimmend waren.“ (SPENCER BROWN 1997: 92)[116]

Oder anders formuliert: Durch das 12. Kapitel erlangen wir Gewissheit darüber, dass die beiden Axiome geeignet sind. Diese Gewissheit ist eine äußere („experimentell“ gefundene), die das vorangehende innere Wissen bestätigt, gewissermaßen die Intuition ihrer Adäquatheit. Die Bestätigung geschieht durch die Einführung und Entdeckung des Beobachters. Denn durch den Beobachter kann die Form (der Unterscheidung) gesehen werden, kann die Form in die Form eintreten. Das heißt, dass die Unterscheidung in sich selbst eintritt. Und der Beobachter hat die Form des *re-entry*. In den Anmerkungen zum Haupttext der *Laws of Form* wird bildlich veranschaulicht (siehe SPENCER BROWN 1997: 88f. bzw. 1969: 102f.), warum es wichtig ist, die Beobachterposition mit einzubeziehen. Wir müssen anzeigen, wo der Beobachter in Beziehung zu einem Ausdruck stehen soll, damit der Ausdruck eindeutig ist. Es zeigt sich: Wenn wir zwei Seiten in einem Raum unterscheiden und den Beobachter zu diesen in Bezug setzen, erhalten wir die Gesetze, die die anfänglichen Axiome des Kalküls darstellen. Nur mit Hilfe des *re-entry* der Form in die Form kann der Beobachter erkennen, wie er die Welt sieht.

12. Kapitel: Wiedereintritt in die Form

Wir wenden uns also ein zweites Mal dem Eintritt zu und betrachten ihn unter einem anderen Gesichtspunkt, einem nicht-mathematischen. Der mathematische hatte in der Herausarbeitung der Form einer einzigen Konstruktion bestanden, der Konstruktion der ersten Unterscheidung. Die Darstellung der Gesetzmäßigkeiten, die damit einhergehen, führte bis zur Entdeckung von selbstbezüglichen Ausdrücken bzw. Gleichungen zweiten Grades. Und eben mit dieser Form können wir nun einen erneuten Blick darauf werfen, womit wir die Untersuchung begonnen haben. Mittels der Figur des *re-entry* kann sich das formale System bzw. der Kalkül auf sich selbst als Ganzes beziehen. Das ist es, was im 12. Kapitel vorgeführt wird. Der *re-entry* des in diesem Abschnitt behandelten 12. Kapitels der *Laws of Form* führt also auf eine Weise aus dem Kalkül heraus. Dies ist aber nur eine – wenngleich bedeutende – Anwendung oder Auslegung einer Figur, die schon innerhalb des Kalküls gefunden wurde. Der *re-entry* stellt eine der zentralen Entdeckungen dar, die der Indikationenkalkül repräsentiert. Nun wird der *re-entry* auf die Form der Unterscheidung angewendet.

---

[116] Im Original: „What I try to show, in the final chapter, is the fact that we really knew all along that the two axioms by which we set our course were mutually permissive and agreeable.“ (SPENCER BROWN 1969: 106)

Re-entry in die Form

Mit dem ersten Satz des 12. Kapitels der *Laws of Form* wird rekapituliert:

> „Die Konzeption der Form liegt im Verlangen zu unterscheiden." (SPENCER BROWN 1997: 60)[117]

Wenn eine Unterscheidung getroffen wird, folgt der ganze Rest unausweichlich. Ohne das Verlangen – und das heißt auch: ohne ein Motiv – zu unterscheiden, kommt es nicht zu Form und ebenso nicht zur vorliegenden Kalkulation, mit der auch bestimmte Unterscheidungen getroffen und bestimmte Motive verfolgt werden. Dieses Verlangen ist Voraussetzung für alles. Und wie jedes Verlangen ist es ein Verlangen von jemandem. Wenn es ein Verlangen gibt zu unterscheiden, entsteht unausweichlich Form. Wie dann die Form selbst betrachtet werden kann, ist durch die Unterschiede bedingt, mit denen beobachtet wird. Für den Kalkül ergibt sich, dass wir mit den folgenden Experimenten

> „das Kalkül durch die Form sehen und die Form im Kalkül" (SPENCER BROWN 1997: 60)[118]

erkennen können. Dazu benötigen wir keinen mathematischen Formalismus, sondern eine Möglichkeit, den Kalkül auf seine Bedingungen hin zu beobachten. Das geschieht durch den Bezug der Markierungen auf einen Beobachter, wie er in den Experimenten hergestellt wird.

---

[117] Im Original: „The conception of the form lies in the desire to distinguish." (SPENCER BROWN 1969: 69)

[118] Im Original: „We can see the calculus by the form and the form in the calculus." (SPENCER BROWN 1969: 69)

Die Experimente

Die Tatsache, dass George Spencer Brown *Experimente* verwendet, um den Kalkül durch den Kalkül zu sehen, veranschaulicht auch auf der darstellenden Ebene die Bedeutung des *re-entry*: Um ein Experiment durchzuführen, muss der Experimentator implizit schon gegeben sein. Experimente führen sich nicht selbst durch. Die Experimente des 12. Kapitels, die die Axiome des Kalküls wieder-entdecken, machen deutlich, dass in einer der ersten Unterscheidung vorgängigen Unterscheidung schon der Beobachter generiert sein muss. Wenn ein Ausdruck gegeben ist, hat er nur eine Bedeutung, weil vorher festgelegt wurde,

> „wo der Beobachter in Beziehung zu dem Ausdruck stehen soll."
> (SPENCER BROWN 1997: 89)[119]

Bei der Betrachtung der Formen und Ausdrücke in den ersten 11 Kapiteln der *Laws of Form* wurde vereinbarungsgemäß die Position außerhalb ihrer eingenommen. Der Ausdruck ist aber ein anderer und kann auch einen anderen Wert haben, wenn ein Beobachter in einem Raum innerhalb des Ausdruckes steht und von dort den Ausdruck betrachtet.[120]

Formalistisch beschrieben geschieht in den Experimenten folgendes: Wir nehmen oder treffen eine Unterscheidung – dargestellt durch einen Kreis –, so dass wir zwei Seiten haben. Diese Seiten können wir markieren oder nicht. Die vier Experimente stellen die vier verschiedenen Möglichkeiten vor, die zwei Räume jeweils zu markieren oder nicht. Dabei können immer zwei Arten des Bezuges zu den Seiten einer Unterscheidung hergestellt werden. Die erste Bedeutung, die wir in Bezug auf die Seiten einer Unterscheidung feststellen können, betrifft den Wert der Unterscheidung. Diesem Bezug wurde in dem Indikationenkalkül nachgegangen.

> „Der erste oder explizite Bezug ist auf den Wert seiner Seite, entsprechend seiner Markierung. Der zweite oder implizite Bezug ist auf einen äußeren Beobachter. Das heißt, das Äußere ist die Seite, von der aus eine Unterscheidung der Annahme nach gesehen wird."
> (SPENCER BROWN 1997: 60)[121]

---

[119] Im Original: „We must also indicate where the observer is supposed to be standing in relation to the expression." (SPENCER BROWN 1969: 103)

[120] Vergleiche für die Relevanz der Position des Beobachters das Beispiel in SPENCER BROWN 1997: 89; 1969: 103.

[121] Im Original: „The first, or explicit, reference is to the value of a side, according to how it is marked. The second, or implicit, reference is to an outside observer. That is to say, the outside is the side from which a distinction is supposed to be seen." (SPENCER BROWN 1969: 69)

Der zweite Bezug rührt daher, dass eine Unterscheidung von jemandem gesehen wird. Wenn eine Unterscheidung getroffen ist, kann der Beobachter sie mit weiteren Beobachtungen (die auf weiteren Unterscheidungen beruhen) sehen. Die Unterscheidung ist dann außerhalb des Beobachters, weshalb er sie von außen betrachten kann. Beim Treffen einer Unterscheidung wird die Grenze in den markierten Raum hinein gekreuzt. Beim Sehen (wie beim Vorstellen) einer Unterscheidung geschieht mit ihr nichts. Der Beobachter sieht lediglich, dass die Unterscheidung etwas ein- und anderes ausschließt.

Mit der Markierung, die innerhalb oder außerhalb des Kreises stehen kann, wird der Beobachter zu einer Unterscheidung in Beziehung gesetzt. Damit beschreiben die Experimente, was ein Beobachter sieht, wenn er eine Unterscheidung sieht. Es wird also angenommen, dass

> „eine in irgendeinem Raum getroffene Unterscheidung eine Markierung ist, die den Raum unterscheidet. Gleichermaßen und umgekehrt trifft jede Markierung in einem Raum eine Unterscheidung." (SPENCER BROWN, 1997: 66)[122]

Sowohl diese Identität, als auch die folgende werden in den Experimenten verwendet. George Spencer Brown stellt sie an das Ende des 12. Kapitels, womit der Eindruck erweckt werden könnte, sie seien Resultate. Man könnte meinen, mit den Experimenten würde der Beobachter entdeckt. Tatsächlich wird der Beobachter aber vor den Experimenten angeführt. Die Ergebnisse der Experimente sind die beiden Axiome des Kalküls. Insofern bestätigt die Einführung des Beobachters den Kalkül.

> „Ein Beobachter ist ebenfalls eine Markierung, da er den Raum unterscheidet, den er innehat." (SPENCER BROWN, 1997: 66)[123]

So können wir in den Experimenten den Beobachter als Markierung einführen.

Mit dem ***ersten Experiment*** wird der Fall durchgespielt, bei dem in die Außenseite einer Unterscheidung bzw. eines Kreises eine Markierung geschrieben wird und in die Innenseite nicht. Wenn die Markierung auch durch einen Kreis dargestellt wird, können verschiedene Markierungen nicht mehr voneinander unterschieden werden. Sie sind zwar verschieden,

---

[122] Im Original: „In this conception a distinction drawn in any space is a mark distinguishing the space. Equally and conversely, any mark in a space draws a distinction." (SPENCER BROWN 1969: 76)

[123] Im Original: „An observer, since he distinguishes the space he occupies, is also a mark." (SPENCER BROWN 1969: 76)

aber hinsichtlich ihrer Eigenschaft, eine Innen- von einer Außenseite zu unterscheiden, identisch.

Deshalb machen sie keinen Unterschied, so dass wir finden, dass zwei nebeneinander stehende Kreise mit einem einzelnen verwechselt werden können. Das entspricht dem ersten Axiom des Indikationenkalküls. Für den Bezug auf einen äußeren Beobachter können wir das Experiment auch interpretieren als: Das Beobachten einer Unterscheidung (von außen) ändert die (Markierung dieser) Unterscheidung nicht.

Bei dem ***zweiten Experiment*** wird die Markierung in den Kreis hineingestellt und die Außenseite bleibt unmarkiert. Da sich der Wert einer Markierung auf den Raum bezieht, in dem die Markierung steht, können wir vom Standpunkt der Markierung (oder des Beobachters) aus erkennen, dass der äußere Raum unmarkiert ist. Deshalb können wir einen auf der Innenseite markierten Kreis mit der Abwesenheit eines Kreises verwechseln, was dem zweiten Axiom bzw. Gesetz entspricht. Im Vergleich zum ersten Experiment hat der Beobachter hier die Grenze des Kreises gekreuzt. Er trifft die Unterscheidung und kann sie deshalb nicht mehr sehen. Für den Bezug zum Beobachter gilt: Wenn ein Beobachter eine Unterscheidung von innen betrachtet, sieht er keine Unterscheidung, er sieht nur einen Raum, und nur ein weiterer Beobachter kann sehen, dass der erste Beobachter nicht den Kreis bzw. die Unterscheidung sieht, sondern nur die Innenseite.

Für das ***dritte Experiment*** werden beide Seiten des Kreises markiert. Somit können die Außen- und die Innenseite hinsichtlich des Wertes nicht voneinander unterschieden werden. Der Kreis macht also keinen Unterschied mehr (in dieser Hinsicht), weshalb er weggelassen werden kann, so dass wir zwei nebeneinander stehende Kreise haben. Nach dem ersten Experiment können diese mit nur einem Kreis gleichgesetzt werden. Das bestätigt auch das Ergebnis des zweiten Experimentes, wo zwei ineinander stehende Kreise zu keinem Kreis wurden.

Im ***vierten Experiment*** wird gar keine Markierung eingefügt. Da ein einzelner Kreis nach dem ersten Experiment mit zwei nebeneinander stehenden Kreisen verwechselt werden darf, entspricht ein einzelner Kreis einem auf der Außenseite markierten Kreis. Insofern bestätigt dieses Experiment, dass jede Unterscheidung von außen gesehen wird.

Was wir also aus den Experimenten ersehen: Setzen wir für einen Beobachter eine Markierung ein, so finden wir die anfänglichen Axiome bestätigt. Sie sind das Resultat der Beobachtung eines Beobachters in Bezug auf die Form.

Die Entdeckung des Beobachters als erste Unterscheidung

Die erste Unterscheidung war die Unterscheidung, mit deren Treffen der Kalkül in Gang gesetzt wurde. Wir können sehen, dass jede Unterscheidung, die wir getroffen hätten, dies geleistet hätte, da jede Unterscheidung zwei Seiten hervorgebracht, uns also zur Form geführt hätte. Jeder Unterscheidung wohnt inne, dass sie zwei Zustände unterscheidet und dass die Zustände verschieden gewertet werden. Dem Kalkül liegt jedoch – wie wir anfänglich sahen – eine ganz bestimmte Unterscheidung zu Grunde: die Unterscheidung, deren eine Seite selbst wieder die Unterscheidung ist, das heißt die Unterscheidung zwischen Unterscheidung und Anzeige. Diese Unterscheidung, so der Ausgang der Experimente, ist der Beobachter selbst – oder genauer: Unterscheiden-und-Anzeigen ist Beobachten. Dies heißt, dass, um überhaupt eine Unterscheidung treffen zu können, immer schon „jemand" gegeben sein muss, der sie trifft: der Beobachter.

> „Nun sehen wir, dass die erste Unterscheidung, die Markierung und der Beobachter nicht nur austauschbar sind, sondern, in der Form, identisch." (SPENCER BROWN 1997: 66)[124]

Dieser letzte Satz des Spencer Brownschen Kalküls enthält eine wichtige Entdeckung, die den Zugang zu dem Kalkül und seiner Form (im Nachhinein) erleichtert. Die erste Unterscheidung, die schon immer getroffen ist, ist der Beobachter selbst. Diese erste Unterscheidung unterscheidet zwischen selbst (Beobachter) und anderem (Beobachtetem). Anhand dessen können wir die erste konstruktive Anweisung:

„Triff eine Unterscheidung"

auch begreifen als:

„Sei ein Beobachter".

Dabei ist augenscheinlich, dass wir beide Aufforderungen schon (immer) befolgen. Deshalb können wir im Kalkül erkennen, was wir schon immer tun und welchen Gesetzen wir folgen. Eine Formulierung, die die philosophischen Konsequenzen vorbereitet, lautet: Form ist Beobachtung, Beobachtung ist Form.

Da es zur Konstitution eines Beobachters gehört, Unterscheidungen zu treffen, existiert er vor dem Akt des Unterscheidens nicht. Im Vollzug des Unterscheidens erzeugt sich der Unterscheidende. Der Beobachter „entsteht", indem er simultan verschiedene Unterscheidungen trifft und zugleich sein Verhalten zu und mit diesen bestimmt. Das „zugleich" drückt

---

124 Im Original: „We see now that the first distinction, the mark, and the observer are not only interchangeable, but, in the form, identical." (SPENCER BROWN 1969: 76)

aus, dass das Leben und das Unterscheidungen-Treffen nicht verschieden voneinander sind. Ein Beobachter kann als ein Unterscheidungen treffender „Ort“ charakterisiert werden, wenn beachtet wird, dass der „Ort“ kein räumlicher ist, da der Raum ebenso wie die Zeit Konstruktion dieses Ortes sind; Raum und Zeit sind nur in der Existenz eines Beobachters gegenwärtig. Ebenso haben wir Unterscheidungen das Charakteristikum zugeordnet, dass sie in einem die zwei Seiten und sich selbst erschaffen. Der „Ort“, in dem Unterscheidungen getroffen werden, ist dann ein (selbstreflexives) Wesen, wenn es immer auch zwischen sich und anderem unterscheidet. Tatsächlich gibt es keinen Beobachter, der nur bisweilen Unterscheidungen trifft und sich nur dann zu ihnen verhält, wenn er will. Da ein Beobachter nicht existent ist, ohne Unterscheidungen zu treffen, ist ihm der unterschiedslose *empty space* verborgen. Erst durch den Akt der Unterscheidung wird ihm der Raum seiner Unterscheidungen zugänglich, und zwar ausschließlich als unterschiedener Raum.

Entry und *re-entry* (Selbstbezüglichkeit in Theorien)

Einer der interessantesten formalen Aspekte der *Laws of Form* ist, dass in ihnen am Ende ihr Anfang reflektiert wird. Wenn wir mit irgend etwas beginnen – wie Musik, Psychologie, Philosophie, Naturwissenschaft oder eben auch Mathematik –, müssen wir schon immer etwas vorausgesetzt haben; sei es, dass wir diese Grundlagen als evident betrachten, da sie mit unserer Erfahrung übereinstimmen, sei es, dass sie uns durch unser Ziel vorgegeben werden, um derart unsere Erfahrung zu stützen. Somit ist jeder Anfang notwendig von Motiven, Annahmen und Zielen bestimmt. In der Mathematik zeigt sich dieser Umstand sehr deutlich in den Axiomen und Definitionen, die nötig sind, damit Sätze und Theoreme entwickelt werden können. Axiome ziehen ihre Berechtigung und Gültigkeit daraus, dass sie entweder einleuchtend erscheinen oder für bestimmte Sätze, die ihrerseits als evident betrachtet werden (bzw. aus anderen Gründen gelten sollen), notwendig sind. Und beginnen wir anders, so erhalten wir Anderes. Abgesehen von diesen Motiven ist nach George Spencer Brown die Annahme von bestimmten Axiomen oder Definitionen willkürlich.

Die *Laws of Form* beginnen mit einer Unterscheidung sowohl explizit (eben mit der Idee der Unterscheidung) als auch implizit (mit der Unterscheidung zwischen Unterscheidung und Anzeige). Deshalb schließen sie sich selbst nicht aus dem Gegenstandsbereich ihrer Darstellung aus. Nachdem wir die Konstruktion begonnen haben („Triff eine Unterscheidung!“), erhalten wir mathematische Ausdrücke (Formen), die sich später auch selbst enthalten, die sich auf sich selbst beziehen. Sobald wir Selbstbezüglichkeit entdeckt haben, reflektiert George Spencer Brown im 12.

Kapitel „Wiedereintritt in die Form“ den Eintritt. Dadurch verliert dieser seinen Stellenwert als Voraussetzung – im Sinne von als wahr erkannte Tatsache. Mit den gefundenen Formen finden wir auch wieder die Begründetheit des Ausgangspunktes. Das heißt, nicht nur begründet der Anfang das, was wir erhalten, sondern auch: Die Ergebnisse rechtfertigen den Eintritt.

Aufgrund dessen können wir davon sprechen, dass in den *Laws of Form* der Versuch unternommen wird, die Grundlagen des Beobachtens (auch Denkens) mit eben diesem Beobachten (Denken) zu erkunden: daher der Stellenwert der Selbstbezüglichkeit.

Wir erkennen nun, dass die Argumente, die herangezogen wurden, um die Theoreme der *Laws of Form* zu beweisen, selbst durch den Kalkül bewiesen werden, von dem sie abhängen. Nirgends als in der ursprünglichsten Mathematik wird offensichtlicher, dass das (mathematische) System aus nichts kommt und sich selbst aus seinen eigenen Fußstapfen produziert: Die *Laws of Form* sind der Ausgangspunkt für ein System, das die Regeln des Argumentierens und Beweisens hervorbringt, mit denen die Gültigkeit des Kalküls überprüft werden kann. Wir produzieren ein System, das seine späteren Abschnitte wahrmacht, und gebrauchen diese, um die ersteren Abschnitte zu überprüfen. Wir sehen also,

> „... dass die Argumente, die wir heranzogen, um die kalkulierenden Formen zu rechtfertigen (d. h. in den Beweisen der Theoreme), *selbst gerechtfertigt werden können, indem man sie in die Form des Kalküls einsetzt.*“ (SPENCER BROWN 1969: 88)[125]

Das heißt: Über die Figur des *re-entry*, die im 11. Kapitel gefunden wurde, kann die Unterscheidung zwischen Theorie und Gegenstand der Theorie unterwandert werden: Die Theorie ist Gegenstand ihrer selbst. Wir können daraufhin Theorien danach unterscheiden, ob sie selbst in ihrem Gegenstandsbereich auftreten oder nicht.

Wollen wir über den Anfang reflektieren, den etwa die Axiome in mathematischen Systemen widerspiegeln, benötigen wir entweder eine weitere Theorie – und in gewissem Sinne mächtigere, weil die ursprüngliche Theorie umfassende bzw. begründende –, *oder* die Möglichkeit, selbstbezügliche Aussagen zuzulassen, so dass wir den Anfang durch sie selbst beobachten können. Wir können an dieser Stelle festhalten, dass eine Theorie, die Selbstbezüglichkeit nicht zulässt, immer in irgendeiner Form

---

[125] Im Original: „... that the arguments we used to justify the calculating forms (e.g. in the proofs of theorems) *can themselves be justified by putting them in the form of the calculus.*“ (SPENCER BROWN 1969: 101 f.)

Gegebenes annimmt, nämlich das, womit sie beginnt. In der Geschichte der Erkenntnistheorien sind das beispielsweise Ideen, Kategorien oder Materie, in der Mathematik zumeist logische Grundannahmen. Mit den *Laws of Form* wird angenommen, dass eine Unterscheidung getroffen werden kann, und herausgearbeitet, was daraus folgt, *wenn* eine Unterscheidung getroffen wird. Damit wird die Aufmerksamkeit von äußeren „Dingen", deren Vorhanden- oder Wahrsein angenommen werden muss, auf die innere Gewissheit gelenkt, dass wir tatsächlich unentwegt Unterscheidungen treffen und gebrauchen – und uns das in Form von Gefühlen, Gedanken, Wahrnehmungen etc. „begegnet".

Es ist bedenkenswert, ob man in selbstbezüglichen Theorien überhaupt von einem Anfang sprechen kann. Denn: Wir können so weit gehen zu sagen, dass sich die Frage oder das Problem des Anfanges nur stellt, wenn wir von einer Wirklichkeit ausgehen, die *durch sich* ist, da nur eine unbedingte – also voraussetzungslose – Tatsache einen Anfang (im Wortsinne) markieren kann. Wenn wir hingegen die Beobachtung selbst beobachten, gelangen wir zur Selbstbezüglichkeit; wir geraten in einen Zirkel. Auch in dieser Hinsicht sollten wir bezüglich des Brownschen Kalküls statt von Anfang von *Eintritt* sprechen; und der besteht – wie wir gesehen haben – in der Annahme, dass eine Unterscheidung getroffen werden kann bzw. dass wir beobachten. Aber selbst diese reduzierte Annahme stellt im Rahmen der *Laws of Form* keine Tatsache dar, vielmehr wird mit ihnen gezeigt: *Wenn* wir eine Unterscheidung treffen, dann folgen die dargestellten Gesetze – und wir sehen am Ende, dass wir beobachtet haben. Auf diese Weise umgeht George Spencer Brown das Dilemma, etwas als Anfang deklarieren zu müssen. Die *Laws of Form* sind zirkulär und selbstbestätigend.

Teil II: Zu den Grundlagen der Mathematik: Die Form der Paradoxie

Vor über 100 Jahren geriet die Mathematik in eine Krise über ihre eigenen Grundlagen. Das war ein überaus brisantes Problem, denn der Versuch, ein brauchbares Fundament für Mathematik zu finden bzw. zu schaffen, war in weiten Mathematiker-Kreisen ein bedeutendes Thema. Seit etwa 50 Jahren gibt es kaum mehr Fortschritte auf diesem Gebiet,[126] so dass der Zweig der Mathematik, der sich damit beschäftigt, welche anfänglichen Setzungen benötigt werden, damit alle anderen Zweige angemessen entwickelt werden können, also das Fundament der Mathematik, seitdem ein Schattendasein führt.

Es geht in diesem Kapitel um einen Beitrag zur Grundlagenkrise der Mathematik aus indikationslogischer Perspektive. Zunächst wird aufgezeigt, dass eine fundamentale Mathematik wie die Primäre Arithmetik und Algebra allgemeiner ist als jegliche Logik. Insofern wird behauptet, dass das die Krise verursachende Problem durch den Versuch entstand, Mathematik durch Logik zu begründen. Der Indikationenkalkül wirft dagegen ein ganz anderes Licht auf die zentrale Problematik der Grundlagenkrise: die Paradoxie. Dieses „Problem" wird genauer identifiziert, indem die Form von Paradoxien herausgestellt und ihre Notwendigkeit für und Kohärenz mit mathematischen Kalkülen veranschaulicht wird. Selbstbezüglichkeit und Negation werden hier als die konstitutiven Elemente der Form der Paradoxie herausgestellt ebenso wie die charakteristische Oszillation zwischen zwei Zuständen, den zwei Seiten einer Unterscheidung.

Sowohl umgangssprachlich als auch in wissenschaftlichen Texten wird der Begriff „Paradoxie" sehr uneinheitlich und oft auch vage verwandt. Im Allgemeinen wird die Bezeichnung „paradox" herangezogen, wenn etwas absurd erscheint oder bestimmten Ansichten und Erwartungen widerspricht. Oft ist das Gefühl, das eine Paradoxie auslöst, Verwirrung. Strengere Charakterisierungen enthalten einen Bezug auf einen (Selbst-) Widerspruch. In der Sprache der Logik zum Beispiel Aussagen wie „p genau dann wenn nicht-p" oder „p und nicht-p". Es sind wohl solche Zusammenhänge mit der Logik, die Paradoxien den Ruf verliehen, unbedingt vermieden werden zu müssen. Entsprechend findet man in der einschlägigen Literatur zur Fundierung von Mathematik durchgängig die

[126] Oder sie wurden zumindest nicht dauerhaft bekannt, wonach es auch bei den *Laws of Form* – zumindest in mathematischen Kreisen – aussieht.

Strategie der Vermeidung. Als wären Paradoxien Probleme, die gelöst werden müssen, indem ihr Auftreten verhindert und ausgeschlossen wird. Dahinter steht die Überzeugung, dass es zu Paradoxien durch Fehler in den Annahmen bzw. Voraussetzungen oder durch falschen Gebrauch der Schlussregeln kommt, die man nur erkennen und vermeiden müsse. Was man also üblicherweise in der Literatur zu Paradoxien, Logik und Grundlagen der Mathematik findet, ist eine Überzeugung, nach der Paradoxien aus versteckten Widersprüchen und Fehlern resultieren. In diesem Sinne kann man eine Paradoxie nur lösen, indem man sie wieder los wird, indem man also zeigt, was schief gelaufen ist, als es zur Paradoxie kam.[127] Daraus resultiert, dass Paradoxien selbst nicht in den Blick kommen, im Sinne von: Wenn sie erst einmal verboten sind, braucht man sich nicht länger mit ihnen zu beschäftigen.

Unter Bezugnahme auf die *Laws of Form* wird hier ganz im Gegenteil aufgezeigt, dass die Vermeidungsstrategien bezüglich Paradoxien auf einem grundlegenden Miss- oder Unverständnis beruhen, und dass sie insbesondere die Konsequenzen aus den Entdeckungen von Kurt Gödel nicht ernst nehmen.

Hier werden für den Paradoxiebegriff keine weiteren Klassifizierungen in logisch, epistemologisch, mengentheoretisch oder semantisch vorgenommen. Man kann solche oder andere Unterteilungen zu bestimmten Zwecken gebrauchen, hier soll jedoch die allen gemeinsame „Struktur" beleuchtet werden.[128]

Um die Bedeutung der Rehabilitation der Form der Paradoxie für die Mathematik in einen angemessenen Rahmen zu stellen, wird in einem vorangestellten Exkurs zunächst der mathematik-geschichtliche Zusammenhang, in dem die *Laws of Form* stehen, kurz dargestellt. Das läuft vor allem auf eine klare Abgrenzung und Hierarchisierung von Mathematik und Logik heraus (erster Abschnitt). Bevor dann die Form der Paradoxie auch anhand von einigen Beispielen präzisiert wird (dritter Abschnitt), zeigt der zweite Abschnitt ein besonders anschauliches Beispiel: Die funktionale Äquivalenz von imaginärem Wert des Indikationenkalküls und imaginärer Einheit der numerischen Mathematik wird auch als ein Argument herangezogen, das der Figur des *re-entry*, die der Form der

---

[127] Für eine Darstellung dieser Ansicht siehe RHEINWALD 1988 und auch SAINSBURY 1993.

[128] Dementsprechend werden wir auch nicht davon sprechen, dass Paradoxien in „Graden" (von 1 bis 10) auftreten, was Sainsbury als Maß dafür einführt, wie gut der Schein die Wirklichkeit verbirgt (1993: 8). Der vorliegende Text zeigt auf, dass es eine (einzige, immer gleiche) Form der Paradoxie gibt und dass etwas entweder paradox ist oder nicht – fern der Unterscheidung von Schein und Wirklichkeit.

Paradoxie zu Grunde liegt, mathematisches Gewicht verleiht und ein Umdenken im Umgang mit und in der Beurteilung von Paradoxien fordert. Es ist das Ziel dieses Kapitels, das den mathematischen Gewinn darstellt, der durch die *Laws of Form* erreicht werden kann, insbesondere die formale Struktur von Paradoxien zu rehabilitieren.

Exkurs in den mathematik-geschichtlichen Zusammenhang

In diesem Exkurs werden einige relevante Entwicklungen in der Diskussion um die Grundlagen der Mathematik vom Ende des 19. Jahrhunderts bis zur Mitte des 20. Jahrhunderts dargestellt[129] und in einen Zusammenhang mit den Entdeckungen und Einsichten der *Laws of Form* gebracht. Zentral sind dabei die Typentheorie von Bertrand Russell und Alfred North Whitehead, die Unvollständigkeitssätze von Kurt Gödel und der Begriff der Paradoxie.[130]

Bertrand Russell stieß Anfang des 20. Jahrhunderts bei dem Versuch einer logischen Fundierung der Mathematik auf ein Problem, das die Grundlagen seiner Theorie erschütterte; und das bis heute Rätsel aufgibt. Es war die Fortsetzung bzw. Wiederholung des Problems, das Bertrand Russell schon in dem formalen System von Gottlob Frege festgestellt hatte. Damals entdeckte er sowohl in Freges als auch seinen eigenen Versuchen der Fundierung der Mathematik die enorme Tragweite des Problems der Paradoxie, über das sich schon seit der griechischen Antike viele Philosophen und Logiker die Köpfe zerbrachen. Und das seit Russells Entdeckung auch Mathematikern, die sich mit Fragen nach den Grundlagen der Mathematik beschäftigen, schwerwiegende, weil grundlegende Probleme bereitet.[131]

---

129 Einen sehr detaillierten Einblick in die Entwicklungen der Grundlagen der Mathematik zu dieser Zeit, der den Rahmen dieses Einführungstextes sprengen würde, findet man in GRATTAN-GUINESS 2000.

130 Es soll nicht unerwähnt bleiben, dass es Gottlob Frege mit seiner *Begriffsschrift* von 1879 war, der das entscheidende Modell für fast alle weiteren Entwicklungen im Bereich logischer Kalküle schuf. Er wollte die gesamte Arithmetik, und damit die Mathematik überhaupt, ausschließlich aus der Logik ableiten. Der Erfolg blieb ihm versagt, denn noch vor der Drucklegung des zweiten Bandes seiner *Grundgesetze der Arithmetik* (1903) erreichte ihn die erschütternde Mitteilung, die er in einem Nachwort nüchtern konstatierte: „Herr Russell hat einen Widerspruch aufgedeckt".
Vergleiche als zentrale Literatur: RUSSELL/WHITEHEAD [4]1994 und GÖDEL 1931.

131 Etwa seit den 40er Jahren des 20. Jahrhunderts ist dieses Gebiet der Mathematik zunehmend in den Hintergrund geraten. Wenn man heute einen Mathematiker auf die Grundlagen seiner Disziplin anspricht, wird in der Regel davon ausgegangen, dass Analysis und Lineare Algebra gemeint seien. Rückblickend – und die *Laws of Form* vor Augen – lässt sich die These wagen, dass die durch die Paradoxien hervorgerufenen

In den Jahren 1901-02 schrieb Bertrand Russell an den *Prinzipien der Mathematik*, in denen er sich mit der Mengenlehre beschäftigte, die der Mathematiker Georg Cantor erdacht hatte, denn diese schien aus mehreren Gründen wie geschaffen als logische Grundlage der Mathematik. Zu dieser Zeit stand nicht in Frage, dass Mathematik logisch fundiert sein müsse. Die Möglichkeit, dass stattdessen Logik ein Zweig oder Teilgebiet der Mathematik sein könnte, wurde kaum in Betracht gezogen. Mit der Mengenlehre konnten so viele zentrale Probleme in den Grundlagen der Mathematik erklärt und gelöst werden, dass auch nach Bertrand Russells Entdeckung auf sie als Grundlage nicht mehr verzichtet werden konnte. Sie gründet in der Idee, verschiedene Dinge hinsichtlich ihrer Eigenschaften zu Mengen zusammenfassen zu können. Für die von Bertrand Russell entdeckte Paradoxie ist relevant, dass es zum einen möglich ist, Mengen von Mengen (im Gegensatz zu Mengen von „Dingen“) zu bilden, also beispielsweise die Menge aller Mengen, die Albert Einstein enthalten. Zum anderen können sich Mengen auch selbst enthalten, wie zum Beispiel die Menge aller Mengen, die Albert Einstein nicht enthalten oder die Menge aller abstrakten Dinge, die ja selbst abstrakt ist, oder auch einfach die Menge aller Mengen.

Dies berücksichtigend wollte Bertrand Russell die so genannte „normale Menge“ definieren als die Menge aller Mengen, die sich nicht selbst enthalten.[132] Diese Menge wurde nach seinem Namen **R** genannt. In einer konsistenten, also auch widerspruchsfreien Theorie müsse nun entscheidbar sein, ob sich die normale Menge selbst enthält oder nicht. Selbstbeinhaltung und Selbstausschluss sind die beiden Seiten einer Unterscheidung, die in der Theorie getroffen wurde, und jede Menge soll nun auch entweder der einen oder der anderen Seite zugeordnet werden können. Im Falle der normalen Menge **R** ist das erschütternder Weise nicht der Fall. Selbstbeinhaltung verweist auf Selbstausschluss und umgekehrt. In dem Versuch der Zuordnung gerät man in eine Oszillation: Wenn sie sich selbst enthält, dann enthält sie sich selbst nicht und umgekehrt ad infinitum. Man beachte, dass die Selbstbezüglichkeit der Definition von **R** zu dieser unlösbaren Situation führt. Wir werden später (in dem entsprechenden Abschnitt in: II. 3. „Die Form der Paradoxie“, S. 132f.) noch einmal ausführlich auf

---

Probleme in dem Rahmen der damals allgemein anerkannten Vorstellungen nicht gelöst werden konnten. Dieser Einführungstext versucht unter anderem die These zu belegen, dass die *Laws of Form* ein neues Licht auf die damaligen Probleme in den Grundlagen der Mathematik werfen und letztlich Klarheit in die Angelegenheit bringen.

[132] Er nannte die sich selbst nicht enthaltenden Mengen „normal“, da im Gegensatz zu diesen die selbstenthaltenden Mengen verwirrend sind, weil solche Mengen auf zwei Ebenen vorkommen: sie sind zugleich Menge und Element.

die Paradoxie der Menge **R** zurückkommen, um die konstitutiven Merkmale der Form der Paradoxie genauer herauszuarbeiten.

In den ersten drei Jahrzehnten des 20. Jahrhunderts haben viele Mathematiker auf unterschiedlichen Wegen versucht, die mathematische Theorie so zu konstruieren, dass sie keine Paradoxien hervorbringen kann. Den meisten und bekanntesten Versuchen ist gemeinsam, dass das Fundament logischer Natur sein müsse. Als das auch heute noch prominenteste Beispiel konstruierte Bertrand Russell mit seinem Mentor Alfred North Whitehead in den *Principia Mathematica* eine Theorie, die auf der Mengenlehre und einer Hierarchie logischer Klassen basiert. Damit konnten sie das Verbot einführen, nach dem eine Menge kein Element enthalten dürfe, das vom gleichen Typ wie die Menge selbst ist: Auf diese Weise wurden Mengen ausgeschlossen, die sich selbst enthalten, und mithin auch die Russellsche und ähnliche Paradoxien.

Diese in den *Principia Mathematica* ausgearbeitete so genannte „Theorie der Typen", die Aussagen, Aussageverknüpfungen und Aussagefunktionen in eine bestimmte Stufenfolge stellt, und darüber hinaus die Aussageverknüpfungen nach „Typen" unterscheidet, schien zunächst die Eliminierung jeder Möglichkeit von Paradoxien aus formalen Systemen zu leisten. Tatsächlich ist es irreführend, von „leisten" zu sprechen, da die Typentheorie lediglich ein Verbot ausspricht, logische Ebenen (anschaulich zum Beispiel Objekt, Menge von Objekten, Mengen von Mengen usw.) zu verwechseln. Es wird in den *Principia Mathematica* eine Regel aufgestellt, die bestimmte unliebsame Aussagen aus der Mathematik und der Logik verbannt. Diese Regel wird dem Kalkül hinzugefügt, ohne dass sie sich rechtfertigen ließe – außer im Hinblick auf ihren Erfolg, etwas Un- oder Missverstandenes zu unterdrücken.

In seiner Autobiografie bekennt Bertrand Russell rückblickend seine Unzufriedenheit mit seiner Typentheorie und anderen verwandten Versuchen, da sie den Ansprüchen an eine elegante Theorie nicht genügen (vgl. RUSSELL 1967: 232). Wie im Anhang der *Laws of Form* geschildert, hat er George Spencer Brown zu seinem Kalkül sogar gratuliert (siehe SPENCER BROWN 1997: 127f.). Denn das Verbot ist nur ein Vehikel, das außerhalb des Systems steht und das aus der Theorie nicht begründet werden kann. Neben dieser ästhetisch-theoretischen Unzulänglichkeit ist vor allem der Verlust der Fähigkeit, Selbstbezüglichkeit darzustellen, gerade heutzutage niederschmetternd. Nähmen wir die Typentheorie konsequent ernst, so dürften wir beispielsweise nicht über Sprache sprechen; und auch der Gebrauch komplexer Zahlen, die in vielen Zweigen der Mathematik unverzichtbar sind, müsste, streng genommen, untersagt werden, wie wir unten ausführen (siehe II. 2. „Imaginärer Wert und komplexe Zahlen“, S. 129ff.). Es ist offenkundig, dass unsere Welt ohne Selbstbezüglichkeit unvorstellbar ist, nicht zuletzt vor dem Hintergrund diverser Forschungsansätze und -ergebnisse aus den letzten Jahrzehnten.

Im Jahre 1931 veröffentlichte Kurt Gödel seine bedeutenden Unvollständigkeitssätze[133], nach denen alle widerspruchsfreien axiomatischen Formulierungen der Zahlentheorie (sprich: Kalküle, die komplex genug sind, um Zahlen zu produzieren) unentscheidbare Aussagen enthalten *müssen*. Oder umgekehrt formuliert: Jedes axiomatische System *kann nur dann* alle wahren Aussagen (Vollständigkeit) der Zahlentheorie produzieren, wenn es auch widersprüchliche (mit der hier entwickelten Wortverwendung genauer: paradoxe) Aussagen hervorbringt. Indem er zeigte, dass sich in jedem solchen formalen System wahre Aussagen niederschreiben und in zahlentheoretische Formulierungen umwandeln lassen, die nicht abgeleitet – also nicht bewiesen – werden können, entdeckte er, dass die *Principia Mathematica* (und verwandte Systeme) unvollständig sein müssen.[134]

Ganz knapp kann man die Unvollständigkeitssätze zusammenfassen mit der Formulierung: *Jedes hinreichend mächtige formale System ist entweder widersprüchlich oder unvollständig.*

Die Unvollständigkeitssätze von Kurt Gödel machen deutlich, dass mathematische Systeme, die genügend kompliziert sind, sich auf sich selbst beziehen können, indem die Sätze Aussagen über sich selbst machen. Mit dieser Selbstbezüglichkeit können paradoxe Strukturen erzeugt werden. Die *Laws of Form* integrieren diese Strukturen. Sie stehen nicht im Widerspruch zu Kurt Gödels Einsichten, sondern bestätigen sie.[135]

---

[133] Im *Monatsheft für Mathematik und Physik*, 38 (1931), S. 172-198: „Über formal unentscheidbare Sätze der Principia Mathematica und verwandter Systeme, I“.

[134] Für eine lesenswerte und relativ leicht verständliche Darstellung dieser mathematischen Ideen und Zusammenhänge vergleiche HOFSTADTER 1993. Eine detaillierte Erläuterung des Beweises findet man bei NAGEL/NEWMAN 1987.

[135] Dafür beachte man auch folgendes Beispiel: Für die Mathematik ist eine Leitoperation der Beweis. Mit dem Beweis eines Theorems wird eine Grenze gezogen zwischen dem, was gilt, was dazu gehört, und dem, was eben nicht gilt und nicht dazu gehört. Und auch hier gilt: Jede mathematische Aussage ist entweder beweisbar oder nicht beweisbar. Wäre sie unbeweisbar, könnte man aber immerhin ihr Gegenteil, ihre Negation beweisen. Hier lässt sich die Idee der Beweisbarkeit in sich selbst einführen: Kann man die Beweisbarkeit eines Satzes beweisen? Und das führt zu der Aussage, mit der Kurt Gödel die Unvollständigkeit genügend komplexer mathematischer Kalküle nachwies (die hier umgangssprachlich und nicht-mathematisch wiedergegeben wird):

> „Dieser Satz ist in dem-und-dem mathematischen Gebäude/Kalkül/System nicht beweisbar.“

(weiter auf der nächsten Seite)

Auch in der zweiten Hälfte des 20. Jahrhunderts gab es verschiedene Versuche, der Paradoxie bzw. ihrer Eliminierung auf die Schliche zu kommen. Als am bedeutsamsten haben sich die Theorien von Alfred Tarski und Saul Kripke erwiesen sowie die Axiomatische Mengenlehre. Sehr knapp dargestellt erreichte Alfred Tarski mit einer Unterscheidung zwischen Objekt- und Metasprache, die zu einer Hierarchie von Sprachen führt, dass Ableitungen von Paradoxien in seinem System verhindert werden. Neben diesem Weg der Hierarchisierung besteht der andere Weg im Umgang mit Paradoxien darin, Wahrheitswertlücken anzunehmen. Darauf basiert zum Beispiel der Versuch von Saul Kripke, der behauptet, dass nicht jeder Satz oder jede Aussage wahr oder falsch ist. Sätzen könne zum Beispiel dann kein Wahrheitswert zugeordnet werden, wenn bestimmte Voraussetzungen, die für den Satz getroffen werden, nicht erfüllt seien. Aber Paradoxien hängen eben nicht von empirischen Fakten (den so genannten kontext-unabhängigen Voraussetzungen) ab.

Auch mit der Axiomatischen Mengenlehre, deren erste Darstellung von Zermelo und Fränklin 1908 vorgelegt wurde, werden Paradoxien durch eine Unterscheidung zwischen Mengen und Klassen vermieden: Eine Klasse ist nur dann eine Menge, wenn sie selbst wiederum Element einer neuen Klasse ist. Indem gezeigt wird, dass **R** eine echte Klasse ist, es also keine Klasse gibt, die **R** als Element enthält, wird die Oszillation zwischen Selbstbeinhaltung und Selbstausschluss aufgelöst.

Mir scheint, dass nahezu allen populären aktuellen Versuchen nach den Veröffentlichungen von Kurt Gödel weiterhin gemeinsam ist, Paradoxien aus der Theorie zu eliminieren.[136] Die Erwartung hinter dieser Haltung verkennt die Bedeutung und Formalisierbarkeit von Selbstbezüglichkeit. Die Furcht besteht darin, dass man aus einem Widerspruch alles ableiten könne, weshalb als Voraussetzung akzeptiert wurde, dass alle Widersprüche unannehmbar seien.

Dies ist eine Paradoxie: Wenn er bewiesen werden könnte, hätte man bewiesen, dass er nicht beweisbar ist. Wenn man also beweisen würde, dass er nicht bewiesen werden kann, hätte man ihn bewiesen.

[136] Als Ausnahmen seien hier Gotthart Günther und Francisco Varela genannt.

1. Mathematik als Grundlage für Logik

Die Ursache für die Grundlagenkrise der Mathematik, die seit über hundert Jahren weniger gelöst als vielmehr vergessen und verdrängt wurde, sieht George Spencer Brown in der Frage nach der Grundlage für die mathematische Theorie: Logik oder Mathematik? Die These, die in den *Laws of Form* und im vorliegenden Text vertreten wird, lautet, dass Logik eine Interpretation eines bestimmten Zweiges der Mathematik, nämlich ihrer Grundlagen, und nicht selbst Fundament für Mathematik ist. Als Belege für diese These dienen die Interpretation des Indikationenkalküls für die Prädikatenlogik erster Stufe, die eine Unterscheidung zwischen *cross* und Negation beinhaltet, und die Interpretation für Zahlen, die beide am Ende dieses Abschnittes skizziert werden.[137]

Mit dem Indikationenkalkül von George Spencer Brown lässt sich zeigen, dass Logik aus der Mathematik ableitbar ist, wenn man mit Mathematik ursprünglich beginnt, das heißt, wenn man das Einfachste formalisiert. Insofern kann man mit George Spencer Brown behaupten, dass die Beziehung der Logik zur Mathematik der Beziehung einer angewandten Wissenschaft zu ihrem Ursprung entspricht.

> „Ein grundsätzliches Anliegen dieser Abhandlung ist es, das, was als Algebren der Logik bekannt ist, vom Gegenstand der Logik zu trennen, und sie wieder mit der Mathematik zu verbinden". (SPENCER BROWN 1997: XXVI)[138]

Diese Fragestellung hängt mit der Unterscheidung zwischen Arithmetik, mit der man auf Konstanten operiert, und Algebra, mit der Regeln der (dazugehörigen) Arithmetik mittels Variablen formalisiert werden, zusammen. Man nimmt an, dass jede Algebra eine zugehörige Arithmetik besitzt. Was heute unter Algebren der Logik bekannt ist – im allgemeinen Boolesche Algebren –, wurde jedoch fast ausschließlich der Logik angepasst entworfen. Die *Laws of Form* liefern die bislang unentdeckte Arithmetik zur Booleschen Algebra. Aufgrund des Satzes vom ausgeschlossenen

---

[137] Es sei angemerkt, dass der Begriff „Logik" im Folgenden wie auch schon im vorangehenden Text eher vage, umgangssprachlich verwendet wird. Das liegt vor allem daran, dass sich die Abgrenzung des Indikationenkalküls nicht auf eine bestimmte Logik bezieht. Unter Logik werden deshalb ganz allgemein die formalen Beziehungen (zum Beispiel Identität, Gegensatz, Disjunktion oder das Distributivgesetz) zwischen Denkinhalten verstanden. Mit Logik ist hier in diesem Sinne die Analyse und Formulierung von Strukturen und Regeln gemeint, die in Argumenten benutzt werden.

[138] Im Original: „A principal intention of this essay is to separate what are known as algebras of logic from the subject of logic, and to re-align them with mathematics." (SPENCER BROWN 1969: XI)

Dritten, der ein fundamentales, axiomatisches Gesetz darstellt, ist zum Beispiel Booles Algebra nicht reichhaltig genug bzw. zu eingeschränkt, um das Problem der Selbstbezüglichkeit zu lösen. Deshalb schlägt George Spencer Brown vor, die *primäre,* also nicht-numerische Arithmetik der Algebra zu untersuchen, die für unser Erfahren und Beobachten der Welt angemessen ist (vgl. SPENCER BROWN 1997: XXVI; 1969: XI). In dem Text der *Laws of Form* heißt es entsprechend, dass

> „wir (erstmals) eine Arithmetik betrachten, deren Geometrie noch kein numerisches Maß hat: Und so erstaunlich es scheinen mag, zeigt es sich, dass die Propositionen der Logik ebenso wie jene weiterer und mächtigerer Anwendungen zur Gänze aus solcherart konstruierten Kalkülen ableitbar sind." (SPENCER BROWN 1997: XIX)

Deshalb ist Logik nicht der richtige Begriff für den Indikationenkalkül, denn Logik handelt immer schon von variablen Ausdrücken. Logik betrifft die Struktur von Sprache und nicht ihren Inhalt. Die *Laws of Form* umfassen aber gerade auch den von Variablen freien Boden von Logik, der der Mathematik zuzurechnen ist. Wie George Spencer Brown betont, wird der Mathematik damit wieder der ihr angemessene Ort zugewiesen: als fundamentale Disziplin auch für Logik.

Es scheint, als stünden die Schwierigkeiten, Mathematik und Logik in ein angemessenes Verhältnis zu bringen, in einem Zusammenhang mit der oben erwähnten Unterscheidung zwischen Beweis und Demonstration. Wie festgestellt wurde, sind Beweise nicht in der Form des Kalküls kodifiziert. Von daher liegt es nahe anzunehmen, dass die Regeln des Argumentierens und Rechtfertigens aus einem allgemeineren Zusammenhang stammen könnten, und zwar dem der Logik. Dass dem nicht so ist, demonstriert der Indikationenkalkül. Die Unterscheidung zwischen Demonstration und Beweis führt zu einer präzisen Grenze zwischen Innen und Außen des Kalküls. Doch auch für diese Unterscheidung gilt, dass die Seiten zwar getrennt aber sich gegenseitig bedingend sind. In diesem Sinne werden die Formen des Beweisens gemeinsam mit den Formen des Demonstrierens gefunden. Beweis und Demonstration müssen in einem angemessenen Verhältnis stehen (vgl. SPENCER BROWN 1997: 80 ff., 1969: 93 ff.).

Nimmt man an, die Formen des Beweisens stammten aus der Logik, importiert man logische Beschränkungen in die Mathematik, die an dieser Stelle nicht notwendig oder angebracht sein müssen. Das gilt im besonderen für den Satz vom ausgeschlossenen Dritten. Mit dem Indikationenkalkül wird erkenntlich, dass dieser Satz für bestimmte Strukturen gilt, nämlich dann, wenn man zum Beispiel weiß, dass eine Aussage entweder wahr oder falsch ist. Liegt jedoch eine Form vor, die ein *re-entry* enthält (Selbstbezüglichkeit), ist der Satz nicht hilfreich.

Es ist klar, dass der Satz vom ausgeschlossenen Dritten zu den Schwierigkeiten mit Paradoxien geführt hat, die in der Grundlagenkrise Ausdruck finden, weil Paradoxien ja gerade eigen ist, dass sie sich nicht auf einen der Werte oder eine der Seiten festlegen lassen. Ein logisch einwandfreier Begriff der Paradoxie könnte gar nicht gewonnen werden, weil Logik ein von Paradoxien freier Kalkül zu sein beansprucht.[139] Jede zweiwertige Logik schließt Paradoxien aus, weil es nur die beiden Werte geben kann, beispielsweise „wahr" und „falsch". Jede Aussage ist entweder „wahr" oder „falsch" (in der Regel wird dann noch eingeräumt, dass eine Aussage auch sinnlos oder frei von einem Wahrheitswert sein kann), und jedem „Ding" kommt eine Eigenschaft entweder zu oder nicht. Zumindest für selbstbezügliche Zusammenhänge handelt man sich andernfalls unüberbrückbare Probleme ein. Denn wie kann man mit Aussagen umgehen, die etwas über ihre eigene Wahrheit oder Falschheit behaupten? In Form der Gleichungen zweiten Grades zeigt dagegen der Indikationenkalkül, dass die Mathematik nicht durch einen Satz vom ausgeschlossenen Dritten eingeschränkt ist. Die Primäre Arithmetik und Algebra bringen diese Regel zwar hervor (Konsequenz 1: Reflexion), gestatten aber die Formalisierung von Selbstbezüglichkeit, so dass diese Regel für Gleichungen ersten Grades gilt, jedoch Gleichungen zweiten Grades nicht tangiert.

Auch der „Satz der Identität", der besagt, dass etwas zu sich selbst identisch ist, und der in allen gängigen Logiken vorausgesetzt wird, lässt sich mit dem Konzept von Selbstbezüglichkeit nicht vereinbaren. Man denke an ein abgeschlossenes System, etwa einen Beobachter, der im Modus Bewusstsein operiert. Für einen Beobachter dieses ersten Beobachters stellt er eine Einheit dar. Er ist, was er ist; er ist mit sich identisch; auch wenn er mal so und mal anders ist, bleibt er der, der er ist. Durch seine Operationen schafft und erhält er eine Grenze zu seiner Umwelt. Für diesen ersten Beobachter selbst gilt das auch, solange er nicht selbstbezüglich operiert, solange er sich etwa die Frage nach seiner Identität nicht stellt. Doch wenn er sich selbst beobachtet, ist er nicht mehr mit sich selbst identisch: er hat sich (die Einheit, die er war) in Beobachter und Beobach-

---

139 Bei Niklas Luhmann findet man dazu beispielsweise: „Die Logik verwendet Paradoxien zur Markierung eines logisch kontrollierbaren Raumes. Für sie sind Paradoxien Grenzmarken, die sie aber nur von innen und nicht von außen, nur als Bedingung der Möglichkeit ihrer eigenen Operationen, aber nicht als Form sehen kann." (LUHMANN 1992: 121) Mit den *Laws of Form* wird dagegen der äußere Standpunkt eingenommen. Dann kann man vor dem Hintergrund der historischen Entwicklung auch sehen, dass der Schluss von Unbeschreibbarkeit auf Nichtexistenz von Paradoxien jedenfalls nicht logisch begründet werden kann.

tetes unterteilt. Operational bleibt er natürlich eine Einheit, das heißt er wird nicht zu zwei Systemen, aber für sich ist er nicht mehr eines. Er sieht sich als der-und-der an, ist aber zugleich der, der sich so sieht. Er kann nicht mehr entscheiden, ob er Einheit oder Zweiheit ist: Wenn er sich als Einheit betrachtet, schafft er durch die Differenz, die die (Selbst-)Betrachtung macht, eine Zweiheit. Diese Zweiheit operiert aber als ein System.

Soweit zu einigen Unvereinbarkeiten, die auftreten, wollte man logische Grundsätze auch als Fundament einer Mathematik nehmen, die Selbstbezüglichkeit einschließt.

In den *Laws of Form* führt George Spencer Brown in zwei Anhängen vor, dass der Formalismus des Indikationenkalküls sowohl interpretiert werden kann als klassische Logik (und damit auch als Boolesche Algebra) als auch für Zahlen. Bevor diese Interpretationen des Kalküls skizziert werden, wird die Unterscheidung zwischen dem *cross* des Kalküls und der Negation der Logik dargestellt.

Eine Unterscheidung zwischen Negation und *cross*

Für die Interpretation des Kalküls als Logik ist die Unterscheidung zwischen *cross* und Negation wesentlich. Die Zustände, die mit der ersten Unterscheidung einhergehen, haben die gleiche „Struktur" wie die Wahrheitswerte von Aussagen. Nach den *Laws of Form* ist jeder Ausdruck von Unterscheidungen entweder auf den markierten oder den unmarkierten Zustand zurückführbar. Dies ist die grundlegende Unterscheidung, mit der der Kalkül operiert. Die Logik ordnet Aussagen die Werte „wahr" und „falsch" zu, wobei gilt: Wenn eine Aussage A wahr ist, dann ist ihre Negation falsch. Insofern, als in beiden Fällen zwei Werte zu Grunde gelegt werden, besteht eine Ähnlichkeit zwischen *cross* und Negation.

Mit dem *cross* ist jedoch eine allgemeinere Idee zum Ausdruck gebracht. Eine Unterscheidung ist entweder getroffen oder nicht und entsprechend ist ein Zustand markiert oder nicht. Um diesen Umstand zu kennzeichnen, bedarf es jedoch lediglich *einer einzigen* Markierung, eben das *cross* – und seine Abwesenheit. Die Negation dagegen funktioniert anders: sie bezieht sich immer auf etwas, auf eine Position.[140] Wird eine Aussage negiert, kreuzt man die Grenze zwischen Position und Negation, da die Negation die andere Seite der Position ist. Das *cross* bezieht sich

[140] Und wir finden auch bei Niklas Luhmann, „dass man Unterscheidungen gewinnen und Formen markieren kann, bevor man über die Operation des Negierens verfügt; denn die Negation verdankt sich selbst der Form und nicht umgekehrt, sie ist nur möglich dank einer Unterscheidung, deren andere Seite die Position ist". (LUHMANN 1997: 926f.)

dagegen auf den Raum, in dem es steht. Zudem ist das *cross* zugleich Operation und Operand: Wir treffen mit dem *cross* diese Unterscheidung (noch) nicht. Demgegenüber benötigt die Negation in der Logik sogar schon die Idee von Variablen, auf die sie sich beziehen kann.

Insofern hat die Negation in der Logik eine andere Stellung als das *cross*, da ihr das Andere, das, worauf sie sich bezieht, gegeben sein muss. Eine Aussage und ihre Negation stellen auch zwei sich gegenüberstehende Zustände dar, denn jede Aussage ist in der zweiwertigen Logik entweder wahr oder falsch. Zwar sind die zwei Seiten einer Unterscheidung oder die beiden primären Zustände des *Calculus of Indication* auch nicht losgelöst voneinander denkbar, aber sie sind in dem Sinne gleichwertig, dass keine Seite und kein Zustand dem anderen vorgängig ist; beide sind gemeinsam gegeben oder nicht. George Spencer Brown hebt die formale Identität der beiden Seiten hervor. Die Negation hingegen wird als Funktion der Aussage behandelt. So, wie Logik immer schon von Aussagenvariablen handelt, auf die die Negation sich beziehen kann, so beschreibt der Indikationenkalkül den von Variablen freien Boden von Logik unter Verwendung des *cross*.

Diesen Unterschied zwischen *cross* und Negation finden wir in Appendix 2 der *Laws of Form* („Das Kalkül interpretiert für die Logik“) ausgedrückt, da die freie Wahl der Markierung oder der Leerstelle (Abwesenheit der Markierung) für die Negation betont wird. Denn die nicht angezeigte Seite einer Unterscheidung ist *nicht* die Negation der angezeigten, es ist die andere Seite, die unangezeigte. Nur wenn es zwei bestimmte Seiten gibt, entspricht gleichwohl die Negation der einen Seite der anderen. Das heißt, wenn man über das Konzept der Negation verfügt, findet man es unwillkürlich in der Zwei-Seiten-Form, aber die Form ist ursprünglicher als die Negation. Da sie ursprünglicher ist, ist sie weniger beschränkt, das meint, dass sie allgemeiner ist.[141] Wir können das *cross* aber, wenn wir die Absicht haben, Logik zu betreiben, als Negation interpretieren, und, wenn wir die Absicht haben, mit Zahlen zu rechnen, können wir es als die Ziffer „1“ deuten.

---

[141] Eine, wenn man so will, ontogenetische Vorrangigkeit des *cross* vor der Negation findet man in der Tierwelt. Wie zum Beispiel Gregory Bateson herausstellt, können Tiere zwar unzweifelhaft unterscheiden, verfügen aber über keine Negation (vgl. dazu die dritte Session der erwähnten AUM-Konferenz und vor allem BATESON 1972: 547).

Ein weiteres mathematisches Indiz für besagte Vorrangigkeit stellt die Unmöglichkeit dar, einen mathematischen oder auch logischen Kalkül lediglich mit der Negation aufzuziehen. Es gibt aber neben den *Laws of Form* gleichwohl noch einen weiteren Kalkül, der mit nur einem Symbol operiert und die Prädikatenlogik erster Stufe repräsentieren kann: die Shefferschen Postulate. Dazu vergleiche auch SPENCER BROWN 1997: 93-96; 1969: 107-111.

Die Interpretationen für Logik und Zahlen

Wenn der Indikationenkalkül als Logik interpretiert werden kann, ist klar, dass er fundamentaler als Logik ist. Die Vorgängigkeit von Mathematik zur Logik zeigt sich auch darin, dass

> „die Argumente, die wir heranzogen, um die kalkulierenden Formen zu rechtfertigen (d. h. in den Beweisen der Theoreme), *selbst gerechtfertigt werden können, indem man sie in die Form des Kalküls einsetzt.*“ (SPENCER BROWN 1997: 88)[142]

Das heißt, wir können die Formen des Kalküls als Logik interpretieren; bzw. eine Interpretation des Kalküls liefert die (logischen) Annahmen, auf denen wir die Argumente der Beweise aufgebaut haben.

Einen Kalkül zu interpretieren meint, die in ihm vorkommenden Werte oder Zustände in Übereinstimmung zu bringen mit einer ähnlichen Menge von Werten oder Zuständen. Das heißt, der Primären Algebra kann derart Bedeutung gegeben werden, um etwa Logik zu betreiben oder mit Zahlen zu rechnen.

Es gibt zwei Möglichkeiten, die Markierung und die Leerestelle mit den Wahrheitswerten „wahr“ und „falsch“ zu kombinieren.

> „Wir haben also die Wahl, ob wir den unmarkierten Zustand mit Wahrheit und den markierten Zustand mit Unwahrheit verbinden wollen oder den markierten Zustand mit Wahrheit und den unmarkierten Zustand mit Unwahrheit. Obwohl es vom Standpunkt der Kalkulation völlig unerheblich ist, was wir tun, ist tatsächlich letzterer Anordnung im Sinne der Interpretation leichter zu folgen.“ (SPENCER BROWN 1997: 98)[143]

---

[142] Im Original: “We may anticipate, for a moment, Appendix 2, from which we see that the arguments we used to justify the calculating forms (e. g. in the proofs of theorems) *can themselves be justified by putting them in the form of the calculus*.” (SPENCER BROWN 1997: 101 f.)

[143] Im Original: „So we have a choice of whether to associate the unmarked state with truth and the marked state with untruth, or to associate the marked state with truth and the unmarked state with untruth. Also it is quite immaterial, from the point of view of calculation, which we do, the latter arrangement is in fact easier from the point of view of interpretation.” (SPENCER BROWN 1969: 113)

Dementsprechend setzen wir:

non-a entspricht $\overline{a}\rceil$

Das heißt, wenn a „wahr" ist, ist die linke Seite („non-a") „falsch"; und auf der rechten Seite setzen wir für a das $\overline{\ \ }\rceil$ ein und erhalten nach Axiom 2 den unmarkierten Zustand, also ebenfalls „falsch". Des Weiteren ergibt sich daraus:

a oder b	entspricht	$a\ b$
a und b	entspricht	$\overline{\overline{a}\rceil\,\overline{b}\rceil}\rceil$
wenn a dann b	entspricht	$\overline{a}\rceil\ b$

Für ein besseres Verständnis empfiehlt es sich, sich von diesen Entsprechungen zu überzeugen, indem man sie sich anhand von Beispielen veranschaulicht. Zum Beispiel weiß man aus der Logik, dass „wenn a dann b" immer dann wahr ist, wenn nicht aus etwas Wahrem (a) etwas Falsches (b) folgt. Und tatsächlich ergibt der indikationslogische Ausdruck auf der rechten Seite stets eine Markierung (entspricht Wahrheit), es sei denn, a ist markiert und b unmarkiert (also a ist wahr und b ist falsch).

Es zeigt sich nun, dass diese Interpretation des Kalküls nicht nur eine Spielerei ist. „Indikationenlogik" ist viel übersichtlicher, direkter und einfacher als das Arbeiten mit Wahrheitstafeln oder Venn-Diagrammen (bzw. modernen Äquivalenten).[144]

Damit wird ersichtlich, warum sich George Spencer Brown weigert, den Indikationenkalkül als Logik zu bezeichnen. Er lehnt eine Charakterisierung seines Kalküls als Logik vor allem deshalb ab, weil es um ein Prozessieren von Zeichen geht und nicht um ein Prozessieren von Wahrheitswerten. Zudem ist der Kalkül nicht in der traditionellen, in der Logik betriebenen Unterscheidung zwischen wahr und falsch begründet, die mit einer Weltanschauung verknüpft ist, die von einer objektiven, vom Beobachter unabhängigen Welt ausgeht. Mit dieser Tradition will George Spencer Brown explizit brechen.

[144] Dies zu erkennen bedarf wohl eigener Praxis. Auch um den weiteren Vereinfachungen und Vorteilen, die George Spencer Brown in Appendix 2 anführt, gut folgen zu können, scheint es unerlässlich, solange mit Anzeigen zu „rechnen", bis man einen (Über-)Blick für die Formen hat.

Für die Interpretation des Indikationenkalküls für Zahlen setzt George Spencer Brown:

$$\urcorner =: 1,$$
$$\urcorner\,\urcorner =: 2,$$
$$\urcorner\,\urcorner\,\urcorner =: 3, \text{ etc.}$$

Dann kann man die Addition und die Multiplikation definieren als: [145]

$$a + b := a\ b$$
$$a \bullet b := \overline{\overline{a|}\ \overline{b|}}|$$

Für die Addition entspricht die Definition offensichtlich den vertrauten Rechnungen, denn die Anzahl der Markierungen werden einfach nebeneinander geschrieben. Wichtig ist zu beachten, dass nicht kondensiert werden darf. Solcherart vereinfachende Rechenschritte, wie sie im Indikationenkalkül vorkommen, sind in der Interpretation für Zahlen nicht gestattet.

Für die Multiplikation muss man sehen, was mit dem „indikationsnumerischen" Ausdruck auf der rechten Seite gemeint ist bzw. auf welche Weise er umgeschrieben werden kann. Benötigt werden dazu das zweite Initial der Primären Algebra, Transposition, und dessen Erweiterung auf jede Anzahl von Unterteilungen, sprich Theorem 10.[146] Hier, für das Rechnen in der Interpretation für Zahlen, wird eine Vereinfachung des Theorems gebraucht: p, q, a, b etc. werden als unmarkierter Zustand gesetzt und r ist variabel, abhängig von der konkreten Multiplikation, die ausgerechnet werden soll. Formal sieht der Spezialfall folgendermaßen aus:

$$\overline{\urcorner\,\urcorner \ldots}|\ r = \overline{\overline{r|}\ \overline{r|} \ldots}|$$

In der Definition der Multiplikation erkennt man dieses „Muster" im Raum s_1, das heißt innerhalb der äußersten Markierung. Die erste (linke) der beiden Markierungen in s_1 enthält a Markierungen, die zweite (rechte) wird

---

[145] Es scheint auf den ersten Blick merkwürdig, dass a + b das Gleiche sein soll wie „a oder b". Man beachte, dass dies verschiedene Interpretationen des Indikationenkalküls sind.

[146] Wir erinnern an Initial 2 (**J2**): Transposition: $\overline{\overline{p\,r|}\ \overline{q\,r|}}| = \overline{\overline{p|}\ \overline{q|}}|\ r$.
Das ***Theorem 10*** lautet: „Der Geltungsbereich von **J2** kann auf jede Anzahl von Unterteilungen des Raumes s_{n+2} ausgeweitet werden. In jedem Fall gilt: $\overline{\overline{a|}\ \overline{b|} \ldots}|\ r = \overline{\overline{a\,r|}\ \overline{b\,r|} \ldots}|$." (SPENCER BROWN 1997: 33)

Die Erweiterung auf jede Anzahl von Unterteilungen des Raumes meint, dass das **r** aus beliebig vielen Markierungen herausgezogen werden kann bzw. (von rechts nach links) auf beliebig viele verteilt werden kann.

als r gesetzt, das heißt r hat die Form einer Markierung, die b nebeneinander stehende und keine weiteren Markierungen enthält. Die „Übersetzung“ der Definition der Multiplikation mittels des zehnten Theorems sieht also zunächst so aus:

Mit unserem Spezialfall des Theorems 10 sehen wir, dass das r in jede der a Markierungen hineinpositioniert werden darf. Das heißt ganz konkret und anschaulich, dass b Markierungen a mal geschrieben werden müssen. Der Ausdruck hat nun auch immer eine alles umfassende Markierung, die mit der äußersten Markierung aufgehoben werden kann, so dass tatsächlich genau a • b Markierungen stehen bleiben.[147]

Während es sehr erleichternd ist, gerade kompliziertere *logische* Zusammenhänge „indikationslogisch“ zu analysieren, macht es wohl kaum einen Sinn, „indikationsnumerisch“ zu rechnen. Das ist zum einen komplizierter und vor allem zum anderen gerade dann aufwendig, wenn größere Zahlen berechnet werden sollen. Man muss am Ende ja alle Markierungen zählen.[148] Insofern dient die Demonstration der Interpretation für Zahlen weniger als Beleg für die sinnvolle Anwendbarkeit der *Laws of Form*, als vielmehr als Veranschaulichung ihrer Tiefe und Mächtigkeit: Selbst die numerische Mathematik lässt sich aus den *Laws of Form* ableiten.

Wie auch für die Interpretation für Logik findet man noch erheblich mehr Beispiele, Sätze und Anwendungen in dem entsprechenden Appendix in den *Laws of Form*. Beides konnte hier nur angedeutet werden – als erleichternder Einstieg und als Motivation für eigene Studien.

Ein großer Erfolg der *Laws of Form* ist ihre Anwendung zum Beweis des berühmten Vier-Farben-Theorems.[149] Vor dem Beweis, den George

---

147 Ein Beispiel: **5 • 3** schreiben wir nach der Definition als  Die äußerste Markierung enthält eine Markierung, die fünf Markierungen enthält, und eine, die drei Markierungen enthält. Das heißt, wir verwenden Theorem 10 mit der Länge fünf bzw. mit einem Raum s_{n+2}, der fünf Unterteilungen enthält; wobei **r** steht für 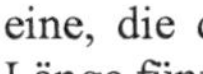. Nun wird **r** in jede der fünf Unterteilungen hineingeschrieben, so dass:

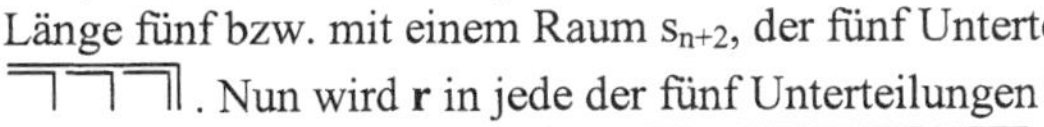

Die beiden äußersten Markierungen können nun „reflektiert“, also aufgehoben werden ebenso wie fünf mal die nächst inneren Markierungen. Damit bleiben stehen:

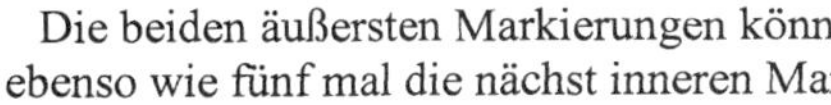 . Das sind 15 Markierungen.

148 Aber Computer sind für solche Aufgaben bestens geeignet und umso schneller, je einfacher die Rechenoperationen sind.

149 Allerdings habe ich noch von niemandem gehört, der den Beweis nachvollzogen und seine Richtigkeit bestätigt hätte.

Spencer Brown 1979 auf der Grundlage des Indikationenkalküls lieferte (siehe Appendix 5: „Two proofs of the four-colour map theorem", in SPENCER BROWN 1997: 141-188), gab es lediglich einen mehrere tausend Seiten langen, der sich auf Computerberechnungen stützt. Dies alles gibt Grund zur Annahme, dass weitere unbewiesene Sätze (nur) mit Hilfe solcher primärer Kalküle beweisbar sowie etliche Beweise mit ihnen eleganter, kürzer und einsichtiger zu führen sind.

Wir fassen zusammen: Die Primäre Arithmetik unterliegt nicht den Beschränkungen, die Boole seiner Algebra auferlegte und welche logischer Natur sind. Die Primäre Algebra kann zum Beispiel als Boolesche Algebra oder klassische Logik interpretiert werden. Durch den unterschiedlichen Ansatz und der daraus resultierenden unterschiedenen Formalisierung kann man jedoch nur auf Basis der Primären Algebra erkennen und darstellen, dass George Boole nur Gleichungen ersten Grades zulassen konnte, während George Spencer Brown auch Gleichungen zweiten Grades, die selbstbezüglich sein können, formal bearbeiten kann. Nun wird der Blick für Paradoxien frei. Und man erkennt die Paradoxie als eine notwendig mögliche Form, die sich ganz natürlich und ohne „äußere" Eingriffe ergibt, und die sich wie jede andere Form formal darstellen lässt. Es gibt keinen Anlass mehr, sie vermeiden zu wollen. Wenn man eine Unterscheidung auf bestimmte Art und Weise in sie selbst einführt, hat man es mit einer Paradoxie zu tun. Eine der berühmtesten und wissenschaftshistorisch relevantesten – aber vor George Spencer Browns Entdeckung nicht als solche erkannte – wird im folgenden Kapitel dargestellt.

2. Imaginärer Wert und komplexe Zahlen

Es wurde oben schon auf den Unterschied zwischen Boolescher und Brownscher Algebra eingegangen. Dieser führte zur Sichtbarkeit von Gleichungen höheren Grades, oder mit anderen Worten: Die Primäre oder Brownsche Arithmetik erlaubt,

> „komplexe Werte in der Algebra zu verwenden. Diese sind Analogien zu den komplexen Zahlen in der gewöhnlichen (numerischen) Algebra." (SPENCER BROWN 1997: XXI)

Dieser Zusammenhang mag zunächst überraschen, erweist sich aber als sehr nützlich, die Form der Paradoxie zu präzisieren.

Ausgangspunkt der Überlegungen ist folgender: Bestimmte quadratische Gleichungen sind in der Menge der reellen Zahlen nicht lösbar, da das Quadrat einer reellen Zahl nicht negativ sein kann. Durch die Erweiterung des Zahlraumes auf die Menge der komplexen Zahlen, die auf der Einführung der imaginären Einheit ***i*** beruht, kann man auch diesen Gleichungen Lösungen zuordnen. Diese sind aber keine Zahlen im herkömmlichen Sinne mehr. Mit der üblichen räumlichen Veranschaulichung der komplexen Zahlen (als Koordinatenkreuz) gelangt man vielmehr zu der Ansicht, dass der Zahlenstrahl der reellen Zahlen einen winzigen Ausschnitt der komplexen Zahlen darstellt.

In der numerischen gewöhnlichen Algebra werden diese „komplexen Werte", das heißt imaginäre Zahlen, ganz selbstverständlich gebraucht, vor allem aufgrund ihres durchschlagenden Erfolges – sowohl innerhalb der Mathematik als Element des Theoriegebäudes als auch in ihren Anwendungen wie beispielsweise in der Theorie des Elektromagnetismus oder der Phasentheorie in der Elektrizitätslehre. Weil ihre Struktur und daraufhin ihre Verbindung zu Paradoxien bisher nicht erkannt wurden, konnten theoretische und praktische Mathematiker die imaginäre Einheit viel leichter als Werkzeug akzeptieren als einen imaginären Wert, der den logischen Grundannahmen widersprach. Auch heute noch ist im Grunde unklar, was komplexe Zahlen sind, und bisweilen führt ihre Unerklärbarkeit zu Ablehnung selbst unter Mathematikern. Die Unfähigkeit, diese Struktur angemessen beschreiben zu können, rührt jedoch nicht aus der Sache selbst, sondern hat ihre Ursache darin, dass eben der Zusammenhang zu Paradoxien und ihrer speziellen Form bisher nicht erkannt und beschrieben wurde.

Im Folgenden wird angedeutet, inwiefern wir die imaginäre Einheit als zwar imaginäre, aber praktische Lösung einer „paradoxen Gleichung" begreifen können. Wie wir gesehen haben, gibt es unter den Gleichungen zweiten Grades zwei verschiedene Typen: die Gedächtnisfunktion, die entweder den markierten oder den unmarkierten Zustand hervorbringt, und die Oszillatorfunktion, welche den imaginären Wert zur Lösung hat. Um das Argument möglichst anschaulich vortragen zu können, identifizieren wir sie mit den speziellen quadratischen Gleichungen[150]

$$\mathbf{a:}\ \mathbf{x^2 = 1} \quad \text{und} \quad \mathbf{b:}\ \mathbf{x^2 = -1},$$

wobei **a** und **b** lediglich die Namen der Gleichungen sind. Durch Division je beider Seiten durch **x** erhalten wir

$$\mathbf{a:}\ \mathbf{x = 1/x} \quad \text{und} \quad \mathbf{b:}\ \mathbf{x = -1/x}.$$

Da die Gleichungen numerisch ausgewogen sein müssen, kommen als Lösungen nur die Einheiten (+1 und –1) in Betracht, denn andernfalls wäre immer eine Seite der Gleichung größer und die andere kleiner als eins. Gleichung **a** bereitet uns keine Probleme, denn setzen wir auf einer ihrer Seiten eine der Einheiten für **x** ein, bestätigt die andere Seite den gewählten Wert. In der Gleichung **b**, die wir mit der Oszillatorfunktion identifizieren, kommen wir auf diese Weise zu keinem Ergebnis, wie sich leicht durch Ausprobieren herausfinden lässt. Deshalb wurde der imaginäre Wert ***i***, der die Wurzel aus –1 symbolisiert, in die Gleichungstheorie eingeführt. Setzt man auf der einen Seite +1 ein, ergibt sich auf der anderen –1 für **x** und umgekehrt. Wir erkennen eine zur Russellschen Paradoxie identische Form, wenn wir +1 und –1 mit den beiden Seiten identifizieren, zwischen denen der Wert der gewählten Gleichung oszilliert (dort waren die Seiten: selbstbeinhaltend oder -ausschließend; im Indikationenkalkül markiert und unmarkiert). Die Annahme der einen Lösung – und Einsetzung für **x** auf einer der Seiten – verweist auf die andere Lösung – das (noch) nicht festgelegte **x** auf der anderen Seite nimmt den nicht angenommenen Wert an. Dies liefert uns eine formale Anschauung dessen, was wir Form der Paradoxie genannt haben.

Die Ähnlichkeiten zwischen diesen Gleichungen und selbstbezüglichen Aussagen sind augenscheinlich: So, wie eine Zahl entweder positiv, negativ oder die Null sein muss, gibt es für Aussagen die Kategorien wahr, falsch und „bedeutungslos“; so, wie selbstbezügliche Aussagen auf zwei verschiedenen Ebenen betrachtet werden, steht das x in den Gleichungen einmal im Nenner und einmal im Zähler; und schließlich: so, wie selbst-

[150] Dass wir jede beliebige quadratische Gleichung verwenden können, zeigt George Spencer Brown in den Anmerkungen zu Kapitel 11; 1997: 84f.; 1969: 97ff.

bezügliche Aussagen, die wir für problematisch (paradox) halten, eine Negation enthalten müssen, steht in Gleichung b ein Minuszeichen.[151]

Wenn man demnach die Theorie der Typen von Bertrand Russell und Alfred North Whitehead konsequent verfolgen würde, müsste man die gesamte Mathematik eliminieren, die mit komplexen Zahlen arbeitet. Aber jeder Mathematiker und Physiker weiß, dass es ohne diese Zahlen nicht mehr geht und dass man mit ihnen arbeiten kann – und damit auf ganz reale Ergebnisse kommt. Denn ohne den (ganz praktischen) Gebrauch der imaginären Einheit ist die Welt, technisch wie sie heute ist, nicht vorstellbar. Diese Argumentation bringt George Spencer Brown auf den Punkt:

> „Die Tatsache, dass imaginäre Werte gebraucht werden *können*, um auf eine reale und bestimmte Antwort zu schließen, gepaart mit der Tatsache, dass dies in der heutigen mathematischen Praxis *nicht geschieht*, und ebenso gepaart mit der Tatsache, dass bestimmte Gleichungen offensichtlich *nicht* ohne den Gebrauch imaginärer Werte gelöst werden *können*, bedeutet, dass es *mathematische Aussagen geben* **muss** (deren Wahrheit oder Nichtwahrheit tatsächlich perfekt entschieden werden kann), *die mit den Methoden der Schlussfolgerung, auf die wir uns bislang beschränkt haben, nicht entschieden werden können.*“ (SPENCER BROWN 1997: 86)[152]

Das heißt auch, dass es erwartbar erscheint, dass wir Theoreme finden werden, deren Wahrheit (im Sinne von Beweisbarkeit) nicht entschieden werden kann, solange wir auf Gleichungen ersten Grades beschränkt sind. Bei den meisten unbewiesenen und von daher problematischen Sätzen, die es in der Mathematik gibt, wurde noch nicht der Versuch unternommen, sie auf Grundlage des Indikationenkalküls zu rechtfertigen. Lediglich das Vier-Farben-Theorem, das wegen seiner Anschaulichkeit, Einfachheit und vor allem wohl durch die Schwierigkeit, es zu beweisen, berühmt wurde, hat George Spencer Brown bewiesen (Vgl. SPENCER BROWN 1997: 141-191).

---

[151] Denn das macht sie, wenn eine Negation an der richtigen Stelle vorkommt, zu Paradoxien. Man sehe das Beispiel „Diese Aussage ist wahr“: Durch den Ausdruck *diese Aussage* macht der Satz als ganzer eine Aussage über sich selbst. Wir behandeln ihn einerseits als eine Aussage und andererseits als eine Aussage *über* eine Aussage.

[152] Im Original: „The fact that imaginary values *can* be used to reason towards a real and certain answer, coupled with the fact that they *are not* so used in mathematical reasoning today, and also coupled with the fact that certain equations plainly *cannot* be solved without the use of imaginary values, means that *there* **must** *be mathematical statements* (whose truth or untruth is in fact perfectly decidable) *which cannot be decided by the methods of reasoning to which we have hitherto restricted ourselves.*” (SPENCER BROWN, 1969: 99)

3. Die Form der Paradoxie

Der erste Satz dieses Kapitels fehlt.[153]

Ein grundsätzliches Anliegen dieses Textes ist es, den Paradoxiebegriff zu präzisieren. Dazu wird im Folgenden an einigen Beispielen und Gegenbeispielen für Paradoxien die Grenze zwischen paradoxen und anderen formalen Strukturen geschärft und die gemeinsame formale Struktur von Paradoxien dargestellt, hier „Form der Paradoxie" genannt. Zunächst kommen wir aber auf die die Grundlagenkrise der Mathematik auslösende Paradoxie von Bertrand Russell zurück.

Die Russellsche Paradoxie

Der Auslöser für die Grundlagenkrise der Mathematik besteht in der von Bertrand Russell entdeckten und nach ihm benannten Paradoxie, die zu Beginn dieses Teils im Abschnitt zum mathematik-historischen Zusammenhang skizziert wurde. Im zweiten Kapitel wurde dargestellt, welches Missverständnis dazu führte. Im vorliegenden Abschnitt wird die Russellsche Paradoxie detaillierter betrachtet.

Eine erste Anschauung dessen, was bisher und im Folgenden die „Form der Paradoxie" genannt wird, gewinnen wir durch die Betrachtung der Konstruktion der „normalen Menge" **R**. In der Mengenlehre können „Dinge" (zum Beispiel Objekte, Eigenschaften oder Mengen) aufgrund ihrer Eigenschaften zu Mengen zusammengefasst werden. Eine Menge enthält „Dinge" – und schließt andere aus. Wenden wir dies auf sie selbst an, kann eine Menge entweder sich selbst enthalten oder sich selbst ausschließen. Sich selbst ausschließende Mengen sind ganz normale Mengen – daher auch der Name, den Bertrand Russell seiner berühmt gewordenen, paradoxen Menge gab. Beispiele für normale Mengen sind die Menge aller Vögel; die Menge aller Menschen, die Taja Luna kennen; oder die Menge aller Mengen, die Albert Einstein enthalten. „Normal" meint hier, dass die Unterscheidung zwischen der Menge und den Elementen der Menge aufrecht erhalten bleibt. Normale Mengen sind nie selbstbezüglich in dem Sinne, dass die Definition der Menge auf die Menge selbst angewendet werden kann. Dies unterscheidet gewöhnliche, selbstausschließende Mengen von selbstenthaltenden Mengen. Solche Mengen haben die merkwürdige Eigenschaft, dass die Grenze zwischen Menge und Element verschwimmt. Eine selbstenthaltende Menge ist eine Menge und enthält sich selbst, ist also auch ihr eigenes Element. Beispielsweise sind

[153] Kann der erste Satz fehlen? Wir kommen darauf zurück.

die Menge aller Mengen oder auch die Menge all derjenigen Mengen, die Albert Einstein nicht enthalten, selbstenthaltend. Eine weitere ist eben die nach Bertrand Russell benannte

Normale Menge R: Menge aller Mengen, die sich nicht selbst enthalten.

Mit der Definition führen wir die eine Seite der Unterscheidung zwischen Selbsteinschluss und Selbstausschluss (nämlich Selbstausschluss: Mengen, die sich nicht selbst enthalten) in die gleiche Unterscheidung wieder ein (und erhalten die Menge, die alle Mengen enthält, die sich selbst nicht enthalten) und können nun fragen, auf welcher Seite dieser Unterscheidung sich die derart konstruierte Menge **R** selbst befindet. Enthält die Menge aller Mengen, die sich nicht selbst enthalten, sich selbst?

Die Strategie, eine Antwort auf diese Frage zu finden, besteht darin, zunächst die eine und später die andere Möglichkeit als zutreffend anzunehmen, und jeweils anhand der Definition von **R** zu überprüfen, was aus der Annahme folgt.[154]

Also angenommen, **R** sei selbstenthaltend. Die Menge **R** wurde durch den Zusammenschluss aller der Mengen gebildet, die sich nicht selbst enthalten, also normal sind. Wenn **R** sich aber selbst enthält, enthält **R** (indem sie sich selbst enthält) eine selbstenthaltende Menge. Das heißt, dass die Annahme, **R** enthalte sich selbst, gegen die Definition von **R** verstößt, da **R** ja keine selbstenthaltenden Mengen enthält. Da es nur die beiden Möglichkeiten selbstenthaltend und selbstausschließend gibt, führt die Annahme, **R** enthalte sich selbst, zu dem Schluss, dass **R** sich nicht selbst enthält.

Angenommen also, **R** enthalte sich selbst nicht. Wenn **R** auf diese Weise eine selbstausschließende Menge ist, dann muss sie laut Definition in **R** enthalten sein, denn **R** enthält ja gerade *alle* Mengen, die sich selbst nicht enthalten. In diesem zweiten Fall führt die Annahme des Selbstausschlusses auf Selbstbeinhaltung. In beiden Fällen führt die Annahme der einen Seite auf die andere. Es kommt zu einer Oszillation zwischen den

[154] Eine Anmerkung zu der Unterscheidung zwischen Beweis und Demonstration bzw. Innen und Außen eines Kalküls: Dass dies eine Strategie ist, die zu einer Antwort führt, ist nicht in einem Kalkül kodiert. Sie ist kein Muster von Regeln, die man einfach befolgt, sondern entspringt einer intuitiven Einsicht (die außerhalb des Kalküls steht). Man weiß noch nicht, was man damit erhält, aber es ist (dem gesunden Menschenverstand) evident, dass die Menge – wie alle Mengen – nur entweder sich selbst enthalten oder ausschließen kann, dass es also keine weitere Möglichkeit gibt. Wenn wir annehmen, die Menge enthält sich (bzw. enthält sich nicht), können wir die Definition heranziehen, um herauszufinden, ob sie die Annahme bestätigt oder verwirft.

Seiten, Werten oder Zuständen, die charakteristisch für Paradoxien – in dem hier vorgeschlagenen Sinne – ist.

Negation und Selbstbezüglichkeit, die verschiedene Ebenen impliziert, sind die Merkmale, die zur Paradoxie und der für sie charakteristischen Oszillation zwischen zwei Seiten führen. Sie dienen uns als vorläufiger Leitfaden zur Form der Paradoxie. Mit Selbstbezüglichkeit geht notwendig der Gebrauch verschiedener Ebenen einher: bei der Menge aller Mengen ist das offensichtlich. Die Annahme bzw. der Gebrauch verschiedener Ebenen ist notwendig für die formale Darstellung von Selbstbezüglichkeit. Die Negation ist notwendig, um von einer Seite auf die andere zu kommen.

Weitere Beispiele und Gegenbeispiele für Paradoxien

Wenn Probleme auftreten, die nicht die hier skizzierte Form haben und dennoch als paradox bezeichnet wurden, wie etwa Zenons Paradoxien oder – moderner – das Einstein-Podolsky-Rosen-Paradoxon, das Zwillingsparadoxon der Relativitätstheorie oder das Kleinsche Paradoxon, dann sind diese auf Theorie- oder Wissenslücken zurückzuführen und haben mit einer oszillierenden Struktur, die in Selbstbezüglichkeit gründet, nichts zu tun. Die ungenaue Wortverwendung mag mit dem üblichen Nachgeschmack des Nichtmöglichen oder Unvorstellbaren zusammenhängen, der sich bei der Beschäftigung mit Paradoxien einstellen kann. Mit der hier gelieferten klaren Bestimmung und Abgrenzung sollte es jedoch möglich sein, einen schärferen Sprachgebrauch zu etablieren.

Ein besonders anschauliches Beispiel für die Form der Paradoxie ist:

Diese Aussage ist falsch.

Wäre die Aussage wahr, so sagt sie über sich selbst aus, dass sie falsch ist. Nimmt man also an, sie wäre falsch, so ist das gerade, was sie über sich selbst aussagt – ein Umstand, der sie wahr macht. Wir finden die Selbstbezüglichkeit und die verschiedenen Ebenen darin, dass wir eine Aussage betrachten, die etwas über sich selbst aussagt. Dadurch, dass sie sich auf sich selbst bezieht, können wir zwei Aussageebenen unterscheiden: als normale Aussage über etwas und als Aussage über eine Aussage. Die Negation liegt darin, dass die Aussage ihre Falschheit postuliert. So wie Enthaltung ein Charakteristikum für Mengen ist, so ist Wahrheit das Charakteristikum für Aussagen. In diesem Beispiel wird die andere Scite von Wahrheit in die Unterscheidung wahr/falsch eingeführt.

Eine der obigen Aussage scheinbar sehr ähnliche ist:

Ein Kreter: „Alle Kreter lügen (immer)."

Dies ist jedoch keine echte Paradoxie: Wenn er die Wahrheit sagt, dann lügt er. Aber wenn er mit dem Satz lügt, heißt das nicht auch, dass alle anderen Kreter lügen – und nur damit würde die Aussage des Kreters wieder wahr werden. Er könnte also mit diesem Satz lügen und „trotzdem" ein Lügner sein. Seine Aussage wird nicht wahr, wenn man annimmt, dass er lügt.

Demgegenüber ist

„Ich lüge mit diesem Satz."

nach formalen Gesichtspunkten eine Paradoxie. Die Aussage ist ja, dass ich mit dem Statement meiner Lüge lüge. Die auftretende Oszillation ist gebunden daran, dass es die selbe Unterscheidung ist, die in sich eingeführt wird.[155]

Nehmen wir als Gegenbeispiel

„Ich sage nichts."

Ein solcher Ausspruch ist nicht paradox. Es ist ein Widerspruch, denn ich sage etwas, wenn ich dies sage. Es ist nicht die identische Unterscheidung, die in sich selbst eingeführt wird. (Oder bedeutet meine Wertung nur, dass ich der Tatsächlichkeit des Sprechens mehr Bedeutung beimesse als dem Inhalt der Aussage?)

Ähnlich verhält es sich mit widersprüchlichen Aufforderungen wie

„Glaube niemandem!" oder „Folge keiner Aufforderung!"

Würde der oder die Angesprochene die Aufforderung konsequent ernst nehmen, befände er oder sie sich in dem Dilemma, wie er oder sie denn dann mit dieser Aufforderung selbst umgehen soll. Abgesehen davon, dass solche Aussagen wohl meistens nicht selbstreferenziell behandelt werden, also ganz unproblematisch verstanden werden können, kommt es aber in diesen Fällen nicht zur Oszillation, weil daraus, dass jemand eine solche Aufforderung ablehnt, nicht zwingend folgt, andere Aufforderungen zu akzeptieren.

---

[155] In abgewandelter Form kann einem das als Kinderspiel begegnen: „Hallo Papa, wir spielen gerade verkehrte Welt." So wird das Spiel genannt, bei dem man immer das sagt, was nicht gemeint oder nicht der Fall ist. Spielt meine Tochter das Spiel gerade, wenn sie mir diese Mitteilung macht?

Ein weiteres bekanntes Beispiel ist die Paradoxie vom Barbier: Der Barbier bekommt den Auftrag, allen (genau denen) die Haare zu schneiden, die sich nicht selbst die Haare schneiden. Dieser harmlos anmutenden Aufforderung kann der Barbier nicht nachkommen. Bei allen anderen liegt der Fall klar, denn entweder schneidet sich jemand die Haare selbst oder eben nicht. Wie aber verhält es sich mit dem Barbier selbst? Wenn er sich die Haare nicht selbst schneidet, so soll es der Barbier tun; wenn er es aber selbst tut, soll er es nicht.[156]

Die Selbstbezüglichkeit kann auch als Beschreibung auftreten. Davon macht die Grellingsche Paradoxie Gebrauch. Ein Eigenschaftswort wird autolog genannt, wenn ihm die Eigenschaft zukommt, die es bezeichnet (zum Beispiel: „selbstbeschreibend"), ansonsten heißt es heterolog. In diesem Sinne ist zum Beispiel „deutsch" autolog, da es ein deutsches Wort ist, „französisch" ist jedoch heterolog. Die Frage, was denn „heterolog" selbst sei, bringt eine Paradoxie hervor: Wäre „heterolog" selbst heterolog, dann hat es die Eigenschaft, die es bezeichnet und wäre nach der Wortdefinition also autolog (selbstbeschreibend). Wäre „heterolog" also selbst autolog, dann käme ihm die Eigenschaft zu, die es bezeichnet und mithin wäre „heterolog" heterolog (nicht-selbstbeschreibend). Die Grellingsche Paradoxie ist zwar nicht mehr als ein Gedankenspiel, aber geradezu ein klassisches Beispiel einer Paradoxie.

Weitere unkommentierte Beispiele:

Regel: Alle Regeln haben Ausnahmen.
Hat diese Regel eine Ausnahme oder nicht?

Alle Verallgemeinerungen sind falsch.
Ist diese Verallgemeinerung wahr oder falsch?

„Ich weiß, dass ich nichts weiß."
Weiß man damit etwas oder weiß man nichts? Auf dieses Beispiel kommen wir im erkenntnistheoretischen Teil zurück (siehe Seite 189).

---

[156] Eine der gängigen „Lösungen" dieser Paradoxie lautet, dass es den Barbier nicht gäbe – als wenn damit das Problem auch nur ansatzweise erfasst wäre. Denn seine Existenz ist völlig unerheblich. Interessant ist die Situation, in die jeder Barbier durch diese Aufforderung gebracht werden kann. Es kann also nicht das Ziel sein, Paradoxien zu lösen – und damit ein für alle Mal entschärft zu haben, sondern viel mehr zu entfalten im Sinne von: Was kann man dann noch tun? Denn weder die Zeit noch das Handeln des Barbiers werden durch die paradoxe Aufforderung still gestellt. Vergleiche hierzu auch den Übergang von der so genannten „semantischen" zur so genannten „pragmatischen" Variante dieser Paradoxie bei WATZLAWICK/BEAVIN/JACKSON 1996: 178.

Es sei an dieser Stelle an den ersten Satz dieses Kapitels erinnert. Er ist keine Paradoxie: Denn das Kapitel *hat* einen ersten Satz. Der erste Satz *sagt* lediglich, dass es keinen gäbe. Eine ähnliche Idee fand ich bei Francois Jullien, der dem ersten Kapitel in *Der Weise hängt an keiner Idee* den Namen „Ohne etwas voranzustellen" gibt – und dann damit beginnt, die Aussage des Titels „von Anfang an zu setzen" (JULLIEN 2001: 13).

Zu den „so genannten" Paradoxien:

Zenons Paradoxien sollen die Lehre des Parmenides stützen, nach der das Seiende eines und unveränderlich ist, indem sie aus der Annahme, dass Vielheit und Bewegung real seien, absurde Konsequenzen ableiten. Die bekannteste ist Achilles und die Schildkröte:

Der schnelle Achilles kann die langsame Schildkröte, die einen Vorsprung beim Wettlauf hat, nie einholen, denn wenn Achilles an dem Ort ist, an dem die Schildkröte startete, ist sie schon ein Stück weiter, usw. Das scheint zumindest widersprüchlich, wenn nicht gar paradox zu sein, da jeder aus der Erfahrung weiß, dass Achilles die Schildkröte nach einiger Zeit einholen wird. Da die in dem Gedankenexperiment vorkommenden Zeitintervalle jedoch sehr schnell sehr klein werden, sieht man den Gedankenfehler. In Form der Differentialrechnung hat die Mathematik dieses Problem gelöst.

Die Zwillingsparadoxie stammt aus der Überlegung, dass Zwillinge unterschiedlich alt wären, nachdem einer von ihnen eine Reise mit sehr hoher, relativistisch relevanter Geschwindigkeit in einem Raumschiff unternommen hätte. Die Relativitätstheorie beschreibt und erklärt aber gerade, dass solche Effekte wie unterschiedlich laufende Uhren auftreten, weshalb das Phänomen von unterschiedlich alten und zur gleichen Zeit geborenen Zwillingen nicht als Paradoxie bezeichnet werden sollte. Im Übrigen wäre es auch keine Paradoxie, wenn umgekehrt gelten würde, dass sie gewissermaßen trotz der Relativitätstheorie gleich alt blieben. In beiden Fällen ist nicht zu erkennen, wie eine Seite einer Unterscheidung in die selbe Unterscheidung eingeführt würde, geschweige denn, wie die charakteristische Oszillation auftritt.

Das Paradoxe jeder Unterscheidung

Für jede Unterscheidung gilt, dass sie eine Einheit trennt, so dass zwei Seiten entstehen. Eine Unterscheidung produziert immer eine Zweiheit, eine Zwei-Seiten-Form. Und die Zweiheit verdeckt die Einheit, die ihr zu Grunde liegt. Beide Seiten sind „anwesend“, jedoch nur nacheinander aktualisierbar.

Wir können mit Niklas Luhmann auch von der „Paradoxie der Form“ sprechen (siehe den gleichnamigen Aufsatz in BAECKER 1993a), um zu bezeichnen, dass jede Unterscheidung und damit jede Beobachtung auf einer Paradoxie gegründet ist (LUHMANN 1993: 198).

> „Beobachten ist eine paradoxe Operation. Sie aktualisiert eine Zweiheit als Einheit, in einem Zuge sozusagen. Und sie beruht auf der Unterscheidung von Unterscheidung und Bezeichnung, aktualisiert also eine Unterscheidung, die in sich selbst wieder vorkommt.“ (LUHMANN 1994: 95)

Das, was unterschieden wird, ist verschieden von der Unterscheidung. Deshalb muss die Unterscheidung von Unterscheidung und Anzeige in die Unterscheidung hineinkopiert werden (LUHMANN 1993: 200). Und dann kann nicht mehr entschieden werden, ob die kopierte Unterscheidung die selbe oder eine andere Unterscheidung ist als die, in die sie kopiert wird. Die wiedereintretende Unterscheidung ist die selbe und eine andere Unterscheidung. Deshalb ist gerade auch der erste Satz der *Laws of Form* ein Beispiel eines *re-entries*: Unterscheidung und Anzeige werden unterschieden und angezeigt (vgl. KAUFFMAN 1987: 58).

Jede Unterscheidung führt die Paradoxie von Einheit und Differenz mit sich. Insofern verweist die Paradoxie auf den „Anfang von Himmel und Erde“, auf das Ungeteilte, auf die All-Einheit. Die Form der Paradoxie ist so das Tor zum *unmarked space*, der grundsätzlich unbeschreibbar und unerkennbar ist. Hierin liegt verborgen, dass die Paradoxie im Anfang von allem steckt, Grundlage jeder Existenz ist.

Allgemeine Charakteristika der Paradoxie

In den *Laws of Form* wurde Form als Form der Unterscheidung, als Zwei-Seiten-mit-einer-Grenze-Form bestimmt. Ebenso können wir nun von der „Form der Paradoxie“ sprechen. Gemeint ist damit das allen Paradoxien Gemeinsame, eben ihre Form. Die angeführten Beispiele erleichtern, sie zu erkennen und zu beschreiben, wenngleich ihre Allgemeinheit im 11. Kapitel der *Laws of Form* durch die Einführung des *markers* am deutlichsten wird. Die imaginäre Einheit der komplexen Zahlen stellt nicht nur das prägnanteste Beispiel dar, sondern ist für die Mathematik am schwerwiegendsten.

Jede Paradoxie lässt sich beschreiben als das (Wieder-)Auftreten einer Unterscheidung in ihrem eigenen Raum, auf einer Seite eben dieser Unterscheidung. Einerseits haben wir es dann mit nur einer Unterscheidung zu tun, andererseits können wir anhand der verschiedenen Ebenen (sie kommt als Ganze, das heißt mit beiden Seiten, auf einer ihrer Seiten wieder vor) *nicht* von derselben Unterscheidung sprechen. Obwohl wir nur eine Unterscheidung treffen, können wir zwischen zwei Unterscheidungen wechseln, also dieselbe Unterscheidung unterscheiden.

Wenn wir eine Unterscheidung treffen, benutzen und erhalten wir unmittelbar eine angezeigte und eine unangezeigte Seite. Wir können eine Unterscheidung, die wir in ihren eigenen Raum wieder-einführen, demnach entweder auf der angezeigten oder der unangezeigten Seite placieren. In letzterem Fall wird die angezeigte Seite unentwegt bestätigt. Dies wird Tautologie genannt. Wird die Unterscheidung aber auf der angezeigten Seite ihrer selbst eingeführt, verweist die angezeigte Seite stets auf die nicht angezeigte und umgekehrt. In diesem Fall sprechen wir von einer Paradoxie. Ihr charakteristisches Merkmal ist die Oszillation zwischen den beiden Seiten der Unterscheidung. In sprachlichen Zusammenhängen findet man die unangezeigte Seite als Negation der angezeigten vor.

4. Die Bedeutung der *Laws of Form* für die Mathematik

Dieses Kapitel verfolgte den Zweck, den Begriff der Paradoxie zu präzisieren und dergestalt aufzuzeigen, dass der übliche rigide Umgang mit Paradoxien, sprich ihr Verbot, nicht aufrecht zu halten ist. Die Paradoxie ist eine notwendig auftretende Form, die sich eben auch mathematisch fassen lässt. Insofern wird hier davon gesprochen und gefordert, die Paradoxie zu rehabilitieren. Im Folgenden werden die zentralen Motive der *Laws of Form* sowie deren mathematische Relevanz zusammengefasst.

Von Ununterschiedenheit ausgehend ist mit der Annahme der beiden Ideen der Unterscheidung und Anzeige eine Unterscheidung zwischen ihnen gesetzt, sie sind getrennt. Zu unterscheiden ist etwas anderes als anzuzeigen. Diese Trennung zwischen Unterscheidung und Anzeige teilt den Raum, in dem diese Unterscheidung getroffen wird, in zwei Seiten. Für diese Unterscheidung zwischen Unterscheidung und Anzeige gilt, dass ihre Einheit, ihr gemeinsames Auftreten als Beobachtung beschrieben werden kann. Mit einer Unterscheidung verhält es sich immer so, dass mit ihr zwei Seiten einhergehen, von denen zumindest die eine, die angezeigte Seite, als Einheit aufgefasst wird. Zudem unterteilt jede Unterscheidung eine Einheit, die wiederum eine Seite einer weiteren Unterscheidung darstellt.

Mit der Unterscheidung zwischen In- und Nebeneinander von zwei *crosses* und der Idee einer Wiederholung können zwei Axiome aus der Definition der Unterscheidung abgeleitet und formal dargestellt werden. Aus diesen entwickeln sich dann die so genannte Primäre Arithmetik und Algebra: ein fundamentaler mathematischer Kalkül, der als Prädikatenlogik oder Boolesche Algebra und auch für Zahlen interpretiert werden kann. Der Indikationenkalkül ist aber nicht auf die Primäre Arithmetik und Algebra beschränkt. Zentral ist der Formbegriff, der im Kalkül eine gänzlich andere Bedeutung erhält als gewöhnlich. Ihm wird keine andere Seite gegenüber gestellt, und das hat seine Ursache darin, dass es nichts gibt, was nicht in der Form wäre. Eine jede Unterscheidung bringt eine Form hervor bzw. jeder Form liegt eine Unterscheidung zu Grunde, und Form ist immer Zwei-Seiten-Form. Dieser Formbegriff bringt also schon insofern Selbstbezüglichkeit mit sich, als er beides, die beiden Seiten einer Unterscheidung und die Seite einer Unterscheidung (Raum), in der diese Unterscheidung getroffen wird, zusammenbringt. Am Ende dessen, was George Spencer Brown mit dem Indikationenkalkül präsentiert, wird erkennbar, dass man Selbstbezüglichkeit formal behandeln kann, dass unendliche Ausdrücke mit selbstbezüglichen Gleichungen dargestellt werden können. Dadurch verlieren die anfänglichen Setzungen ihren Stellenwert als grundlegende Bedingungen, denn die Selbstbezüglichkeit findet sich nicht nur auf der inhaltlichen Ebene des Kalküls. Der Kalkül ist selber selbstbezüglich, indem am Ende reflektiert wird, was es war, womit er begann. Der Kalkül ist selbstbestätigend insofern, als das „Experimentieren mit Unterscheidungen" die anfänglichen Axiome liefert. Und in diesem Sinne ist auch zu verstehen, dass der Eintritt oder Einsatz nicht die Annahme von etwas Gegebenen ist. Im Kalkül wird lediglich nachvollzogen, was man erkennen kann, wenn es möglich ist, dass eine Unterscheidung getroffen wird. Deshalb geschieht der Eintritt nicht als Setzung, sondern als Anweisung. Es gibt keinen Anfang – nur Wiedereintritte.

Mit den *Laws of Form* hat George Spencer Brown die Arithmetik zu der bisher unentdeckten Algebra von George Boole gefunden. Diese Arithmetik führt aber zu einer allgemeineren, weniger eingeschränkten Algebra, mit der die Form von Paradoxien in das formale System integriert werden kann.

Der Kalkül wird mit den Gleichungen zweiten Grades auf eine Weise erweitert, die ein neues Licht auf die Probleme wirft, die der so genannten Grundlagenkrise der Mathematik zu Grunde liegen. In der Hauptsache wird deutlich, dass es mathematische statt logische Strukturen sind, mit denen Mathematik fundiert wird, und dass Paradoxien in die mathematische Theorie integriert werden können.

Wie oben im mathematik-geschichtlichen Exkurs skizziert, bestand der Umgang mit Paradoxien, der zur Grundlagenkrise der Mathematik führte, darin, sie aus der mathematischen Theorie zu entfernen. Insbesondere die Typentheorie kann das Verbot, das zur Eliminierung von Paradoxien führen sollte, nicht aus sich selbst oder aus den mathematischen Grundlagen begründen, ohne selbst selbstbezügliche Aussagen zuzulassen. Deshalb war Bertrand Russell selbst nicht gänzlich zufrieden damit und ließ sich in seinen letzten Lebensjahren von George Spencer Brown überzeugen, wie es besser zu machen sei;[157] denn jener sah sich

> „(...) in der Lage, die formale Struktur, die bisher mittels der Theorie der Typen abgetan wurde, zu rehabilitieren." (SPENCER BROWN 1997: XXXI)[158]

[157] In seiner Autobiographie schreibt Bertrand Russell, dass er die Tage, in denen er mit George Spencer Brown die *Laws of Form* besprach, „greatly enjoyed, especially as his work was both original and, it seemed to me, excellent." (RUSSELL 1969: 232)

[158] Im Original: „I am able, by this consideration, to rehabilitate the formal structure hitherto discarded with the theory of types." (SPENCER BROWN 1969: XVII)

Unter Vorgriff auf den erkenntnistheoretischen Teil dieses Textes kann weiterhin festgestellt werden:

> „Im Augenblick, in dem dann die Welt nur noch als Beobachtungswelt >beobachtet< werden kann, wird ein logischer Strukturreichtum erforderlich, der sich den Paradoxien stellen kann, die der Begriff des Beobachtens impliziert." (FUCHS 2003a: 76)

Dies leistet der Indikationenkalkül, aufgefasst als Formalisierung des Treffens von Unterscheidungen bzw. Formalisierung von Beobachtung.

Jede Beobachtung beruht auf einer Unterscheidung. Und: Jede Unterscheidung beruht auf einer Paradoxie der Identität des Differenten. Denn jede Unterscheidung teilt eine Einheit. In der Beobachtung, während des Treffens einer Unterscheidung, entzieht sich ihre Einheit der Beobachtbarkeit. Nur mit einer weiteren Unterscheidung kann die erste Beobachtung beobachtet werden. So folgt auf eine Beobachtung eine weitere. An die Stelle der für den Beobachter unsichtbaren, weil paradoxen Einheit tritt die Rekursivität der Beobachtungen.

Die Anweisung „Triff eine Unterscheidung!" macht deutlich, dass alles Erkennen letztlich im Unterscheiden besteht, also letzten Endes auf Paradoxien beruht.

> „Paradoxien sind unvermeidlich, sobald die Welt (der `unmarked space´ Spencer Browns) durch irgendeine Unterscheidung verletzt wird." (LUHMANN 1992: 129)

Dementsprechend kann es nicht darum gehen, Paradoxien vermeiden zu wollen. Viel eher führen Paradoxien zu der Einsicht, dass unser rationales, zweiwertiges Denken nicht der „Weisheit letzter Schluss" sein kann. Die „letzten Fragen" führen uns immer wieder in Paradoxien.

Teil III: Eine formtheoretische Erkenntnistheorie

Der dritte und letzte Teil dieser Einführung entwickelt aus den knappen Andeutungen von George Spencer Brown zu im weitesten Sinne philosophischen Implikationen der *Laws of Form* Grundzüge einer Erkenntnistheorie. Im Folgenden wird überdies deutlich werden, dass wir uns auf einem Terrain bewegen, in dem nicht zwischen Erkenntnistheorie und Ontologie unterschieden ist.

Auf der Grundlage der *Laws of Form* stellt dieser Teil einen Antwortversuch auf Fragen dar, wie es (ganz allgemein) zu all dem kommt, was wir erkennen, wer wir selbst sind und welchen Zusammenhang es zwischen Beobachtetem und Beobachtendem gibt. Beobachtung interessiert als Prozess des Unterscheidens, und daran anschließend rücken Fragen in den Mittelpunkt, wie Erkenntnis möglich ist und worüber und für wen. Dies ergibt sich aus der Beobachtung der Beobachtung oder mit den Worten von Humberto R. Maturana: aus dem Stellen der „Beobachter-Frage", die die Bedeutung des Beobachters in dem Prozess der Entstehung von Erkenntnis über Realität thematisiert (vgl. MATURANA 1997: 37f.)

Die philosophisch relevanten Aspekte der *Laws of Form* lassen sich nicht aus dem Indikationenkalkül ablesen. Die folgenden Ausführungen beziehen sich deshalb hauptsächlich auf Anmerkungen von George Spencer Brown, die erläuternd neben dem Indikationenkalkül stehen. Das sind hauptsächlich die Vor- und Nachworte der *Gesetze der Form* sowie die Anmerkungen zum Kalkül; die vereinzelten Kommentare zu den *Laws of Form* in *A Lions teeth* und *Only two can play this game*; und einige Erläuterungen auf der oben in der Einleitung erwähnten AUM-Konferenz. Dabei werden in diesem Text auch die buddhistischen und daoistischen „Spuren" verfolgt, die George Spencer Brown gelegt hat.

Dass überhaupt die Möglichkeit besteht, aus den *Laws of Form* ganz unmathematische Einsichten zu gewinnen, begründet George Spencer Brown mit der Mächtigkeit der Sprache der Mathematik. In dieser Disziplin lässt sich das Einfachste und Fundamentalste formalisieren. Mit den *Laws of Form* wird

> „die Disziplin der Mathematik als Weg erkannt, der, machtvoll im Vergleich zu anderen, uns Aufschluss gibt über unser inneres Wissen von der Struktur der Welt und nur nebenbei mit der uns gemeinen

> Fähigkeit zu denken und zu rechnen assoziiert ist." (SPENCER BROWN 1997: XXVII)[159]

Die *Laws of Form* sind ein grundlegendes Mathematikbuch, weil sie nicht mit einer bestimmten (beliebigen) Unterscheidung beginnen, sondern mit der Unterscheidung der Unterscheidung. Da *alles* erkennbar und beschreibbar ist durch das Treffen von Unterscheidungen, indem Anzeigen verwendet werden – das heißt, weil *alles* Form ist –, kann man mit den *Laws of Form* aber auch etwas über die Struktur der Welt, in der wir leben, erkennen.[160] Insofern handelt es sich gleichermaßen um ein grundlegendes philosophisches Buch. Das heißt, die formtheoretische Erkenntnistheorie ist nicht eine weitere Interpretation des Indikationenkalküls, so wie für Logik und Zahlen. Vielmehr sind die *Laws of Form* gleichermaßen ein mathematischer *und* philosophischer Text.[161]

> „Der Erfolg des Rezeptes „unterscheide!" macht nur deutlich, dass alles Erkennen letztlich im Unterscheiden besteht, also letztlich auf Paradoxien gegründet werden muss. Das gibt der Logik von George Spencer Brown ihre noch kaum erkannte Bedeutung für die Erkenntnistheorie." (LUHMANN 1992: 122 f.)

Insofern es in der Erkenntnistheorie darum geht, in welchem Verhältnis Mensch und Wirklichkeit (bzw. Beobachter und Welt) zueinander stehen, gewinnt der Begriff der Beobachtung (und damit: Unterscheidung) an Bedeutung. Denn die Beobachtung stellt das Bindeglied dar; durch sie erscheinen Subjekt und Objekt miteinander verbunden – nachdem sie getrennt wurden. Setzen wir für einen Moment die Unterscheidung zwischen Welt und Beobachter als gewiss voraus: Aus dem Eindruck einer objektiven Wirklichkeit können wir nicht zwingend schließen, dass die Welt unabhängig vom Beobachter ist. Das hieße, dass die Welt fest stünde,

---

[159] Im Original: „The discipline of mathematics is seen to be a way, powerful in comparison with others, of revealing our internal knowledge of the structure of the world, and only by the way associated with our common ability to reason and compute." (SPENCER BROWN 1969: XIII)

[160] Eine Begriffsbestimmung: *Welt* entsteht mit dem Treffen einer Unterscheidung, das heißt mit einem Beobachter. Das heißt aber auch, sobald beobachtet wird, sobald eine Unterscheidung getroffen wird, ist Welt (an sich) nicht mehr zugänglich, sie verschwindet als Grenze zwischen Beobachter und Beobachtetem bzw. System und Umwelt. Die Welt ist die Einheit dieser Unterscheidungen und deshalb ist Welt für einen Beobachter nicht zugänglich. In diesem Sinne spricht Walter Reese-Schäfer auch von der „Welt als sich durch die Beobachtung ergebende Unsichtbarkeit". (REESE-SCHÄFER 2001: 65f.)

[161] Wenn man so will, beschreiben die *Laws of Form* ein „Feld", das vor der Unterscheidung zwischen Mathematik und Philosophie liegt.

wie sie halt ist, und der Beobachter offen wäre, empfänglich für die Eindrücke von „außen", die er mehr oder weniger genau wahrnimmt. Es ist aber auch umgekehrt denkbar, dass die Welt offen ist für Unterscheidungen, die ein Beobachter an sie anlegt. Dann wäre der Beobachter der feste Aspekt, indem er keine Wahl hätte, kein Bewusstsein über die Unterscheidungen, die er unentwegt trifft. Und auch in diesem Fall *schiene* die Welt unabhängig zu sein von der Art und Weise, wie sie behandelt wird. Denn man würde nicht wissen, woher es kommt, dass die Welt ist, wie sie ist, bzw. warum man sie so und nicht anders erlebt. Wäre es in dem einen oder dem anderen Fall möglich, dass ein Beobachter *erkennt*, dass er die Unterscheidungen, die er in seiner Welt wiederfindet, selbst trifft?

Die folgenden erkenntnistheoretischen Ausführungen laufen auf die These hinaus, dass weder das eine noch das andere der Fall ist. Wir werden das mit dem Begriff der „konditionierten Koproduktion"[162] beschreiben, demzufolge Welt und Beobachter „koevoluieren". Demnach geht keines dem anderen voraus bzw. sind weder Welt noch Beobachter „fest". Hier wird die Unterscheidung zwischen Welt und Beobachter vielmehr unterwandert und der Blick geschärft für die Trivialität, dass eine Welt einem Beobachter ganz genau gemäß seinen Unterscheidungen, seinem (Bewusst-)Sein erscheint, und seine Unterscheidungen wiederum von der Welt abhängen.

Um diese These darzustellen, ist das Kapitel in drei Abschnitte unterteilt. Es hat die *Form* der Unterscheidung zwischen Beobachter und Beobachtetem. So beinhaltet der erste Abschnitt eine Vertiefung des Begriffes des Beobachters, der zweite eine Beschreibung von Welt und der dritte die Zurückführung beider auf eine Einheit.

Der erste Abschnitt III. 1. „Beobachtungen des Beobachters" beinhaltet weiterführende Ausführungen zu den Begriffen der Beobachtung und des Beobachters. Die dort vertretene These kann verdichtet werden zu der Aussage, dass Erkenntnis immer Erkenntnis von *jemandem* über *etwas* ist. Aus der Sicht der *Laws of Form* lässt sich das folgendermaßen reformulieren: Die in ihnen dargestellten Gesetze sind nichts dem Beobachter Äußeres in dem Sinne, dass der Beobachter ihnen unterworfen wäre. Vielmehr sind es seine eigenen Gesetze, die eben mit seinem Bewusstsein und seinem Verlangen zu unterscheiden einhergehen. Die Gesetze folgen

162 Den Begriff verwendet George Spencer Brown als erkenntnistheoretisches Äquivalent für die „Erweiterung der Referenz". Vergleiche dazu auch SPENCER BROWN 1994: 8 bzw. 12, und hier im Folgenden den Abschnitt „Zirkularität und konditionierte Koproduktion" (S. 178f.).

aus dem Treffen einer Unterscheidung: Es sind nicht nur die Gesetze der Form, sondern damit eben auch die Gesetze des Beobachters.

Der zweite Abschnitt III. 2. „Von Existenz zu Leere" thematisiert, was der Beobachter mit oder durch seine Beobachtung konstruiert. Es geht vorrangig um die Begriffe Existenz und Wahrheit und ihren Zusammenhang mit dem Formbegriff. Es ist nicht das Anliegen, die „Wahrheit" über die Welt zu verkünden, denn Wahrheit hängt eben nicht mit Verkündbarkeit zusammen (siehe „Die Methode von Befehl und Betrachtung" in der Einleitung, S. 23ff.), sondern einen Vorschlag der Weltbeschreibung zu wiederholen, der besagt, dass die Welt an und für sich *nichts* ist und nur einem Beobachter entsprechend seinen Unterscheidungen erscheint. So, wie Welt erscheint, ist sie wahr – sie ist nicht anders als das, was jemand erlebt.

Im dritten Abschnitt III. 3. „Das Entstehen von Universen" wird die Einheit von Beobachter und Beobachtetem reflektiert. Die zentralen Fragestellungen sind, welche erkenntnistheoretischen Implikationen mit der Erkenntnis verbunden sind, dass auch Beobachter/Beobachtetes eine Form darstellt. Was lässt sich dann noch mit Gewissheit über Welt sagen? Wie gelangt, nach der Formulierung von George Spencer Brown, ein Universum ins Dasein? Zur Annäherung an Antworten auf solche Fragen wird neben dem Prinzip der konditionierten Koproduktion auch der „nullte Kanon" und die Idee der selektiven Blindheit dargestellt. Die letzten drei Abschnitte beinhalten daoistische und buddhistische Anschauungen, deren Ausführung die hier dargestellte Erkenntnistheorie vertiefen und abrunden.

Um dem (vermuteten) Interesse eines Großteils der Lesenden entgegenzukommen, steht den erkenntnistheoretischen Kapiteln ein Exkurs in die Systemtheorie von Niklas Luhmann voran. Dabei handelt es sich um eine knappe Darstellung dessen, was er den *Laws of Form* entnimmt, worauf er sich stützt. Der Exkurs kann auch als formtheoretische Hinführung zur Differenztheorie Niklas Luhmanns gelesen werden. Auf die vielen anderen miteinander vernetzten Konzepte und Begriffe der Systemtheorie – wie Autopoiesis, strukturelle Kopplung, operationale Geschlossenheit etc. – wird hier nicht eingegangen.

Exkurs in die Systemtheorie von Niklas Luhmann

In diesem Exkurs geht es um den (Begründungs-)Zusammenhang zwischen der Luhmannschen Systemtheorie und den *Laws of Form*; das erfordert eine kurze, sehr spezifische und einseitig gewichtete Einführung in die Systemtheorie.

Niklas Luhmann bezieht sich fast ausschließlich auf die ersten und letzten beiden Kapitel der *Laws of Form.* In diesen findet er die noch unmathematischen Voraussetzungen des Kalküls (1. Kapitel), das heißt, dass noch nicht demonstriert und bewiesen wird, sowie den nicht mehr streng mathematischen Selbstbezug (12. Kapitel) des Indikationenkalküls auf sich selbst (*re-entry*).

Für Niklas Luhmann steht zunächst außer Frage, dass Beobachtungen stattfinden:

> „Der Ausgangspunkt liegt in der empirischen Faktizität des Beobachtens." (LUHMANN 1990a: 77)

Dies wird auch in der bekannten Floskel „Es gibt Systeme!" zum Ausdruck gebracht. Das ist eine Erkenntnis. Für jede Erkenntnis kommt die Systemtheorie aber zu dem Schluss:

> „Wenn Erkenntnis nichts anderes ist als eine Konstruktion, dann gilt dies natürlich auch für eben diesen Satz." (LUHMANN 1990a: 512)

Und ebenso für die Feststellung, dass es Systeme gibt. Auch das ist eine konstruierte Erkenntnis, die sich für bestimmte Zwecke eignet. Deshalb halten wir es mit Dirk Baecker für angemessener, nicht davon auszugehen, dass Systeme tatsächlich existieren, sondern davon, dass es sinnvoll ist, Überlegungen anzustellen, die davon ausgehen, dass es Systeme gibt (vgl. den Schutzumschlag von BAECKER 2002). In diesem zurückhaltenderen Sinne geht es Niklas Luhmann um den Entwurf einer auf dem Beobachter gegründeten Theorie, die es erlaubt einzusehen, inwiefern jede Beobachtung auf einer Paradoxie beruht, ohne dass dies zur Folge hätte, dass Beobachtung unmöglich würde.

> „Jede Beobachtung braucht ihre Unterscheidung und also ihr Paradox der Identität des Differenten als ihren blinden Fleck, mit dessen Hilfe sie beobachten kann." (LUHMANN 1992: 123)

Dementsprechend werden in der Soziologie die Rufe nach einer Logik, die Paradoxien zulässt und handhaben kann, lauter. Man vergleiche zum Beispiel REESE-SCHÄFER 2001: 66; LUHMANN 1994: 72; oder BAECKER 2002: 68.

Was aber ist mit dem Beobachter gemeint? Und was mit dem Begriff eines Systems, dem die fortlaufende Aktualisierung von Beobachtungen zugeschrieben wird?

Der Begriff des Systems meint die Vernetzung und Fortsetzung von selbstreferentiellen Operationen, das heißt ganz allgemein: Beobachtungen auf der Grundlage von Unterscheiden und Anzeigen, durch die alles, was als Einheit *erscheint*[163] eigendynamisch und selbstreferentiell konstruiert wird. Und: Jede Konstruktion einer Einheit geschieht über eine Abgrenzung von einer Umwelt.

> „Demnach beschreibt das >System< die Möglichkeit der Setzung des Unterschieds, die >Umwelt< das Ausgeschlossene dieses Unterschieds und die >Unterscheidung< den Bezug des Systems auf die Umwelt." (BAECKER 2002: 9)

Das heißt, das Fundament der Systemtheorie sind letztlich Operationen, die tatsächlich als Beobachtungen geschehen.

Die systemtheoretische Auffassung, die gar nicht genug hervorgehoben und betont werden kann, ist, dass Systeme (Beobachter) keine selbstidentischen „Dinge" oder Objekte oder Subjekte sind, sondern: Differenzen. System wird gedacht als die Differenz von System und Umwelt, kommt also als eine Seite der Differenz wieder vor.

> „Das Problem ist, dass die Einheit, der die Funktion der Beobachtung unterstellt und der Name *System* gegeben wird, als *Einheit einer Differenz* zu begreifen ist." (FUCHS 2004: Punkt 0.6)

Die Einheit der Differenz von System und Umwelt ist die eine Seite eben dieser Differenz. Das kann elegant unter Anschluss an George Spencer Brown auch so formuliert werden:

> „Da die Einheit der Differenz System/Umwelt im Wege des re-entry der Differenz selbst entnommen wird (System = System/Umwelt), ist die Selbsterrechnung des Systems (des Beobachters) die Errechnung eines *imaginären* Wertes. Der Beobachter ist: imaginär." (FUCHS 2004: 0.6.1)

---

[163] Wir erinnern: Jede Anzeige markiert eine Einheit, das ist eine Seite einer Unterscheidung; alles Erkannte wird als Einheit erkannt.

Deshalb ist der Beobachter aber nicht irreal oder folgenlos. Er ist jedoch keine feststehende Identität, sondern berechnet sich in Bezug auf seine Umwelt unentwegt neu – wenngleich es verlockend erscheint, sich anderen (und sich selbst) als jemand Bestimmtes zu präsentieren.

> „Systeme können einen Wiedereintritt der Differenz von System und Umwelt in das System vollziehen. Sie können sich intern an der Differenz von System und Umwelt orientieren. Sie erzeugen diese Differenz allein dadurch, dass sie operieren und eine Operation an andere anschließen. Sie orientieren ihre eigenen Operationen, indem sie sie als eigene identifizieren, an dieser Differenz, indem sie sich von dem unterscheiden, was sie für ihre Umwelt halten. Es ist dieselbe und nicht dieselbe Differenz. Es ist eine in Form gebrachte Paradoxie, weil das System als Einheit operiert." (LUHMANN 1988b: 296; zitiert nach GRIPP-HAGELSTANGE 1997: 34)

Die Systemtheorie ist also von den *Laws of Form* in mehreren Hinsichten fasziniert: Vor allem vom Operationsverständnis (statt Ontologie), das die Systemtheorie im Indikationenkalkül findet: jeder Unterschied beruht auf einer Unterscheidung, die jemand trifft; aber auch der Umgang mit dem Problem der Selbstreferenz macht die *Laws of Form* (sogar soziologisch) interessant.

Dirk Baecker hebt als die für die Systemtheorie zentralen Motive der *Laws of Form* hervor: Selbstreferenz, Zeit und Zweideutigkeit. Aber auch:

> „Das soziologische Interesse am Indikationenkalkül Spencer Browns beruht hauptsächlich auf der Dynamik des Wiedereinschlusses des Ausgeschlossenen und dem Wissen darum, dass dieser Wiedereinschluss seinerseits Ausschlussqualitäten hat." (BAECKER 2002: 72)

Mit dem Dargestellten wird auch klar, was die Systemtheorie durch die Referenz auf die *Laws of Form* nicht sucht: Sie braucht keine logische Absicherung, da für sie die Logik ein möglicher Spiegel des Denkens ist und nicht umgekehrt das Denken ein Spiegel der Logik. Sie würde nicht wahrer, wenn sie sich mit einer Logik in Übereinstimmung brächte. Vielmehr sind es, um noch einmal Dirk Baecker zu bemühen,

> „die inhaltlichen Momente des Indikationenkalküls, die sie [die Systemtheorie; F. L.] faszinieren. Es ist die Möglichkeit, ein Operationsverständnis zu entwickeln, das über Beschränkungen auf Zweiwertigkeit hinausgeht, das sie interessiert. Und es ist der Umgang

> mit dem Problem der Selbstreferenz, das sie dazu bringt, sich mit einer Mathematik und Logik zu beschäftigen, die erstmals wieder den Eindruck erweckt, ähnlich komplexitätstauglich zu sein, wie es die Soziologie zur Beschreibung sozialer Verhältnisse immer schon für erforderlich gehalten hat.“ (BAECKER 2002: 68)

Die denkerische Nähe zwischen George Spencer Brown und Niklas Luhmann, die in der Differenzlogik gegeben sei, hebt auch Walter Reese-Schäfer hervor. Allerdings reduziert er die Bedeutung der *Laws of Form* für die Systemtheorie auf ihre „Erkenntniskonzeption“, dabei vernachlässigend, dass die Differenzlogik für die gesamte konzeptionelle Anlage der Systemtheorie – Differenz statt Einheit – von Bedeutung ist. Unbestritten bleibt, dass Niklas Luhmann nicht die Richtigkeit des Indikationenkalküls voraussetzen muss (vgl. REESE-SCHÄFER 2001: 66). Der Luhmannsche Standpunkt ist eher folgendermaßen zu verstehen: Man kann auf Differenzen statt auf Einheiten achten und beispielsweise mit der Differenz von System und Umwelt starten. Und: Es gibt einen Mathematiker, der versucht hat, dies formal und mathematisch korrekt darzustellen. Aus der Sicht von Niklas Luhmann ist es offensichtlich hilfreich für ein Verständnis seiner Systemtheorie – sonst würde er George Spencer Brown nicht derart oft zitieren –, sich mit den *Laws of Form* auseinander zu setzen.

Zusammenfassen (und verkürzen) kann man den Grund für die Positionierung der *Laws of Form* im Zentrum der Systemtheorie mit der Bedeutung von Selbstbezüglichkeit. Es ist im Wesentlichen die Fähigkeit des Indikationenkalküls, Selbstreferenz formalisiert zu haben, die Niklas Luhmann überzeugte – wohl auch deshalb, weil es keinen anderen gab, der dies zu leisten fähig und ähnlich erfolgversprechend (in den ersten Jahren nach Erscheinen) rezipiert worden war. Die Systemtheorie zeigt ja unter anderem sehr klar, wie wesentlich das Konzept der Selbstreferenz für eine Theorie des Sozialen, das heißt der Kommunikation, wie auch für Theorien des Bewusstseins, der Wahrnehmung u. a. ist.

Da die Systemtheorie ein Subsystem des sozialen Systems der Wissenschaft ist, kennt sie Selbstbezüglichkeit nicht bloß als Merkmal der Theorie oder ihres Gegenstandes, sondern das Konzept der Selbstreferenz ist in den Konstruktionstypus der Systemtheorie selbst integriert. Das heißt, die soziologische Theorie muss als Teil dessen, was sie beschreibt, sich selbst erfassen.

Die in diesem Exkurs entwickelten Feststellungen zum Beobachter entsprechen der Lesart, mit der Niklas Luhmann das für ihn „Wesentliche“ der *Laws of Form* formuliert – zumindest nach der Lesart des Autors des vorliegenden Textes. Das heißt: Niklas Luhmann verwendet die *Laws of Form* – also vor allem die Begriffe Unterscheidung, Anzeige (bei Luhmann: Bezeichnung) und Form, sowie die Figur des *re-entries* und eben die des Beobachters – in angemessener Weise.[164]

Den Exkurs in die Systemtheorie von Niklas Luhmann abschließend weisen wir darauf hin, dass sich mit der Unterscheidung zwischen Beobachter und Beobachtetem wieder eine Form ergibt. In ihrer Einführung in die Systemtheorie schreibt Helga Gripp-Hagelstange, dass

> „das Ergebnis des Luhmannschen Denkens auch so zusammenzufassen ist: Dass wir etwas als so oder so erfahren, liegt in uns selbst begründet.“ (GRIPP-HAGELSTANGE 1997: 120)

Auf den damit angesprochenen Zusammenhang von Beobachter und Beobachtetem kommen wir im Abschnitt zu „Zen“ zurück – oder vielmehr läuft die „Formtheorie“ darauf hinaus. Zuvor beginnen wir mit der erkenntnistheoretischen Lesart der *Laws of Form*. Aufgrund der Kohärenz mit der Luhmannschen Systemtheorie kann das Folgende auch als „systemtheoretische Erkenntnistheorie“ gelesen werden, wenngleich wir hier weiter oder tiefer gehen. Das liegt daran, dass die Formtheorie der Systemtheorie in dem Sinne vorgelagert ist, als sie allgemeiner angelegt ist (vgl. LUHMANN 1997: 62). Wir gehen hier nicht von Systemen aus, sondern untersuchen, was erschiene, wenn eine Unterscheidung getroffen würde.

---

[164] Es gibt einige, die das und auch die Bedeutung der *Laws of Form* für die Systemtheorie anders sehen. Man vergleiche dazu zum Beispiel die entsprechenden Aufsätze in MERZ-BENZ; WAGNER 2000 sowie die Einführung von REESE-SCHÄFER 2001.

1. Beobachtungen des Beobachters

Im 20. Jahrhundert wurde in mehreren Naturwissenschaften eine epistemologische Entdeckung gemacht, die das bisher vorherrschende wissenschaftliche Paradigma ins Wanken brachte: Es wurde die Bedeutung des Beobachters für das Beobachtete entdeckt. [165] Von der Entdeckung des Beobachters wird gesprochen, um zu kennzeichnen, dass das Beobachtete nicht unabhängig vom Beobachter ist: Der Beobachter bedingt das von ihm Beobachtete (mit).[166] Für die Neurobiologie hat Humberto Maturana gemeinsam mit Francesco Varela die Bedeutung des Beobachters und seiner Maßstäbe und Wertungen für jegliches Wahrnehmen und Erkennen herausgearbeitet. Wie auch in konstruktivistischen Erkenntnistheorien ist hier mit dem „Beobachter" gemeint, dass ein System oder Bewusstsein (jedenfalls: eine Differenz, die als Einheit beobachtbar ist) eine Welt erfährt und wahrnimmt, indem diese „Einheit" die Welt strukturiert, und zwar mit eigenen Mustern, Gewohnheiten, Wertvorstellungen etc. Neben dieser Entdeckung in der Biologie liefert die moderne Physik ein prominentes und fundamentales Beispiel für die Bedeutung des Beobachters: In quantenmechanischen Experimenten wurde deutlich, dass die Versuchsanordnung (und damit die Absicht des Experimentators) bestimmt, welche Phänomene erscheinen. Es liegen somit experimentelle Bestätigungen für die These vor, dass je nach den Unterscheidungen, die ein Beobachter verwendet, ihm die Wirklichkeit erscheint. Zum Beispiel tritt das Phänomen Licht je nach Versuchsaufbau als Welle oder als Teilchen auf.[167] Auch die Unschärferelation von Werner Heisenberg verweist auf den Beobachter. In eben diesem Sinne schafft der Beobachter die Welt, wie er sie erlebt, mit seinen Unterscheidungen. Der Beobachter ist in dieser Konzeption eben nicht (nur) ein Teil der Welt, sondern die andere Seite dessen, was er als Welt erfährt.

Dieses Kapitel erläutert die Entdeckung der Figur des Beobachters, wie sie sich in den *Laws of Form* darstellt. Dazu kommen wir zunächst noch einmal auf das letzte Kapitel des Indikationenkalküls zurück, in dem der die ganze Zeit implizite Beobachter durch den *re-entry* der Form in die

---

[165] Es wurde schon in der Einleitung darauf hingewiesen, dass die Frage von Wandel oder Wanken nicht *heute* entschieden werden kann. Zudem sei vermerkt, dass es für die Geisteswissenschaften Immanuel Kant war, der diese Entdeckung machte.

[166] Dies als vorgreifender Hinweis darauf, dass das „Phänomen des Beobachters" nicht aussagt, dass das Beobachtete dem Beobachter nachrangig wäre. Die beiden Seiten der Unterscheidung ko-evoluieren, wie im dritten Abschnitt des Kapitels erörtert wird (siehe vor allem Seite 178).

[167] Für einen Einblick in die in der Physik entdeckten Zusammenhänge von Beobachter und Beobachtetem vergleiche ZUKAV 1997 und NAMIKI 1992.

Form explizit gefunden wurde. Von dort aus wird eine Definition der Beobachtung sichtbar, die auch der Systemtheorie von Niklas Luhmann zugrunde liegt. Für die Darstellung des Beobachtungsbegriffes wurde die Unterscheidung zwischen Beobachtung erster und zweiter Ordnung gewählt, die auch Niklas Luhmann gebraucht und die ursprünglich von Heinz von Foerster mit der *second order cybernetics* formuliert wurde.

Die allgemeine Form des Beobachters

Den Ausgangspunkt der folgenden Überlegungen fanden wir schon im zweiten Kapitel der *Laws of Form.* Er führte zu der Frage, was denn die erste Unterscheidung sei bzw. in welchem Raum sie getroffen wird. Dass wir uns schon immer auf der Innenseite eines *crosses* befinden, beschreibt George Spencer Brown folgendermaßen:

> „Nimm an, jeder s_0 [der seichteste Raum, also der Raum, in dem der Ausdruck als ganzer steht; F. L.] werde von einem ungeschriebenen Kreuz umgeben." (SPENCER BROWN 1997: 7)[168]

Diese Aussage entspricht der Feststellung, dass jede Unterscheidung, die getroffen wird, eine Einheit teilt. Wenn es tatsächlich eine erste Unterscheidung gäbe, müsste sie allen anderen vorangehen und dürfte selbst keinen Raum teilen, da dieser wieder eine Seite einer anderen Unterscheidung wäre. Denn alles, was ist, ist, was es ist, weil es entsprechend unterschieden ist – und nicht ist, was es nicht ist. Das heißt: Jede Einheit ist eine Seite einer Unterscheidung.

Der *re-entry* ist die Beobachtung oder das Gewahrwerden des unserem Standpunkt umschriebenen Kreuzes, des ungeschriebenen Kreuzes. Zum Beispiel: Wenn wir etwas mit unseren Sinnen wahrnehmen, befindet sich die Wahrnehmung in unserem aktuellen Bewusstsein bzw. ist diese Wahrnehmung unser Bewusstsein, das heißt, die Aufmerksamkeit ist bei dem Gegenstand unserer Wahrnehmung. Dies kann alles sein: ein Gedanke, eine körperliche Empfindung oder ein Gefühl etc. Nun kann ein (weiterer) Gedanke auftreten, dass wir mit der Aufmerksamkeit „wo-auch-immer" gewesen sind. Wir sehen uns selbst als Beobachter. Wir könnten beliebig lange fortfahren zu beobachten, dass wir gerade beobachteten, das heißt ungeschriebene Kreuze aufspüren, und erkennen, dass auch sie in der Form sind. R*e-entry* der Form in die Form heißt deshalb, den Beobachter zu entdecken; wahrzunehmen, dass man permanent Zeuge dessen ist, was man erlebt.

---

[168] Im Original: „Suppose any s_0 to be surrounded by an unwritten cross." (SPENCER BROWN, 1969: 7)

Wir können zum Beispiel die Unterscheidung zwischen Unterscheidung und Anzeige beobachten[169], und zwar mit dieser Unterscheidung selbst. Das heißt, wir beobachten diese Unterscheidung und können erkennen, dass wir für die Beobachtung unterscheiden und anzeigen: Wir beobachten diese Unterscheidung und nicht andere und wir zeigen ihre Seiten sogar mit Namen an. Wir erkennen mit Beobachtung die Beobachtung. Insofern, als es für die Beobachtung keine Vorrangigkeit von Unterscheiden oder Anzeige gibt, da sie zugleich stattfinden, kann man davon sprechen, dass Beobachtung die Einheit der Differenz von Unterscheidung und Anzeige ist. Sie treten als Beobachtung nur zusammen und zugleich auf.

Es lässt sich beobachten, dass der Beobachter immer gegenwärtig ist. Solange ein System seine Operationen fortsetzt, das heißt auch: solange es beschrieben werden kann als in oder mit einer Umwelt agierend, ist sein Bewusstsein *jetzt*. Mit anderen Worten: Wir leben in der Gegenwart. Wir können aber noch unterscheiden, ob das Bewusstsein mit dem Hier-Jetzt befasst ist, oder ob es denkt – und im Denken auf Vergangenheit oder Zukunft bezogen ist. Man mag denken, dass Denken auch im Hier-Jetzt stattfindet, und zweifelsohne ist das Gehirn unentwegt *jetzt* aktiv. Mit der Formulierung der Distinktheit von Hier-Jetzt und Denken soll darauf hingewiesen werden, dass ein Sein im Hier-Jetzt frei ist von Wertungen, Motiven und Zielen. Und also auch frei von einem darauf bezogenen Denken.

Diese minimalistischen Anforderungen an den Beobachtungsbegriff implizieren, dass Beobachtung notwendigerweise nur geschehen kann, wenn unterschieden wird. Was auch immer ich beobachte, kann ich nur beobachten, indem ich es von anderem unterscheide – unter Verwendung ganz verschiedener (und verschieden ausdifferenzierter) Unterscheidungen in Farben, Formen, Klängen oder auch solcher Unterscheidungen wie richtig/falsch, bedeutungsvoll/sinnlos, gut/böse etc. Wenn ich beobachte, unterscheide ich. Da ich aber etwas Bestimmtes beobachte – und nicht anderes –, muss ich mehr tun, ich muss ein Ungleichgewicht in die Unterscheidung bringen. Dafür wird hier der Begriff Anzeige verwendet. Wenn ich etwas beobachte, hebe ich eine Seite hervor.

Wir verallgemeinern diese Einsicht und erkennen, dass das allgemeinste Beschreibungsmuster, das jeder Wahrnehmung, Erfahrung, Beschreibung, Erklärung etc. zu Grunde liegt, die Idee der Unterscheidung ist. Jedwede Einheit entsteht aus oder mit einer Unterscheidung; eine Einheit ist, was sie ist, weil sie nicht ist, was sie nicht ist. Jeder „Gegenstand“ – ob Ding oder

---

[169] Und haben das auf eine mögliche Weise mit dem Nachvollzug der *Laws of Form* getan.

Gedanke oder Gefühl etc. – ist nur als Einheit erfahrbar, er wird als „Etwas" erfahren; und er ist „Gegenstand" eines Bewusstseins. Dass er ein „Etwas" ist, und eben nicht anderes, macht seine Einheit aus.[170]

Verglichen mit dem Alltagsgebrauch des Begriffes Beobachtung ist der hier verwendete sehr allgemein; mit ihm gilt, dass man immer irgendetwas beobachtet. Man kann nicht nicht beobachten; Aufmerksamkeit ist immer auf etwas gerichtet. Beobachtung findet in einem oder für einen oder durch einen Beobachter immer statt, und zwar: immer jetzt.

Eine spezielle, aber für uns als Beobachter grundlegende, weil jeder anderen vorangehende Unterscheidung ist die zwischen Beobachter und Beobachtetem bzw. Selbst und Anderem. Man erfährt sich stets selbst als den Handelnden, Sprechenden und Denkenden, Fühlenden. Auch wenn man sich nicht immer im gleichen Maße dieser grundlegenden Unterscheidung bewusst ist, so kann man sie doch stets und unzweifelhaft erkennen.

Wir gehen hier also davon aus, dass wir als Menschen, oder differenzierter: lebende und psychische Systeme, notwendig eine Unterscheidung getroffen haben: die zwischen uns und dem Anderen, dem Text, dem Gegenüber, dem Objekt. Das meint, dass wir uns bewusst machen können, dass wir es sind, die die Dinge so sehen, wie wir sie sehen. Diese Selbstreflexion geschieht nicht permanent, ist aber stets möglich.[171] Das heißt: Wir können uns der Anweisung, eine Unterscheidung zu treffen, nicht entziehen, weil wir ihr auch folgen, wenn wir ihr nicht folgen wollten. Wir treffen eine Entscheidung – auf Grundlage einer Unterscheidung.

Mit dem Verweis auf den Beobachter ist immer mitgemeint, dass ein Beobachter nicht eine Welt vorfindet, weil sie etwas anderes als er ist und er die in ihr enthaltenen oder vorhandenen Unterschiede erkennen kann – und das dann besser oder schlechter, also wahr oder falsch. Der Wahrheitsbegriff hat einen dezentraleren Ort (siehe III .2. „Von Existenz zu Leere", vor allem Seite 168). Vielmehr ist mit der Figur des Beobachters intendiert,

---

[170] Selbstverständlich ist jede Einheit weiter unterteilbar. Das drücken auch die *Laws of Form* in Form des fünften Kanons (Erweiterung der Referenz) aus. Zum Beispiel kann man die Einheit „Tasse" unterteilen in einen oben offenen Hohlkörper und einen Griff. Gerade auch deshalb gilt: Alles, was in einem Bewusstsein „auftaucht", ist eine Einheit – und sei es eine Differenz (siehe den folgenden Abschnitt „Beobachtungen erster und zweiter Ordnung").

[171] Es kann wohl auch nicht davon ausgegangen werden, dass es sich dabei um eine anthropologische Konstante handelt. Es ist möglich, unentwegt in die eigene spontane Tätigkeit versunken zu sein – ohne jemals darauf zu achten, dass es „jemand" sei, der dies tut. Das Nicht-Reflektieren führt nicht zum Verschwinden des Beobachters – zumindest nicht für einen weiteren Beobachter, der den ersten als solchen beobachtet. Dieser erste Beobachter operiert permanent auf der Ebene der Beobachtung erster Ordnung.

darauf hinzuweisen, dass er selbst die Unterscheidungen trifft, um ein ungeformtes Medium (Welt) für sich selbst handhabbar zu machen. Das ungeformte Medium ist nicht (von sich aus) verschieden vom Beobachter.

Dieser Abschnitt zum Beobachter spiegelt die Schwierigkeit der sprachlichen Produktion einer Figur, die nicht im Subjekt-Objekt-Dualismus situiert ist. Der Beobachter repräsentiert eine Welt und entsteht selbst im Prozess des Treffens von Unterscheidungen. Er ist nicht zu denken als jemand, der Unterscheidungen willkürlich trifft, er geht den Unterscheidungen zeitlich nicht voran. Er ist nach dieser Konzeption lediglich die Instanz, in der wir als Beobachter den Prozess der Beobachtung feststellen können. Der Beobachter ist das selbstreflexive, selbstbezügliche Moment „innerhalb" der Form. Der Beobachter kann beobachten, dass er in der Form ist, dass er mit Formen/Grenzen „spielt" – wie auch mit der Grenze zwischen ihm als Beobachter und ihm als Beobachtetem.[172]

Der Neurobiologe und Kognitionsforscher Humberto R. Maturana war einer der ersten, der die Bedeutung des Beobachters für jede Erkenntnis über die Welt, die Realität oder das Universum wissenschaftlich klar herausstellte. Eine seiner bedeutsamsten und radikalsten Aussagen ist:

> „Alles, was gesagt wird, wird von jemandem gesagt." (MATURANA; VARELA 1987: 32)

Mit den *Laws of Form* kann man diesen Satz umformulieren in:

> „Alles, was unterschieden wird, wird von einem Beobachter unterschieden." (LAU 2005: 156)

Mit beiden Sätzen wird ein Unterschied zu einer, man muss es wohl so sagen: obsoleten Auffassung von Welt hervorgehoben. Von einer objektiven, also Beobachter unabhängigen Welt ausgehend, muss der Beobachter aus der Welt heraus gehalten werden. Spielte der Beobachter der Welt eine Rolle für das „Dasein" der Welt, würde zumindest der Zugang zur Welt in Frage gestellt sein, wenn nicht eine objektive Realität überhaupt. Mit den *Laws of Form* wird wie bei Humberto R. Maturana die These vertreten, dass jedes Erkennen einer Realität, einer Welt, die Leistung eines Beobachters mit seinen Unterscheidungen, das heißt Wertungen, Erwartungen, Präferenzen etc., ist.

---

[172] Ein Beobachter müsste auch diese Unterscheidung nicht treffen, wenn, ja, wenn ... es keinen mehr gäbe, der es unterlassen könnte.

Das heißt also, dass die Berücksichtigung des Beobachters und seine Integration in das Erkannte zu einer fundamentalen erkenntnistheoretischen Umstellung führt: Ausgangspunkt aller Erkenntnis ist nicht >etwas ist so-und-so<, sondern >etwas ist für jemanden so-und-so<. Damit ändert sich auch die an Erkenntnis orientierte Fragerichtung:

An Stelle von: Wie erkennt ein Beobachter die Welt richtig?
Fragen wir: Wie erschafft ein Beobachter eine Welt?

Beobachtungen erster und zweiter Ordnung

Wir unterscheiden in und mit der Beobachtung zwischen dem Beobachteten (der angezeigten Seite) und dem dadurch nicht Beobachteten (der unangezeigten Seite). Die sich daraus ergebende Unsichtbarkeit der Beobachtung selbst, setzen wir mit dem ungeschriebenen *cross* gleich. Das heißt, die momentane Beobachtung ist unsichtbar.

Prinzipiell kann ein Beobachter alles beobachten, was er unterscheiden kann, gegebenenfalls auch seine oder andere Beobachtungen (Unterscheidungen). Ein Beobachter kann also beobachten, welche Unterscheidungen andere Beobachter (oder auch er selbst) treffen. Nur die eine Beobachtung, die er gerade macht, kann er nicht zugleich auch noch beobachten. Um die gerade verwendete Unterscheidung beobachten zu können, braucht er eine weitere Unterscheidung, für die dann das gleiche gilt. Dies wird in der Systemtheorie als ***blinder Fleck*** bezeichnet.[173] Wenn wir eine Unterscheidung operational verwenden, ist diese für uns unsichtbar; wir können nie zugleich die Unterscheidung treffen und beobachten. Um die Unterscheidung, die wir gerade bei der momentanen Beobachtung verwenden, beobachten zu können, müssten wir zur gleichen Zeit zwei verschiedene Beobachtungen ausführen: Das Beobachtete und der Beobachtende sind aber im unterscheidenden Beobachten nicht zeitgleich denkbar. Das heißt, dass das Treffen einer Unterscheidung stets blind für sich selbst ist. Der blinde Fleck ist die Unterscheidung, die wir für die *jetzt* stattfindende

---

[173] Die Metapher des blinden Fleckes stammt ursprünglich aus der Biologie und bezeichnet den Fleck im Gesichtsfeld, der nicht gesehen, sondern nur „erschlossen" wird. Das (Selbst-)Experiment hierzu kann jedeR selbst durchführen: Zeichne auf ein leeres Blatt Papier rechts einen Punkt und in etwa 10 cm Abstand links ein Sternchen. Konzentriert man sich auf den Punkt und findet durch Ausprobieren den richtigen Abstand zwischen Augen und Papier, verschwindet das Sternchen. Man erkennt daran den Bereich im Gesichtsfeld, der wegen des Sehnervs nicht gesehen werden kann, sondern auf den geschlossen wird, indem er mit seiner Umgebung gleichgesetzt wird.

Daran anknüpfend wird der Begriff des blinden Fleckes in der Kybernetik zweiter Ordnung wie oben beschrieben benutzt; und er wurde auch schon von Humberto R. Maturana verwendet, bevor Niklas Luhmann ihn von diesem übernahm.

Beobachtung treffen. Der blinde Fleck ist das, was man nicht sieht, wenn man sieht, was man sieht. Für George Spencer Brown spielt diese Unbeobachtbarkeit der gerade stattfindenden Beobachtung keine wichtige Rolle. Einen ähnlichen Gedanken findet man bei ihm aber in dem Begriff der ***selektiven Blindheit***. Im Zusammenhang des Konzeptes der selektiven Blindheit wird erörtert, inwiefern auch gesagt werden kann, dass der blinde Fleck gerade das Sehen ermöglicht – und nicht einschränkt (siehe den entsprechenden Abschnitt in III. 3.: S. 180f.).

Mit dem Indikationenkalkül können gerade auch diese verschiedenen Beobachtungsebenen ausgemacht werden: Ein Beobachter trifft eine Unterscheidung, und sieht dabei nur eine der beiden durch die Unterscheidung hervorgerufenen Seiten. Auf einer anderen Ebene kann ein zweiter Beobachter die vom ersten getroffene Unterscheidung von anderen Unterscheidungen unterscheiden. Der erste Beobachter sieht eine Identität, wenn er eine Unterscheidung trifft, denn er bezieht sich auf eine Seite der Unterscheidung (für ihn die Einheit) und nicht die andere oder die Unterscheidung selbst; der zweite sieht darin eine Differenz (genauer: die Identität einer Differenz; oder in der Differenz eine Identität bzw. Einheit), indem er auch die andere, die vom ersten Beobachter nicht angezeigte Seite der Unterscheidung sehen kann. Eine Beobachtung zu beobachten meint, die vom ersten Beobachter getroffene Unterscheidung zu sehen; das heißt zu sehen, *wie* ein Beobachter beobachtet. Ein zweiter Beobachter kann die Unterscheidung des ersten von anderen Unterscheidungen differenzieren. Ein zweiter Beobachter kann sehen, was der erste nicht sehen kann, aber auch seine Operation erzeugt einen blinden Fleck.

> „Der Schritt von der Beobachtung erster zur Beobachtung zweiter Ordnung löst eine ganze Kaskade von Folgen aus. Nur eines erreicht er nicht: die Beobachtung der ihn selbst einschließenden Einheit, die Rückkehr in den *unmarked space*." (LUHMANN 1992: 127)

Vom Standpunkt der Beobachtung zweiter Ordnung, das meint, wenn beobachtet wird, *wie* (mit welchen Unterscheidungen) ein anderer Beobachter beobachtet, sieht der Beobachter, dass Beobachter nicht sehen, was sie nicht sehen. Das scheint trivial, führt aber beispielsweise zu der weit weniger trivialen Einsicht, dass auch die Beobachter selbst zu dem gehören, was sie nicht sehen können. Die eigene Materialität des Beobachtens, das sehen, *wie* man selbst gerade sieht, entzieht sich dem Beobachter notwendig. Oben hatten wir entsprechend formuliert, dass der Beobachter für sich selbst imaginär ist (siehe den „Exkurs in die Systemtheorie von Niklas Luhmann": S. 147ff.).

Grundsätzlich gibt es beliebig viele Beobachtungsebenen: Beobachtung von Dingen, Definitionen, Ideen etc. (Beobachtung erster Ordnung), Beobachtung von Beobachtung von Dingen (Beobachtung zweiter Ordnung) usw. Da Beobachtung immer ein Treffen von Unterscheidungen impliziert, hat jede Beobachtung aber zugleich die Form des Beobachtens erster Ordnung. Als qualitativ unterschieden werden lediglich die Ebenen der Beobachtung von Dingen und der Beobachtung von Beobachtung verstanden.[174]

Beobachtung erster Ordnung ermöglicht in jedem Fall eine Beobachtung zweiter Ordnung. Wir können jederzeit unsere Aufmerksamkeit darauf richten, wie wir selbst oder andere gerade beobachteten. Dies spiegelt sich darin, dass das Treffen einer Unterscheidung einem zweiten Beobachter in jedem Fall erlaubt, die Unterscheidung zwischen Beobachtendem und Beobachtetem zu treffen.

Die beiden Ebenen der Beobachtung können wir in der Form der *Laws of Form* wiederfinden: Der Spencer Brownsche „Kalkül der Beobachtung" macht deutlich, dass Unterscheidungen nicht nur das Andere des Bezeichneten (die andere Seite der Unterscheidung), sondern auch das Andere der Unterscheidung immer mit sich führen. Das heißt beispielsweise für die Unterscheidung des Kalküls, dass er eine Grenze zieht, die Möglichkeiten beschränkt, auswählt. Wir können davon sprechen, dass die Form des Kalküls auch immer mitführt, was der Kalkül nicht ist. Deshalb ermöglicht er Berechnungen, in denen er selbst noch einmal vorkommt als das, was er (zunächst) nicht erfasste. Dieses Unbezeichnete, die andere Seite dessen, was wir im und mit dem Kalkül unterscheiden und anzeigen, ist das

---

[174] Auch im Indikationenkalkül finden wir wieder, dass nur der Schritt von Gleichungen ersten Grades auf Gleichungen zweiten Grades etwas grundsätzlich Neues hervorbringt. Das Neue ist die Selbstbezüglichkeit; Gleichungen höheren Grades als des zweiten sind deshalb nach George Spencer Brown in dem Sinne, dass man weitere Konzepte bräuchte oder erhielte, nichts Spezielles mehr. Das ist vergleichbar mit komplizierteren quadratischen oder höher gradigen Gleichungen als jenen, die oben im II. Teil angeführt sind: Die für die Lösbarkeit aller Gleichungen wesentliche Erweiterung des Zahlraumes ist die Einführung von *i*.

Niklas Luhmann erwähnt mehrfach noch eine Beobachtung dritter Ordnung. Sie ist in Zusammenhängen relevant, in denen die Beobachtung zweiter Ordnung unterschieden werden soll in solche, die sich auf eine Beobachtung erster Ordnung bezieht, und solche, die eine Beobachtung zweiter Ordnung beobachtet. Letztere wird verwendet um zu beobachten, wie ein Beobachter Beobachtung beobachtet, also zum Beispiel auch um zu beobachten, wie ein Beobachter sich selbst beobachtet. Es ist jedoch fraglich, wohin die Unterscheidung dieser dritten Beobachtungsordnung führen soll. Dirk Baecker bezeichnete kürzlich (Mai 2005) in einem Seminar (am Institut für Systemische Fortbildung, Hamburg) die Einführung der Beobachtung dritter Ordnung als einen „theoretischen Irrweg".

„Andere" der Beobachtung und der Verknüpfung von Beobachtung, also das „Andere" der Erkenntnis. Es entzieht sich unseren Versuchen einer begrifflichen Annäherung durch Rationalität und bestimmendes Denken.

Also: Das auf Unterscheidungen beruhende Beschreibungs- und Erklärungsmuster lässt sich wieder auf Unterscheidungen selbst anwenden, das heißt, wie gesagt, dass wir Unterscheidungen unterscheiden können. Dann ist eine Unterscheidung die bezeichnete Einheit der Unterscheidung, die wir (gerade) treffen. Wir unterscheiden „diese" Unterscheidung von anderen Unterscheidungen. Des Weiteren kann dieses Beschreibungsmuster, diese Formtheorie sich selbst als verschieden von anderen Möglichkeiten betrachten, zu beschreiben und zu erklären, was *ist*. Von daher kann es auch keinen Vorrang beanspruchen oder anders mit „Theorien" in Konkurrenz treten. In Frage steht nicht mehr die Wahrheit einer Theorie, sondern was man mit ihr erkennen kann.

Die Paradoxien des Beobachters und der Welt

Wir führen zwei Paradoxien an, die mit selbstbeobachtenden Systemen einhergehen. Der Beobachter ist ein beobachtendes System, das fähig ist, sich selbst zu beobachten. Im Sinne der vorangegangenen Überlegungen zu Unterscheidungs- und Paradoxiebegriffen treffen wir auch in der Selbstbeobachtung eines Beobachters, das heißt eines Systems, auf Paradoxien.

Bei dem Versuch eines Beobachters, sich selbst *vollständig* zu beobachten, das heißt sich selbst als Ganzheit oder Einheit oder Aktualität in den Blick zu bekommen, unterwandert er eine Grenze. Die entstehende Oszillation wird hier mit ***Paradoxie des Beobachters*** bezeichnet. Wenn ich mich selbst beobachte, kann ich zum Beispiel sehen, ob ich glücklich oder traurig, aufgeregt oder ruhig, krank oder gesund etc. bin, worauf auch immer ich gerade achte. Was ich aber in dem Augenblick der (Selbst-) Beobachtung prinzipiell nicht sehen kann, ist die Ganzheit oder Einheit meiner selbst. In der Selbstbeobachtung muss sich der Beobachter selbst in zwei Zustände unterteilen: den beobachteten und den beobachtenden. Wenn ich mich selbst beobachte, unterteile ich mich – dessen bewusst oder nicht – in zwei Aspekte, weil ich dann zugleich Beobachter und Beobachteter bin. Damit bin ich als einheitliches Ganzes nicht mehr fassbar, gerade weil ich mich (als Ganzes) in den Blick zu nehmen versuche. Ich muss mich getrennt haben, um mich sehen zu können. Die Ganzheit kann ich also niemals derart in den Fokus bekommen. Das gleiche gilt für die Beobachtung meiner Selbstbeobachtung. Ich kann den Versuch meiner Selbstbeobachtung beobachten, dabei eine weitere Unterscheidung treffend. Ich sehe jetzt, dass ich mich als mich-selbst-beobachtend beobachte. Und nun sehe ich, dass ich mich als jemanden beobachte, der sich selbst als sich-selbst-beobachtend beobachtet etc. Man sieht das eigene aktuelle Denken, indem man einen weiteren Gedanken anschließt, der dann der aktuelle ist. Man oszilliert zwischen: sich als aktuelle Tätigkeit zu sehen und sich selbst dabei in eine weitere Unterscheidung zwischen dem Beobachter und dem Beobachteten getrennt zu haben.

Diese paradoxe Figur wird auf den Punkt gebracht durch die Formulierung: Ich kann (mich) nur dadurch sehen, indem ich es unmöglich mache, (mich) zu sehen; indem ich mich als Einheit zu gewinnen suche, trenne ich mich. Zugleich scheint es ganz unproblematisch zu sein, mich selbst zu beobachten, da „ich" diese Paradoxie in einem zeitlichen Nacheinander auflöse mit der Unterscheidung zwischen Teil und Ganzem.

Die Paradoxie des Beobachters hängt zusammen mit folgender Überlegung, die uns auf die ***Paradoxie der Welt*** führt: Die Welt, das Universum, „Alles" (wie auch immer wir es benennen wollen) ist eine Ganzheit, eine Einheit. Offensichtlich erscheint es unterschieden (für einen Beobachter), aber als Ganzes ist die Welt oder das Universum eine Einheit. Zu dieser Beobachtung und Beschreibung kann es aber nur kommen, weil Welt (auf welche Weise auch immer) beobachtet wird. Wenn sich Welt aber selbst beobachtet, bekommt sie sich als Ganzheit nicht mehr in den Blick, denn sie muss sich unterteilen in einen beobachtenden und einen beobachteten Zustand. Was die Welt also sieht (wenn wir so formulieren wollen, dass der Beobachter die Beobachtung der Welt repräsentiert)[175], ist nur zum Teil sie selbst, da sie sich in ihrer Selbstbeobachtung verhalten muss, als wäre sie von sich selbst unterschieden. Eben durch Beobachtung entzieht sich die Welt in ihrer Ganzheit der Beobachtung, denn die Beobachtung und ihr Einfluss auf das Beobachtete sind Welt. Die Welt verändert sich mit unserer Beobachtung, und ein Beobachter kann sie nie als das erkennen, was oder wie sie (ohne ihn) *ist*. Würde das gelingen, träfen wir bei der Beobachtung keine Unterscheidungen.

Das Universum ist auf eine Art und Weise beschaffen, die es befähigt, sich selbst zu sehen, ohne dabei je alles – die ungetrennte Einheit, die den Unterschied zwischen Universum und Erkennendem übersteigt – sehen zu können. Und es ist weiterhin in der Lage zu erkennen, dass es dies ist, was es kann.

---

[175] Im Sinne von: Jedes Lebewesen ist der Teil der Welt, der Welt beobachtet.

Letztlich heißt das in beiden Fällen: Jede Absicht auf vollständige Beschreibung, die nur vollständig ist, wenn sie sich selbst einbezieht, läuft auf das Problem der Paradoxie auf.

Aber: Die unmittelbare Erfahrung von Welt kann nie paradox sein, denn alles ist, wie es ist. Auf dieser Ebene – die Dinge sind, wie sie sind – kann keine Paradoxie auftreten, da es nur diese eine Ebene gibt, nichts könnte anders sein; daher kann keine Selbstbezüglichkeit vorgefunden werden. Nur die Beobachtung und Beschreibung (der Erfahrung) von Welt kann paradox sein. Wir finden auch bei Niklas Luhmann:

> „Ein Paradox ist ja immer ein Problem eines Beobachters. Wollte man behaupten, das Sein selbst wäre paradox, wäre eben diese Behauptung paradox." (LUHMANN 1990: 123)

Die Behauptung wäre paradox, weil sie selbst dem „Sein" zugerechnet werden muss.

Als Einheit muss Beobachtung bereits von etwas anderem unterschieden (und markiert) sein: Man kann nicht unterscheiden, ohne bereits unterschieden zu haben. Beobachter können demnach die Welt per se nie sehen. Sie können nur sich selbst in der Welt sehen (siehe III. 3. den Abschnitt „Zen", S. 190ff.).

2. Von Existenz zu Leere

Nachdem der erste Abschnitt dieses erkenntnistheoretischen Teils den Prozess der Beobachtung und den Beobachter thematisierte, handelt dieser zweite Abschnitt von der Realität, die einem Beobachter erscheint. Dabei geht es nicht darum zu skizzieren, wie eine Welt ohne Beobachter aussehen könnte (von einer solchen Vorstellung soll hier ja ganz im Gegenteil Abstand genommen werden), sondern zunächst um die Begriffe Existenz und Wahrheit und anschließend darum, wie sie im Sinne einer Differenztheorie und einer Theorie, die vom Beobachter ausgeht, verstanden werden können.

Das folgende Zitat dient als Leitfaden für diesen Abschnitt:

> „Wir müssen, um die Welt klar zu erfahren, Existenz auf Wahrheit reduzieren, Wahrheit auf Bezeichnung [Anzeige; F. L.], Bezeichnung auf Form und Form auf die Leere." (SPENCER BROWN 1997: 88)[176]

Im Folgenden sollen diese Schritte nachvollzogen werden. Zusammenfassend: Mit Existenz wird auf das Bezug genommen, was ist, was ein Beobachter von Augenblick zu Augenblick erlebt. Wahrheit bezieht sich auf Aussagen über Existenz. Die Aussagen, die man wahr nennt, hängen vom Standpunkt ab, von den Unterscheidungen und den Werten, die man mit ihnen verknüpft. Jeder Standpunkt, jede Unterscheidung ist eine Form, die auch immer anders möglich ist. Form entsteht mit Leere und Leere mit Form. Dies ist die erste bzw. letzte Form.

Zeit und Raum

Die Vorstellungen von Zeit und Raum sind eng mit den Begriffen der Realität und der Existenz verknüpft. Das Beobachten und Erleben von Welt geschieht nicht getrennt von Raum und Zeit. Deshalb wird eine Erörterung ihrer „Entstehung" im Lichte des Indikationenkalküls vorangestellt.

Üblicherweise geht man davon aus, dass alles, was existiert, in Raum und Zeit bzw. in der Raum-Zeit existiert und dass die Beobachtung der Existenzen unabhängig von Raum und Zeit geschieht. Als wären Raum und Zeit gegebene Voraussetzungen für Beobachtung. Die differenztheoretische

---

[176] Im Original: „To experience the world clearly, we must abandon existence to truth, truth to indication, indication to form, and form to void." (SPENCER BROWN 1969: 101) An dieser Stelle sei eine Kritik an der deutschen Übersetzung erlaubt: *abandon* sollte, wie in diesem Text dann auch durchgeführt, eher mit „überlassen", „aufgeben" oder „zurückführen auf" übersetzt werden als mit „reduzieren".

Konzeption ermöglicht dagegen eine Beschreibung, nach der Zeit und Raum Produkte der Beobachtung von Welt sind. Wenn etwas beobachtet wird, muss es anders erscheinen als anderes. Dieses Anderssein kann sich verändern (Zeit) und verändert sich in einem erkennbaren Raum.

Die Welt enthält weder diese noch andere Unterscheidungen. Am Anfang der *Laws of Form* definiert George Spencer Brown „Zustände", ohne dass er auf Konzepte wie Distanz, Größe oder Dauer etc. zurückgreifen müsste. Das einzige Konzept, das er einführt, ist das des Unterschiedes. Andere Qualitäten sind nicht notwendig, um alle Qualitäten zu erhalten.

Raum und Zeit sind Erscheinungen bzw. Formen von oder für Erscheinungen. Auch sie sind, was erschiene, wenn eine Unterscheidung getroffen würde. In den *Laws of Form* wird anfänglich kein Konzept eines solchen Raumes (in dem „Dinge", das heißt Gegenstände, Lebewesen etc. vorkommen können) verwendet. Was dort „Raum" genannt wird, ist die Seite einer Unterscheidung[177] und impliziert für die Darstellung schon eine mehrdimensionale physikalische Raumvorstellung. Aber als mathematisches Konzept trägt „Raum" lediglich die Qualität, Zustände voneinander zu trennen. Ebenso ist Zeit, was wäre, wenn eine Oszillation zwischen Zuständen stattfinden könnte. Das Maß der Zeit ist der Wechsel, die Veränderung. Die einzige Veränderung, die wir mit zwei unterschiedlichen Zuständen bewirken können, ist das Wechseln von einem Zustand oder Raum in den anderen. Diese Zeit ist die einfachste denkbare Zeit, da die Oszillation zwischen den Zuständen keine Dauer hat.

Mit der Wiedereinführung von Ausdrücken, also Unterscheidungen, in ihren eigenen Raum, gelangen wir zu den Ideen von Raum und Zeit, wie sie unserer alltäglichen Erfahrung entsprechen.

> „Was wir aus den Formen oder Ausdrücken auf dieser Stufe ersehen, könnte, obwohl erkennbar, als vereinfachte Vorläufer dessen angesehen werden, was wir in den physikalischen Wissenschaften für die Wirklichkeit halten." (SPENCER BROWN 1997: 87)[178]

Die Oszillation des imaginären Wertes definiert den Ursprung unseres Konzeptes von Zeit. Die Oszillation ist selbst nicht schon Zeit (im Sinne des Alltagsverständnisses), weil ihr ein Maß fehlt. Diese ursprüngliche Zeit hat noch keine Dauer, ihre Intervalle sind weder kurz noch lang, sie ist

---

177 Es gibt zunächst keinen Raum; wenn jedoch eine Unterscheidung getroffen wird, dann in einem Raum, den sie gleichsam mitproduziert.

178 Im Original: „What we see in the forms of expression at this stage, although recognizable, might be considered as simplified precursors of what we take, in physical science, to be the real thing." (SPENCER BROWN 1969: 100 f.)

lediglich das Wechseln der Zustände. Sie wird durch bzw. als Oszillation zwischen zwei Zuständen gemessen. Da die Oszillation keine Dauer hat, können wir sie uns beliebig schnell oder langsam vorstellen. Die Oszillation hat keine Frequenz. Sie ist das Hin-und-her, die Zeit ohne Zeitgebrauch.[179] Die Oszillation unterwandert die Unterscheidung, die die Seiten hervorbringt, zwischen denen die Oszillation stattfindet – und insofern hält die Oszillation die Unterscheidung aufrecht *und* hebt sie auf. In der Zeit werden die beiden Seiten einer oszillierenden Unterscheidung unterschieden und verweisen aufeinander.

Raum und Zeit im Sinne des Alltagsverständnisses sind, was geschieht, wenn man die Ideen einer Unterscheidung bzw. des Wechselns der Seiten einer Unterscheidung häufig genug in sie selbst einführt. Das alltägliche Konzept von Zeit, die ein Maß, eine Dauer hat, das oder die gemessen werden kann, kommt nur zustande, indem die Dauer mit einer anderen Zeit gemessen wird.[180] Ebenso bedarf es für unsere räumlichen Vorstellungen eines Maßes, einer Einheit, die als Bezugspunkt dient. Um die Zeit zu erleben, um also das Konzept von Dauer zu erhalten, muss man das Konzept der Zeit in sich selbst einführen. Man kann Dauer nur mit einer anderen Zeit messen. Zeit als solche ist nicht erfahrbar oder beobachtbar. Zeit „zeigt“ sich in der Veränderung von Zuständen. Das heißt aber auch, dass Zeit eine notwendige Form für die Wahrnehmung von Veränderungen ist.

Ebenso verhält es sich mit Raum. Alle Konzepte von Raum, Zeit, Größe usw. erhält man dadurch, dass man das Konzept des Unterschiedes häufig genug in sich selbst einführt.

Man kann das Entstehen von Raum und Zeit leider nicht sprachlich oder textlich *vorführen* bzw. darstellen und damit anschaulich machen, da die Sprache oder Theorie nicht Raum und Zeit hervorbringen kann. Nur indem wir Unterscheidungen tatsächlich treffen, wie wir es als Lebewesen unentwegt tun, bringen wir Raum und Zeit hervor. Das heißt, jetzt, wenn dieser Text geschrieben oder gelesen wird, sind Raum und Zeit schon da. Man kann nicht durch Kalkulationen mit Formen etwas finden oder erzeugen und dann feststellen: „das ist ja Zeit“ oder „das ist ja Raum“. Es ist lediglich möglich zu erkennen, dass den Konzepten von Raum und Zeit die Idee der Unterscheidung zugrunde liegt. Über die Idee der Unterscheidung kann man Zeit und Raum verstehen.

Wir finden also: Zeit ist imaginär, Hier-Jetzt ist real.

---

[179] Das erinnert an: „Nun war es Zeit für Zeit zu beginnen.“ („That was the time for time to begin.“)

[180] Heutzutage ist zum Beispiel eine Sekunde über die Schwingung eines Cäsium-Atoms definiert.

Existenz und Wahrheit

Mit dem Begriff der Existenz wird üblicherweise auf den Umstand Bezug genommen, dass wir Menschen in einer Realität leben, deren (äußere) Erscheinung unserer Beobachtung zugänglich und deren Erscheinung objektiv, also unabhängig von uns ist. Wir scheinen nicht umhin zu können, unsere Lebenspraxis in der Beobachtung derart zu vollziehen, als wenn da etwas wäre, mit dem wir psychisch und physisch umgehen. Somit untermauert der Begriff der Existenz eine Unterscheidung als gegeben – als wirklich vor aller Beobachtung: Der Beobachter und das Beobachtete seien grundverschieden. Oder in einer älteren Terminologie: Der Unterschied zwischen Subjekt und Objekt *ist*. Diese Sicht versperrt die Einsicht, dass das Beobachtete nicht das Beobachtete ist, wenn es nicht beobachtet wird; und dass zwei Wesen mit verschiedenen Sinnesapparaten verschiedene Realitäten erscheinen.

In dem Vorwort zur Auflage von 1994 schreibt George Spencer Brown:

> „Was existiert, ist formell konstruiert durch die Postulierung eines hypothetischen Wesens, von dem angenommen wird, es nehme es wahr, und unterschiedliche Wesen werden die Konstruktion unterschiedlicher Existenzen hervorbringen." (SPENCER BROWN 1997: XVIII)

Was existiert, tut dies auf die jeweils beobachtete Art und Weise; also nicht von sich aus, sondern nur im „Blick" eines Beobachters, welcher eine Existenz auf seine Weise wahrnimmt. Da so das Existierende von dem unterscheidenden Beobachter abhängt – also keine objektive Wirklichkeit repräsentiert –, nehmen unterschiedliche Beobachter unterschiedliche Existenzen wahr. Und das nicht nur hinsichtlich verschiedener Sinnesorgane, die ja mit dem entsprechenden „Ausschnitt der Realität" korrespondieren könnten, sondern vor allem auch in Bezug auf unterschiedliche Wertungen, Bedeutungszuschreibungen bzw. Ausrichtungen von Aufmerksamkeit. Wir können deshalb im Allgemeinen nicht davon sprechen, dass die eine Beschreibung der Welt *wahrer* als die andere ist. Dies könnten wir lediglich im Hinblick auf bestimmte Voraussetzungen.

Mit dem Begriff der Wahrheit wird auf eine Übereinstimmung der Wirklichkeit mit Aussagen über diese Wirklichkeit rekurriert[181]. Wahr ist eine Aussage, wenn die Wirklichkeit tatsächlich so ist, wie es die Aussage behauptet. Somit untermauert dieser Begriff (in dieser Deutung) eine

---

[181] Hierbei beziehe (und beschränke) ich mich auf die in Alltag und Philosophiegeschichte gängigste Wahrheitsauffassung: die Korrespondenztheorie.

Unterscheidung als gegeben: Die Wirklichkeit und Aussagen über sie seien grundverschieden.

Auf der Ebene der Aussagen über Aussagen (statt: Aussagen über die Wirklichkeit oder Realität) können wir dagegen vorläufig formulieren: „Es gibt keine objektive Wahrheit!" Wir geraten aber offensichtlich in eine Paradoxie, wenn wir diese Aussage auf sich selbst anwenden, indem wir sie auf ihre Wahrheit hin überprüfen. Die Aussage hat ja selbst die Form einer „objektiven Wahrheit".

Insofern, als wir Existenz und Wahrheit als Konstrukte und Resultate des Prozesses des Unterscheidens erkennen können, nehmen wir ihnen ihre zentrale Stellung und erkennen sie als peripher (vgl. Spencer Brown 1997: 87f.; 1969: 101).

> „Wenn die Schwäche heutiger Wissenschaft darin liegt, dass sie um Existenz zentriert ist, ist die Schwäche heutiger Logik, dass sie um Wahrheit zentriert ist." (Spencer Brown 1997: 88)[182]

Das wissenschaftliche Universum, die objektive Form, die wir mit Teleskopen und Mikroskopen untersuchen und entdecken, ist nicht die Form, die unsere individuellen Unterschiede unterscheidet.[183] Die objektive Form ist die Form, in der wir unsere grundlegende Einheit erkennen können, unsere Vielheit kondensiert zu eins: $\urcorner \; \urcorner \; \urcorner \ldots = \urcorner$. Wir betrachten dabei den Teil, der identisch für uns alle ist; daher rührt seine Objektivität, die nur aufgrund des gleichen Sinnesapparates diesen Anschein erweckt.

Die Sinnesorgane bestimmen die Welt, die wahrgenommen werden kann. Wie könnte ein Lebewesen mit anderen Sinnesorganen die gleiche Realität erleben? Das Universum erscheint in Übereinstimmung mit der Form der Sinne, denen es erscheint. Verändert man die Sinne, erscheint ein anderes Universum. Wie könnte also ein Universum unabhängig vom Sinnesapparat (und letztlich vom Beobachter) sein? So ein Universum kann es nicht geben, weil es in Übereinstimmung mit den wahrnehmenden Sinnen erscheint. Dieser Argumentation zufolge kann es kein objektives Universum geben.

---

182 Im Original: „If the weakness of present-day science is that it centres round existence, the weakness of present-day logic is that it centres round truth." (Spencer Brown 1969: 101)

183 Hier könnte eine Unterscheidung weiterführen zwischen allgemeiner Realität, die an die Wahrnehmungen in Abhängigkeit vom Sinnesapparat geknüpft ist und deshalb zum Beispiel allen Menschen gleich erscheint, und individueller Realität, die aufgrund von Wertungen, Gedanken, Erwartungen, Emotionen etc. erscheint und sicherlich zu unterschiedlichen Realitäten führt.

Zugleich ist der Sinnesapparat auch eine Einschränkung, denn um überhaupt etwas wahrzunehmen, kann man nicht *alles* wahrnehmen (siehe den Abschnitt „Selektive Blindheit, S. 180f.).

Wir haben hier mit der Unterscheidung zwischen Universum und Sinnesapparat gearbeitet (die wie alle Unterscheidungen nur „existiert", wenn sie getroffen wird). Denn da das Universum sich ändert in Abhängigkeit und in Übereinstimmung mit den Änderungen der es wahrnehmenden Sinne, haben wir Universum und Sinnesapparat nicht unterschieden. Welt und Sinnesapparat gehören dann zusammen und wir gebrauchen nur verschiedene Namen.

Es spielen noch sehr viel mehr „Faktoren" als nur der bloße Sinnesapparat eine Rolle für die Realität, die wir wahrnehmen. In diesem Sinne spricht auch Ludwig Wittgenstein, wenn er sagt, die Welt des Glücklichen ist eine andere als die des Unglücklichen (siehe WITTGENSTEIN 1997: 83 (Proposition 6.43)). Wir erleben nicht die gleiche Realität. Jeder Beobachter erfährt die je eigene.

Wir sehen, dass selbst dann, wenn wir das „Spiel" der Wissenschaft spielen und von einer objektiven Realität ausgehen, wir an den Punkt gelangen, dass es keine Unterscheidung zwischen uns und der Realität gibt – es sei denn, *wir* treffen sie.

Wahrheit und Anzeige

Was wir für die Existenz einer unabhängigen/absoluten Realität halten, ist ein Ergebnis der Art und Weise, wie wir beobachten und beschreiben (genauer: derjenigen Beschreibungen, die wir für wahr halten). Doch auch diese wahren Beschreibungen sind letztlich nur: Bezeichnungen im Rahmen einer Form, die wir vorausgesetzt haben. Nicht die existente Realität ist damit die voraussetzungslose Voraussetzung, sondern die Form der Beobachtung.

Wenn es keine objektive Realität gibt, wenn nur Erscheinungen erscheinen, die gewissermaßen mit dem Wahrnehmenden ko-existieren und koevoluieren, dann können Erscheinungen auf jede mögliche Weise erscheinen. Wie eine Realität erscheint, hängt dann von dem Standpunkt bzw. der Anzeige ab. Was einem Beobachter erscheint, also als Realität erkannt wird, ist nicht wahr oder falsch. Nur: Wenn ich andere Unterscheidungen träfe, erlebte ich eine andere Realität.

Da es keinen privilegierten Außenstandpunkt gibt, können wir das, was uns jeweils erscheint und was wir für wahr halten, nicht durch einen Abgleich mit der vermeintlich tatsächlichen Realität absichern. Wir können die Wahrheit dessen, was wir erleben aber auf unseren Standpunkt zurückführen. Deshalb schreibt George Spencer Brown in den Anmerkungen zu den *Laws of Form*:

> „Diese Formen [des Kalküls; F. L.] sind somit nicht nur Vorläufer der Existenz, sondern auch Vorläufer der Wahrheit." (SPENCER BROWN 1997: 88)[184]

Wahr ist, was einem Beobachter erscheint; und was erscheint, hängt vom Standpunkt, von Wertungen und Unterscheidungen ab, worauf der folgende Abschnitt hinaus läuft.

Bezüglich der Frage nach Wahrheit scheint mir die Anmerkung von Dirk Baecker zutreffend, nach der George Spencer Brown nicht an irgendeiner Tugend des Kontrafaktischen gelegen ist (vgl. BAECKER 1993b: 9). Es geht nicht um irgend etwas, das unabhängig von dem beobachtet werden könnte, was sich jeweils realisiert.

Anzeige und Form

Der Beobachter erzeugt eine Existenz, indem er eine Unterscheidung trifft. Mit den *Laws of Form* finden wir zunächst eine erste Identität: Etwas wird angezeigt. Wir können jedoch nichts produzieren, ohne zugleich mitzuproduzieren, was es nicht ist. Jede Unterscheidung können wir in dieser Hinsicht als Aufspaltung einer Einheit ansehen. Des Weiteren produzieren wir zugleich mit der Unterscheidung der beiden Seiten die Grenze zwischen ihnen. Die dreifache Identität besteht aus dem *Ding* (der angezeigten Seite), aus dem, was es nicht ist, und aus der Grenze dazwischen.

> „Wir erzeugen eine Existenz, indem wir die Elemente einer dreifachen Identität auseinandernehmen. Die Existenz erlischt, wenn wir sie wieder zusammenfügen. Jede Kennzeichnung impliziert Dualität, wir können kein Ding produzieren, ohne Koproduktion dessen, was es nicht ist, und jede Dualität impliziert Triplizität: Was das Ding ist, was es nicht ist, und die Grenze dazwischen. Wie im Kapitel 1 der *Laws* dargelegt, können wir nicht irgend etwas kennzeichnen, ohne zwei Zustände zu definieren, und wir können nicht zwei Zustände definieren, ohne drei Elemente zu erschaffen. Nichts davon existiert in der Realität oder getrennt von den anderen." (SPENCER BROWN 1997: XVIII)

---

[184] Im Original: „These forms are thus not only precursors of existence, they are also precursors of truth." (SPENCER BROWN 1969: 101)

Das Konzept der Differenz liegt dem Konzept von Einheit zu Grunde: Ein Beobachter erkennt etwas als Einheit, weil er die Einheit von anderem unterscheidet. Ohne den Gebrauch von Differenz kann keine Einheit beobachtet werden. Die Zweiheit geht der Einheit voraus, denn eine Einheit (das, was wahrgenommen wird) ist nur in Abgrenzung zu dem, was sie nicht ist, erfassbar.

Aber als Differenz ist die Differenz eine Einheit. Sie unterscheidet sich von anderen Differenzen. Einheiten sind in Form von Differenz handhabbar. Und insofern geht der Zweiheit immer eine Einheit voraus, denn Zweiheit kommt nur zustande, indem eine Einheit geteilt, unterschieden wurde.

Die Welt enthält keine Einheiten. Sie ist die All-Einheit, in der geschieht, was geschieht. Nur ein Beobachter konstruiert Einheiten. Der Beobachter gebraucht Differenzen, um mit Einheiten (vermittels Bezeichnungen) operieren zu können.

Das heißt also, dass jeder Standpunkt (jede Anzeige) auf eine Unterscheidung (Form) zurückführbar ist. Jede Welt ist eine beobachtete Welt.

Form und Leere

Die für Lebewesen erfahrbare Welt ist vollkommen in der Form. Dadurch, dass sie Form ist, ist sie erfahrbar. Lebewesen können etwas nur wahrnehmen oder erkennen, weil sie es von anderem unterschieden haben. Wäre es nicht von anderem unterschieden – in welcher Form auch immer –, dann wäre es nicht wahrnehmbar. Wäre es nicht von anderem unterschieden, würde es keinen Unterschied machen. Nur so kann es erkannt werden. Dies gilt für Gegenstände, den eigenen Körper, Gedanken, Gefühle und alles andere. Also ist alles, was auf irgend eine Art und Weise *ist*, also von einem Beobachter wahrgenommen oder erkannt wird, Form. Alles ist, wie auch immer es ist – jedenfalls verschieden von anderem.

Der „Logik“ der Form entspricht, dass mit Form auch eine andere Seite der Form ko-produziert wird. Wenn wir über das sprechen, was den Rahmen oder die Grundlage für die Unterscheidungen symbolisiert, benötigen wir einen Namen, der (für dieses „Unding“) jedoch keinen erläuternden Charakter haben kann, da er als Name schon Unterscheidungen trägt. Unter diesem Vorbehalt nennen wir ihn in Anlehnung an George Spencer Brown *empty space*. Der Name und das Sprechen über etwas suggerieren schon, dass da *etwas* wäre. Das ist das Dilemma, in das wir uns begeben, wenn wir über das sprechen, *in dem* Unterscheidungen getroffen werden und das selbst unterschiedslos ist. Wir gebrauchen eine buddhistische Anschauung, um zu formulieren: Das Medium der Form ist die Leere.

Der Begriff der Leere bezeichnet die „völlige“ Abwesenheit jedes Unterschiedes. Das Bild des leeren Raumes geht also fehl, da Leere weder auf einer der Seiten der Unterscheidung leer/nicht-leer ist noch die Unterscheidungen beinhaltet, die benötigt werden, um die Idee eines Raumes (im umgangssprachlichen Sinne) zu haben. Nimmt man den ersten Satz des Absatzes als Beschreibung von Leere, so gilt selbiges für Anwesenheit/Abwesenheit und Unterschiedenheit/Identität. Keine Beschreibung kann Leere wiedergeben.[185] Die Leere „ist“, wie das Universum ohne wahrnehmenden Beobachter/Sinnesapparat ist. Leere meint: keine Etwas-heit, die Abwesenheit jeglicher Dinghaftigkeit; in der Leere kann auf nichts zugegriffen werden, weil nichts angezeigt ist, weil nichts unterschieden ist. Leere ist Offenheit für jede Verletzung durch einen Beobachter, durch eine Unterscheidung. Leere ist das Medium für Form. Wie bei allen Unterscheidungen (man denke beispielsweise an Bewegung und Ruhe): Es gibt nicht das eine ohne das andere.[186]

Daher kommt die buddhistische Weisheit:

> „Form ist Leere, Leere ist Form.“[187],

die im folgenden Kapitel in Form einer Erörterung des „nullten Kanons“, der den *Laws of Form* nachträglich vorangestellt wurde, vertieft wird.

In Bezug auf den Ursprung aller Dinge, den *empty space*, und die Entstehung von allem aus ihm wäre keine Unterscheidung wahrer als eine andere. Wahrheit ist ein Ergebnis des Treffens von Unterscheidungen. Deshalb lässt sich nicht mehr sagen, als dass die Dinge so sind, wie sie sind, oder mit Humberto R. Maturana: erlaubt ist, was erlaubt ist. Daher rührt auch die Rhetorik, die George Spencer Brown gebraucht: „Triff eine Unterscheidung!“ Mit dem auffordernden Imperativ umgeht er, (stets implizit) von Wahrheit reden zu müssen.

Die Form ist das Wandelbare – die Leere ist unwandelbar, ewig mit sich selbst identisch.

---

[185] Das ist das Dilemma der Sprache, die explizit auf Unterscheidungen beruht: Um über Leere bzw. Leerheit zu reden, muss man *es* verdinglichen, auch wenn man damit diesem: Gewalt antut.

[186] Dass in diesem Sinne die Leere nicht Startpunkt für Form ist, zeigt sehr instruktiv HERBST 1976: 84-106.

[187] Dies ist die Essenz des Sutras der großen Weisheit. Eine ausgezeichnete Einführung in das *Hannya Shingyo* findet man in DESHIMARU 1988.

Peter Fuchs sieht in der Leere das Versteck einer weiteren Ontologie; als wäre die Leere die wirkliche Wirklichkeit und die Formen eine scheinbare Wirklichkeit.

> „Wirklichkeiten sind Beobachtungsresultate. Wenn gesagt wird, hinter diesen Realitäten sei etwas wirklich Wirkliches oder auch nur eine Leere, ein All-Eines etc., schnappt erneut die Falle der Ontologie zu." (FUCHS 2004: 0.4.6.1)

Im vorliegenden Text wird aber keineswegs die These vertreten, dass die Leere wahrer oder realer sei als die Formen. Vielmehr geht es darum zu erkennen, dass Form und Leere untrennbar verbunden sind. Die Leere ist ja eben auf keine Weise beobachtbar. Würde sie jemand beobachten, das heißt unterscheiden und bezeichnen (oder auch nur anzeigen, indem anderes ungezeigt bliebe), wäre sie nicht mehr die Leere. Zudem etabliert jede Beobachtung die Unterscheidung zwischen Beobachter und Beobachtetem. Ein praktischer Umgang mit dieser Schwierigkeit, die Leere in den Formen zu sehen wird im Abschnitt zu Zen angedeutet. (S. 193f.)

3. Das Entstehen von Universen

Abschließend wenden wir uns der Frage zu, wie es in dieser Theoriekonzeption beschreibbar oder erklärbar ist, dass wir überhaupt eine Wirklichkeit erleben bzw. dass ein Universum entsteht.

Nachdem mit den ersten beiden Abschnitten die Welt unterteilt wurde in Beobachter und Beobachtetes, soll nun deren Einheit in den Blick genommen werden. Aus daoistischer oder buddhistischer Sicht ist das Interessante an den *Laws of Form* und auch der Systemtheorie, dass in ihnen hervorgehoben wird, dass es immer ein Beobachter ist, der eine Wirklichkeit auf seine Weise, mit seinen Unterscheidungen und Wertungen wahrnimmt. Man wird auf sich selbst aufmerksam gemacht. Es geht weiterhin um Beobachtungen, die nach außen gerichtet sind, aber eben auch stets darum, sich selbst als denjenigen zu erfahren, der diese eigene Sicht der Dinge wahr-nimmt und wahr-macht – und damit sich selbst als die Welt zu erleben, die man sieht. Darin liegt die Einheit von allem, die All-Einheit, die identisch mit Leere ist.

Die „Anmerkungen zum mathematischen Zugang", das ist die erste Vorbemerkung des Originaltextes der *Laws of Form*, beginnen mit:

> „Das Thema dieses Buches ist, dass ein Universum zum Dasein gelangt, wenn ein Raum getrennt oder geteilt wird. Die Haut eines lebenden Organismus trennt eine Außenseite von einer Innenseite. Das gleiche tut der Umfang eines Kreises in einer Ebene. Indem wir mit unserer Darstellungsweise einer solchen Trennung nachspüren, können wir damit beginnen, die Formen, die der Sprachwissenschaft wie der mathematischen, physikalischen und biologischen zugrunde liegen, mit einer Genauigkeit und in einem Umfang, die fast unheimlich wirken, zu rekonstruieren, und können anfangen zu erkennen, wie die vertrauten Gesetze unserer eigenen Erfahrung unweigerlich aus dem ursprünglichen Akt der Trennung folgen. Der Akt selbst bleibt, wenn auch unbewusst, im Gedächtnis als unser erster Versuch, verschiedene Dinge in einer Welt zu unterscheiden, in der anfänglich die Grenzen gezogen werden können, wo immer es uns beliebt. Auf dieser Stufe kann das Universum nicht unterschieden werden von der Art, wie wir es behandeln, und die Welt mag erscheinen wie zerrinnender Sand unter unseren Füssen." (SPENCER BROWN 1997: XXXV)[188]

---

[188] Im Original: „The theme of this book is that a universe comes into being when a space is severed or taken apart. The skin of a living organism cuts off an outside from

Die übliche Methode, Wissen über die Welt oder das Universum zu erhalten, kritisiert George Spencer Brown mit einem Verweis darauf, dass sie es unterlässt, die Frage zu klären, wie es zu all dem, was man untersucht, überhaupt erst kommt und welche Rolle man selbst und die eigenen Erwartungen dabei spielen.

> „Wissenschaftliche Erkenntnis, die durch Studieren der Erscheinung dessen erlangt wird, was wir Dinge nennen, liefert uns keine Darstellung deren grundlegenden Natur, sagt nichts über deren Herkunft und nichts darüber, wie sie zum Existieren kamen und was sie wirklich sind.“ (SPENCER BROWN 1995: 19)[189]

In diesem Satz veranschaulicht George Spencer Brown die Änderung der Fragerichtung („Wie“ statt „Was“). Indem er vorgibt zu wissen und mit den *Laws of Form* mitteilen zu können, was die Ursache dessen ist, was wir Realität oder Universum nennen, nimmt er die Konstruiertheit dessen an, was wir „Dinge“ nennen. Seine Absicht ist demnach, uns darüber aufzuklären, was wir taten und tun, um diese Realität zu erzeugen. Aufgrund der Form seiner Darstellung[190] kann man sagen, dass nichts aus sich heraus besteht. Alles basiert auf Unterscheidungen, die jemand trifft.

Kanon Null: Koproduktion

Wir kommen zunächst auf den Zusammenhang von Form und Leere zurück: Der Anfang von allem (die Leere) ist unterschiedslos; so unterschiedslos, dass er selbst die Unterscheidung zwischen Unterschiedenheit und Unterschiedslosigkeit umfasst. Lao-Zi nannte ihn Dao (wir kommen auf diesen Zusammenhang explizit zu sprechen in Kapitel III. 3. im Abschnitt „Das Dao und der *empty space*“, S. 182ff.). Dies können wir als andere Seite der Form ansehen. Nach George Spencer Browns Kalkül der

---

an inside. So does the circumference of a circle in a plane. By tracing the way we represent such a severance, we can begin to reconstruct, with an accuracy and coverage that appear almost uncanny, the basic forms underlying linguistic, mathematical, physical, and biological science, and can begin to see how the familiar laws of our own experience follow inexorably from the original act of severance. The act is itself already remembered, even if unconsciously, as our first attempt to distinguish different things in a world where, in the first place, the boundaries can be drawn anywhere we please. At this stage the universe cannot be distinguished from how we act upon it, and the world may seem like shifting sand beneath our feet.“ (SPENCER BROWN 1969: V)

[189] Im Original im selben Buch (S. 18): „Scientific knowledge, attained by studying the appearance of what are called things, gives no account of their fundamental nature and origin, how they came to exist and what they really are.“

[190] Gemeint ist die „Methode von Befehl und Betrachtung“ (siehe Seite 23ff.).

Beobachtung ist das, was ein Ding ist, und das, was es nicht ist, der Form nach identisch, denn sie sind die beiden Seiten einer Unterscheidung mit einer gemeinsamen Grenze, wodurch sie sich gegenseitig bedingen.

Das Äquivalent zu der oben erwähnten, aus dem Buddhismus kommenden Formulierung der „Identität" von Form und Leere findet sich bei George Spencer Brown erst in der deutschen Auflage. Es wird dem Text als Beginn der ersten Einleitung vorangestellt und als Kanon Null bezeichnet:

> „Der gesamte Text der *Laws* kann auf ein Prinzip reduziert werden, welches wie folgt aufgezeichnet werden könnte.
> ***Kanon Null (Koproduktion)***: Was ein Ding ist, und was es nicht ist, sind, in der Form, identisch gleich." (SPENCER BROWN 1997: IX)

Das heißt: Um festzulegen, was ein Ding ist, benötigt man eine Grenze oder Unterscheidung, die mit festlegt, was die andere Seite ist, das, was das Ding nicht ist. Damit sind auch Alles (Form) und Nichts (   ) der Form nach identisch.

Das *Nichts* – bzw. die Leere – repräsentiert den Zustand, in dem alle Unterscheidungen aufgehoben sind; dieser Raum enthielte keine Unterschiede, hätte keinerlei Eigenschaft – nicht einmal die, ein Raum oder eigenschaftslos zu sein. Und er hätte ebenso nicht die Eigenschaft, diese Eigenschaften *nicht* zu besitzen usw. Dieser Zustand wäre bewegungslos, weil jede Bewegung oder Veränderung anzeigen würde, dass dort etwas wäre, was sich verändert, und damit nicht *nichts*.

Das *Alles* steht für den Zustand, in dem alle Unterscheidungen getroffen sind. Diesem könnte nichts hinzugefügt werden, was er nicht schon enthielte, da er jede Unterscheidung schon getroffen hat; auch er wäre deshalb bewegungslos, weil er schon alles enthält. Er kann sich nicht mehr verändern, weil er jede Veränderung schon enthält. Ihm kann nichts hinzugefügt werden, ohne dass er vorher nicht alles gewesen wäre.

Die Struktur der formalen Identität zwischen *Allem* und *Nichts* können wir auch in der Zeit-Diskussion finden (siehe die entsprechenden Abschnitte in I. 4.: „Der *re-entry* und der imaginäre Wert", S. 93f., und III. 2.: „Zeit und Raum", S. 163ff.). Da Unendlichkeit (in der Zeit) kein Ende findet, ist sie aus der Sicht der Form der Unterscheidung nicht zu unterscheiden von Zeitlosigkeit, die ebenfalls keinen Unterschied in der Zeit macht.

Auf der Suche nach dem Außerhalb der Form stoßen wir an eine Grenze: Aus der Form heraustreten zu wollen, würde erfordern, eine Unterscheidung zu treffen, die das Treffen von Unterscheidungen von anderem unterscheidet, und das heißt immer schon, in eine neue Form einzutreten, eben eine Unterscheidung zu treffen. Alles, was unsere Welt war und ist und sein wird, ist Form. Der Gegensatz ist dann das Undenkbare oder das Nicht-Denken.

Nichts ist unabhängig von dem Bewusstsein, das es wahrnimmt.

Die Doppeldeutigkeit dieser These liegt in der Lesart des „nichts" als Substantiv (groß geschrieben) oder Indefinitpronomen (klein geschrieben). Als Beschreibung des Nichts trifft die Aussage zu, denn nur Nichts ist unabhängig von einem Beobachter: wenn *es* von einem Bewusstsein abhinge, müsste *es* etwas sein, also nicht Nichts. Eben darauf, dass Wahrnehmung immer auf Trennung/Unterscheidung, was niemals nichts ist, beruht, basiert die zweite Lesart der Aussage: Was auch immer (von jemandem) wahrgenommen wird, ist abhängig von dem wahrnehmenden Bewusstsein/Beobachter. Oder mit Niklas Luhmann:

> „Die Erkenntnis projiziert Unterschiede in eine Realität, die keine Unterschiede kennt." (LUHMANN 1988a: 38)

In den *Laws of Form* geht es um den Nachweis, dass die Welt durch Beobachtung konstruiert wird. Damit ist nicht beabsichtigt, dem, was wir wahrnehmen, die Gültigkeit abzusprechen, sondern der Erkenntnis Ausdruck zu verleihen, dass wir Beobachter durch die Unterscheidungen, die wir treffen, das Beobachtete konstruieren und strukturieren. Damit ist nicht die Behauptung einer Vorgängigkeit von Beobachter oder Beobachtetem intendiert, sondern lediglich das Hervorheben bestimmter Erkenntnisse, die sich aus der Beobachtung der Beobachtung ergeben. Das können wir auch als Ziel von George Spencer Brown in den *Laws of Form* identifizieren, wenn er schreibt,

> „(...) unser Verständnis eines solchen Universums kommt nicht daher, dass wir seine gegenwärtige Erscheinung entdecken, sondern von unserer Erinnerung an das, was wir ursprünglich taten, um es hervorzubringen." (SPENCER BROWN 1997: 90)

In diesem Zusammenhang beschreibt George Spencer Brown seine Lehre als Richtigstellung eines alten Irrglaubens, der besagt: Da Nichts keine Form hat, kann Nichts keine konditionierte Struktur besitzen und mithin nicht die Basis von beobachteten Phänomenen sein, da diese sehr wohl eine konditionierte Struktur haben.

Mit den *Laws of Form* wird gezeigt, dass Nichts in der Tat eine konditionierte Struktur hat:

> „(...) *wenn* eine Unterscheidung in nichts getroffen werden könnte, dann (würde) das Ganze der konditionierten Koproduktion, deren

> Operation unentrinnbar ist und vollständig sichtbar, unvermeidlich stattfinden, und das erkennbare Universum würde unvermeidlich erscheinen, ganz genau gemäß den Gesetzen „seiner" Form (in der Wirklichkeit der Gesetze der Form der Dinge, die „darin" erscheinen, da es selbst keine Form hat) (...)." (SPENCER BROWN 1997: X)

Somit würde das erkennbare Universum gemäß der Gesetze der Form der Dinge erscheinen, die im aus nichts produzierten Universum auftreten. Es sind genau diese Gesetze, die anfänglich in den *Laws of Form* dargestellt sind.

Die zentrale Aussage, die sich hinter den *Laws of Form* für die Erkenntnistheorie zu erkennen gibt, ist dass die Leere – der *empty space* – Ausgangspunkt von allem ist. So schreibt George Spencer Brown in *A Lions Teeth*:

> „Ein Buddha ist jemand, der erleuchtet ist, das heißt der *weiß*, dass das, was erscheint, überhaupt nichts ist." (SPENCER BROWN 1995: 15)[191]

Was wir beobachten, sind Dinge, die in der Form gründen, die Form *sind*, und die Form der Unterscheidung ist Leere. Insofern ist Erleuchtung auch kein Zustand. Erleuchtet zu sein heißt vielmehr zu wissen, dass Selbst und Anderes identisch sind. Auch das ist eine Form. Aber wer kann das dann noch wissen?

Wenn das Universum bzw. die Form „Nichts" ist, stellt sich die Frage, wie es dann zu der Erscheinung von „Allem" kommen kann.

Zentral ist die Idee des Von-selbst-Losgehens. Alles hat eine Ursache, nur DAS hat keine! Wir kommen damit auf den Ausgangspunkt der *Laws of Form*, den *empty space*, zurück: Wie ist dasjenige vorstellbar, das zulässt, die Unterscheidungen zu treffen (und da es nichts außer ihm gibt, trifft es sie selbst?), aber selbst keine enthält? Und vor allem, wie kann die Welt, wie wir sie erleben, dem *empty space*, dem Nichts, entspringen? Oder allgemeiner:

> „Wenn man mit überhaupt nichts beginnt, wie kann dann aus diesem heraus etwas erscheinen?" (SPENCER BROWN 1995: 149)[192]

---

[191] Im Original: „A Buddha is one, who is enlightened, that is, who *knows* that what appears is not anything." (SPENCER BROWN 1995: 14)

[192] Im Original: „(...) that, starting with nothing whatever, how anything could appear to come of it." (SPENCER BROWN 1969: 148)

Die Antwort, die George Spencer Brown auf solche Fragen vorschlägt, lautet, dass nur das *Nichts* gewissermaßen sensibel genug ist, um durch nichts angestoßen zu werden und *Alles* zu produzieren.

> „Ich erkannte, dass das einzige Ding (d. h. Nichtding), das empfindlich genug wäre, um von einem Reiz, der so schwach ist, dass er gar nicht existiert, beeinflusst zu werden, das Nichts selbst war." (SPENCER BROWN 1995: 151)[193]

Das Gesetz, das er angibt, das Universum zu produzieren, ist die *Erweiterung der Referenz*[194], die unbegrenzt stattfinde. Denn nachdem der Entstehungsprozess erst einmal begann (und immer wieder von Augenblick zu Augenblick beginnt), erlaubt dieser Kanon die unaufhörliche Aufspaltung von Unterscheidungen, so dass das Entstehende zunehmend komplexer wird.

Zirkularität und konditionierte Koproduktion

Das Konzept der *konditionierten Koproduktion*[195], von dem George Spencer Brown in den Anmerkungen spricht, beschreibt, dass weder die Welt noch der Beobachter einen Vorrang vor dem anderen haben. Im Umgang mit einer Umwelt entwickelt ein System Strukturen, mit denen es mit der Umwelt umgehen kann. Der Beobachter ist nicht nur der „Erzeuger" von Welt, sondern gleichermaßen der „Erzeugte". Peter Fuchs beschreibt diesen Sachverhalt und kommt zu dem Schluss:

> „Die Figur der Beobachtung als (...) *erzeugend Erzeugtes* ist erheblich vitalisiert worden, seitdem George Spencer Browns Kalkül auf sie appliziert werden kann." (FUCHS 2003a: 75)

---

193 Im Original: „I realised that the only thing (i.e. nonthing) that would be sensitive enough to be influenced by a stimulus so weak that it didn't exist, was nothing itself." (SPENCER BROWN 1969: 148)

194 Zur Erinnerung: Die *Erweiterung der Referenz* ist als fünfter Kanon in den *Laws of Form* das Prinzip, nach dem die Unterteilung von Räumen und Räumen in Räumen etc. endlos fortgesetzt werden kann. (siehe Seite 64) George Spencer Brown verwendet in Anlehnung an Shakyamuni (Buddha) auch den Begriff der *konditionierten Koproduktion*, das heißt, „(...) die präzise Erklärung, wie das scheinbare Universum sich selbst aus dem Nichts heraus konstruiert." (SPENCER BROWN 1995: 13)

195 Auch die Idee einer konditionierte Koproduktion findet sich schon in buddhistischen Texten, vor allem im Sutra vom bedingten Entstehen.

Auch Humberto R. Maturana formuliert, was wir schon aus den *Laws of Form* ersehen haben:

> „Ohne den Beobachter gibt es nichts!" (MATURANA 2003: 109)

Das heißt, jedem „Sein" (als Gegensatz des „nichts" aus dem Zitat) liegt ein Beobachter zu Grunde. Beobachter und Welt kommen und gehen gemeinsam. In der Erforschung und Beschreibung von Beobachtung geraten wir in eine zirkuläre Position, die für Humberto R. Maturana der Ausgangspunkt für obige Feststellung ist:

> „Es ist der Beobachter, dessen Operation ich – operierend als ein Beobachter – verstehen möchte; es ist die Sprache, die ich – in der Sprache lebend – erklären will; es ist das Sprechen, das ich – sprechend – genauer beschreiben möchte. Kurzum: Es gibt keine Außensicht dessen, was es zu erklären gilt." (MATURANA 2003: 109)

Oder in einer etwas anderen Formulierung:

> „Der Beobachter ist das Forschungsthema, das ich habe, er ist das Forschungsziel und gleichzeitig unvermeidlich das Instrument der Erforschung." (MATURANA 2003: 109)

Das veranschaulicht die Position des Wissenschaftlers, der beobachtend die Beobachtung erforscht und damit unweigerlich in einen selbstbezüglichen Zirkel gerät. George Spencer Brown meint mit der konditionierten Koproduktion jedoch noch etwas Allgemeineres.

Ausgangspunkt ist die „Erweiterung der Referenz", die nach dem fünften Kanon uneingeschränkt fortgesetzt werden kann. Für den Indikationenkalkül bedeutet das, dass jeder Raum, jede Seite einer Unterscheidung weiter unterschieden werden kann. Für die Erkenntnistheorie können wir dies interpretieren: Wenn wir eine Seite weiter ausdifferenzieren, bezeichnen wir etwas anderes als zuvor. Und damit ändert sich auch die unbezeichnete Seite. Wenn Beobachter unterschiedlich ausdifferenziert beobachten, erzeugen sie unterschiedliche Welten. Das heißt, dass die eine Seite mit der anderen koproduziert wird; sie bedingen einander und können nicht als unabhängig voneinander betrachtet werden. Dieses Verknüpftsein ist *konditioniert,* da es nicht beliebig ist. Eine Ausdifferenzierung der einen Seite bedingt die Änderung auf der anderen.

Das Konzept der konditionierten Koproduktion wird ergänzt durch das folgende Konzept der selektiven Blindheit.

Selektive Blindheit

In Appendix 6, dem letzten Anhang der deutschen Übersetzung der *Laws of Form*, dem Schlusswort, beschreibt George Spencer Brown das Konzept der *selektiven Blindheit.* Es bringt zum Ausdruck, dass und wie Erkennen und Nicht-erkennen-können (Blindheit) zusammen hängen. Das Schlusswort beginnt mit:

> „Existenz ist eine selektive Blindheit." (SPENCER BROWN 1997: 191)[196]

Wonach zunächst klargestellt wird, dass der Begriff „Blindheit" nicht als eingeschränkt auf Sehfähigkeit bzw. -unfähigkeit gemeint ist. „Blindheit" steht paradigmatisch für jeden Sinn. Dass Existieren immer selektiv blind ist, meint, dass ein Erkennen immer ein Nicht-erkennen mitproduziert.

> „Wir bemerken eine Seite einer Ding-Grenze um den Preis, der anderen Seite weniger Aufmerksamkeit zu widmen." (SPENCER BROWN 1997: 191)[197]

Würden wir beide Seiten gleichermaßen berücksichtigen (können), würden wir ihnen keinen unterschiedlichen Wert zuordnen und die Unterscheidung würde verschwinden, denn mit ihr würde ja nichts mehr unterschieden. Und umgekehrt hatten wir ja als den Ideen der Unterscheidung und Anzeige implizit festgestellt:

> „Jede Unterscheidung verteilt Aufmerksamkeit asymmetrisch." (FUCHS 2000: 70)

Solange die Unterscheidung aufrecht erhalten wird, indem den Seiten unterschiedliche Werte zugeordnet werden, infolge derer sie unterschiedlich aufmerksam behandelt werden, solange ist der Beobachter blind für die unbeobachtete Seite und für andere Unterscheidungen. Und nicht nur das – er könnte es ja immerhin nachholen –, er ist vor allem blind dafür, dass er die Unterscheidung trifft, die er trifft.

Dabei hat der Beobachter keinen „Defekt", weil er mit jeder Sicht Blindheit schafft, sondern die Blindheit ist seine Technik, die Sicht erst ermöglicht. Er ist nicht blind im Sinne einer Behinderung, sondern

---

[196] Eine Darstellung von „Existence is a selective blindness" findet man in FUCHS 2000: 64-71. Im Zusammenhang dieses Textes, in dem es um das Unbeobachtbare geht, kommt das Konzept der selektiven Blindheit zu der Einsicht, dass „Unbeobachtbarkeit direkt an Beobachtung geknüpft ist" (FUCHS 2000: 71).

[197] Im Original: „We notice one side of a thing-boundary at the expense of paying less attention to the other side." (SPENCER BROWN 1997: 194).

vielmehr ein „Blindseher“. Um etwas zu sehen, muss der Beobachter nicht nur alles andere unberücksichtigt lassen; er kann prinzipiell nicht sehen, wie er es macht, dass er sieht, was er sieht.

Vor dem Hintergrund des Konzeptes der selektiven Blindheit meint „Existenz“, dass ein Beobachter existiert, der durch seine Beobachtung „Existenz“ hervorbringt. Nur ein Beobachter kann überhaupt selektiv blind sein. Und sobald ein Beobachter existiert, also beobachtet, existiert die Unterscheidung zwischen Beobachter und Beobachtetem. Diese Unterscheidung ist dann „in Gebrauch“ und ko-produziert das Nicht-erkennen, das heißt, *dass und wie* sie in Gebrauch ist. Sie verschließt die Möglichkeit, die Einheit der Seiten zu sehen; zu erleben, dass Seher und Gesehenes keinen Unterschied machen.

Eine Existenz bringt immer ein Universum zum Vorschein. Entsprechend lautet die Definition von Universum bei George Spencer Brown:

> „... das, was als Resultat eines Vollzuges einer Wendung gesehen wird, und *somit die Erscheinung* einer jeden ersten Unterscheidung *ist* und bloß ein kleiner Aspekt alles erscheinenden und nicht-erscheinenden Seins. Seine Partikularität ist der Preis, den wir für seine Sichtbarkeit bezahlen.“ (SPENCER BROWN 1997: 92 (Fußnote))[198]

Ein Universum ist Resultat der Möglichkeit, dass ein Zustand einen unterschiedlichen Wert als ein anderer Zustand hat. Das genau ist der Eintritt des Kalküls. Und insofern sind die Laws of Form ein Vehikel zu der Erkenntnis, wie ein Universum ins Dasein gelangt (und wer wir selbst sind, die wir zum Beispiel ein Universum derart betrachten).

---

[198] Im Original: „... what is seen as the result of a making of one turn, and thus *is the appearance* of any first distinction, and only a minor aspect of all being, apparent and non-apperent. Its particularity is the price we pay for its visibility.“ (SPENCER BROWN 1997: 106 (Fußnote))

Das Dao und der *empty space*

Dieser Abschnitt stellt den Daoismus, wie er von Lao-Zi im *Dao De Jing* dargestellt wird,[199] in einen Zusammenhang mit den *Laws of Form*. Dabei geht es hauptsächlich um einen Vergleich der Begriffe „Dao" und „*empty space*" sowie im folgenden Abschnitt um eine Gegenüberstellung des Prinzips von Yin-Yang und dem *re-entry* bzw. dem Bild des Tunnels.

Das Namenlose und damit Unterschiedslose, wie wir mit dem „Kalkül der Beobachtung" folgern können, das den *Laws of Form* in Form von chinesischen Schriftzeichen voran gestellt ist (siehe I. 1. „Vor dem Eintritt", S. 32), der „Anfang von Himmel und Erde", wird in der daoistischen Tradition mit Dao[200] bezeichnet. Den Begriff Dao übersetzt die Literatur unterschiedlich: Weg, Sinn, universelles Prinzip, Weltgesetz, Gott, Schicksal oder auch das Sein. Diese Bezeichnungen vermitteln eine vage Vorstellung davon, was mit Dao zum Ausdruck gebracht wird. Den chinesischen Begriff nicht zu übersetzen – und auch auf die Angabe von Übersetzungsvorschlägen zu verzichten –, ist wohl der angemessenste Weg; denn dann beschreibt man nichts, gibt kein Bild, löst keine Vorstellung aus. So bliebe Dao eine „Worthülse"; man weiß nicht (genau), was gemeint ist. Und tatsächlich ist auch nichts Festlegbares gemeint. Das Dao wird auch „ungreifbar" genannt und als unbestimmtes Wort erfüllt oder bestätigt es diese Beschreibung.[201]

Das heißt, dass das Dao nicht definiert werden kann. Es ist ohne Grenze, da es alle Grenzen der Festlegung überschreitet. Oder paradox formuliert: Per Definitionem ist das Dao undefinierbar.

---

199 Es gibt keine letztgültige Gewissheit darüber, ob das *Dao De Jing* von einer einzigen Person innerhalb kurzer Zeit verfasst wurde oder von mehreren in einem vergleichsweise langen Zeitraum. Die Legende erzählt, Lao-Zi hätte die 81 Abschnitte einem Schüler in 7 Tagen diktiert, als er beim Verlassen des Landes von dem Zollbeamten gebeten wurde, seine Philosophie der Nachwelt zu erhalten.

200 So die Schreibweise in der modernen Pin-Yin-Schrift, einer vereinheitlichenden phonetischen Umschrift des Chinesischen, an die auch wir uns im Folgenden halten. Andere Schreibweisen sind zum Beispiel „Tao" oder „Dau".

201 Das Wort Dao wird hier auch deshalb nicht übersetzt, um ein vorschnelles „Wissen", was gemeint ist, bei den Lesenden möglichst zu vermeiden. Es liegt nahe, gar nicht erst zu versuchen, das Dao zu verstehen, denn das bedeutete eine Festlegung, eine Grenzziehung, die, wie im oben folgenden Text ausgeführt, eben nicht intendiert ist. Das Dao ähnelt diesbezüglich dem christlichen Gottesbegriff. Einzuräumen bleibt allerdings, dass es widersinnig erscheint, ein Wort zu verwenden, das keine Bedeutung hat oder dem man keine Bedeutung und keinen Namen geben soll.

Dementsprechend beginnt das *Dao De Jing*:

„sagbar das Dau doch nicht das ewige Dau
nennbar der name doch nicht der ewige name
namenlos des himmels, der erde beginn
namhaft erst der zahllosen dinge urmutter
darum: immer begehrlos und schaubar wird der dinge geheimnis
immer begehrlich und schaubar wird der dinge umrandung
beide gemeinsam entsprungen dem einen
sind sie nur anders im namen
gemeinsam gehören sie dem tiefen
dort, wo am tiefsten das tiefe
liegt aller geheimnisse pforte" (LAUDSE: Abschnitt 1)[202]

Der Anfang von Himmel und Erde beschreibt das Entstehen der ersten Unterscheidung, das „im" *empty space* geschieht. Das Namenlose (oder das „Nichtsein" bei Richard Wilhelm) ist der Zustand, bevor etwas geschieht, bevor Zeit und Raum zur Existenz gelangen, bevor die erste Unterscheidung getroffen wird; und ohne Unterscheidung kann es weder Anzeige noch Namen geben. Der *empty space*, die Leere oder das Nichtsein ist noch nicht einmal nichts, noch nicht einmal leer. Es enthält keine Unterscheidung bzw. ist durch keine Unterscheidung festlegbar, und von *es* zu sprechen ist wie jede Aussage darüber irreführend, da es sich jeder Unterscheidung – auch der von existent/nicht existent – entzieht.

„dem seienden entsprangen alle dinge der welt
das seiende – es entsprang dem nichtseienden." (LAUDSE: Abschnitt 40)

Somit ist das Sein, das, was sich nach dem Anfang manifestiert und als unterschieden vom Nichts wahrnehmbar wird, mit den unterschiedenen Dingen identifizierbar, mit „allen Dingen der Welt". Es erscheint als „Etwas", das durch die Asymmetrie der Unterscheidung, eben durch die Anzeige, als Einheit geformt ist.

Ausgangspunkt ist also unauslotbare Unterschiedslosigkeit oder Leere. Wir können nun fragen: Was geschieht, wenn eine Unterscheidung getroffen wird? Und wir sehen: Es entsteht ein Universum. Wenn man das systemtheoretisch formulieren möchte: Wenn eine Unterscheidung getroffen wird, an der sich weitere anschließen, so dass fortlaufend beobachtet

[202] Die Wahl der Übersetzung stellt vor nicht unerhebliche Schwierigkeiten. Zum einen gibt es sehr viele Übersetzungen des *Dao De Jing*, die zum anderen auch große inhaltliche Unterschiede aufweisen. Ich habe mich für die Übersetzung von Ernst Schwarz entschieden; gute Alternativen sind WILHELM 1996 und LIN YUTANG 1990.

wird, entsteht eine System-Umwelt-Differenz. In und mit dieser Differenz wird (von jemandem) wahrgenommen, was wir Welt oder ein Universum nennen können.

Wenn wir von Unterschiedslosigkeit sprechen, beinhaltet das eine Vorstellung von Unterschiedenheit. Wir können sagen, dass der unterschiedslose Raum die Möglichkeit bereit stellt, Unterscheidungen zu treffen, und dies können wir – da es keine Vorgaben, keine Grenzen gibt – tun, wo es uns beliebt (aber eben nicht *wie* es uns beliebt, deshalb die *Gesetze* der Form!).

Wenn im Daoismus von Dao gesprochen wird, ist damit der Gang der Dinge, wie er halt ist, gemeint. Alan Watts hat es in und mit seinem letzten Buch *Lauf des Wassers* genannt. Es ist das ewig fortwährende Jetzt. Es geschieht, was geschieht. Auch unsere Gedanken – über Vergangenes und Zukünftiges – geschehen, wenn es so ist.

Das Dao ist das Unwandelbare, in und mit dem sich unentwegt alles wandelt. Der ewige Name findet sich im Hin-und-her von der einen zur anderen Seite. Aber halten wir das für den ewigen Namen, so irren wir. Er ist schon wieder fort. Der Oszillation steht Stillstand gegenüber und der ewige Name zeichnet auch hier nicht das eine vor dem anderen aus. Wenn jemand den „Weg“ bzw. das Dao benennen könnte, dann würde mit der Benennung eine Grenze gezogen, so dass es den „Weg“ bzw. das Dao mit einem Namen gäbe und etwas, das nicht der Weg bzw. das Dao ist. Somit könnte dies nicht der Weg sein. Und auch diese altkluge Verneinung ist nicht der Weg.

Aber auch das Abweichen vom Dao ist Dao; es ist allumfassend.

> „Das Dao ist das, von dem man nicht abweichen kann; das, von dem man abweichen kann, ist nicht das Dao.“ (WATTS 1983: 69)[203]

Von jeder Bestimmung kann abgewichen werden, da jede Bestimmung eine andere Seite mit hervorbringt. Das Dao ist, was ist. In mir, um mich, *jetzt*!, das ist der Weg; erkennbar durch unbewegte Stille des Geistes.

Der *empty space* ist nicht als „Ding“ oder „Zustand“ zu verstehen. Er ist das Unterschiedslose und deshalb das Eigenschaftslose. Er ist das Unsagbare. Um das Bild des Knotens zu gebrauchen, in dem der Knoten das Treffen einer Unterscheidung darstellt: Zeige jemandem, dass das Seil keinen Knoten hat, indem du einen Knoten gebrauchst und ihn deinem

---

[203] Alan Watts bringt diesen Satz als Zitat aus dem *Zhong Yong* (*Maß und Mitte*) ohne Angabe des Autors (WATTS 1983: 69).

In WILHELM 1981: 27, ist die entsprechende Stelle folgendermaßen übersetzt: „Der Weg darf nicht einen Augenblick verlassen werden. Dürfte er verlassen werden, so wäre es nicht *der* Weg.“

Gegenüber vorhältst. Das entspricht der Situation, jemandem den *empty space* beschreiben zu wollen, da wir dazu – wie den Knoten – anscheinend Sprache und Namen in irgendeiner Form beanspruchen müssen. In Analogie zur Bedingtheit unserer Welt können wir davon sprechen, dass der *empty space* das Unbedingte repräsentiert; ihm geht nichts voraus; er ist das die Unterscheidungen Transzendierende, das Über- oder Vor-Gegensätzliche.

Wenn wir das Dao mit dem Unterschiedslosen oder Namenlosen bezeichnen, treffen wir ebenso eine Unterscheidung. Und wenn wir glauben, mit dieser den Kern zu treffen und nun zu wissen, was das Dao ist, gehen wir fehl. Denn auch mit dieser Festlegung treffen wir nicht, was gemeint ist. Das Dao ist frei beweglich, völlig uneingeschränkt und unterschiedslos. Wenn wir meinen, das Dao sei so, wie beschrieben, so weichen wir ab vom Dao. Denn in dem Augenblick der Festlegung und Gewissheit ziehen wir eine Grenze und schränken damit ein. Der „Weise" redet über das Dao in der Gewissheit, dass er bloß Worte benutzt; er glaubt nicht seinen Worten, sondern weiß, dass seine Worte jemand anderem den Weg weisen können.

Im Indikationenkalkül kommt konzeptuell natürlich der Begriff des Dao nicht vor. Aber er setzt mit Unterschiedslosigkeit an, worauf eine Darstellung dessen folgt, was geschieht, wenn eine erste Unterscheidung getroffen wird. In den *Laws of Form* wird diesem „Anfang von Himmel und Erde" der Begriff *empty space* zugewiesen. Und nicht einmal das geschieht direkt. George Spencer Brown verliert kein Wort über den „unbenennbaren Anfang".[204] Wir brechen hier mit dieser konsequenten Vorgehensweise; wie wir auch mit diesem Einführungstext seine wohlbegründeten Vorbehalte gegen die Methode von „Gerede und Interpretation" naiv missachten, indem wir überhaupt *darüber* schreiben.

Das Dao ist nie, was wir darüber *denken*, was es sei. Unser Denken, was auch immer wir denken, ist dann zwar der Gang der Dinge, ist nicht außerhalb des Dao. Aber wenn wir meinten, wir wüssten es, wir könnten es sagen oder zeigen, ist es nicht das Dao. Es ist nicht festlegbar auf eine Seite einer Unterscheidung, welcher auch immer. Jede Benennung geht einher mit einer Unterscheidung, bezeichnet eben eine ihrer Seiten. Das Dao hingegen bezeichnet die Einheit aller Differenzen.

Jeden Augenblick können wir füllen, wie es uns beliebt. Und das immer wieder, nichts wird fest gestellt. Andererseits ist das Dao das, was von selbst geschieht.

---

[204] Und auch Ranulph Glanville widmet der Leere in *Objekte* eine Seite – eine leere! Siehe GLANVILLE 1988: 195.

Yin-Yang und der *re-entry*

Die Bewegung des Dao ist Polarität, die im Daoismus mit dem Prinzip von Yin-Yang dargestellt wird. Vor dem Hintergrund der *Laws of Form* steht das Yin-Yang-Symbol als Bild für eine Unterscheidung bzw. Form. Es steht paradigmatisch für jede beliebige Unterscheidung. In der daoistischen Tradition wurden den beiden „Polen", wie sie auch genannt werden, diverse Unterscheidungen wie weiblich – männlich, dunkel – hell, Mond – Sonne, Leere – Form, passiv – aktiv, tot – lebendig, negativer Pol – positiver Pol, Leid – Freude, krank – gesund etc. zugeordnet. Yin-Yang symbolisiert die Form der Unterscheidung, wie sie sich nach der Änderung ihrer Definition im elften Kapitel der *Laws of Form* darstellt. Sich unter Yin und Yang Gegensätze vorzustellen, die einander ausschließen, ist wohl einer westlichen Denkgewohnheit zuzuschreiben, wohingegen eine östliche sich ergänzende Polaritäten statt Gegensätze sieht. Für den Daoisten gehören die Pole Yin-Yang zusammen, wie bei jeder Unterscheidung die beiden Seiten, und zwar in dem Sinne, dass sie sich ergänzen. Das finden wir auch in dem Yin-Yang-Symbol:

Die beiden Seiten, die durch die Spaltung des Dao entstehen, werden durch eine Kreisfigur symbolisiert, die sich in einer Wellenbewegung in eine schwarze und eine weiße Hälfte teilt. Und jede Seite birgt das jeweils andere Prinzip in Form eines Punktes in der anderen Farbe in sich. In vertiefenden daoistischen Darstellungen werden die beiden Punkte auch wieder als Kreise mit zwei Seiten gezeichnet, entsprechend dem Yin-Yang-Symbol.

Die Verwandtschaft, wenn nicht funktionale Äquivalenz, zum *re-entry* und dem Bild des Tunnels ist offenkundig. Eine Unterscheidung besteht immer aus zwei voneinander abhängigen Seiten. Man gelangt, ohne die Grenze zu kreuzen, von der einen auf die andere Seite. Jede Seite führt die andere mit sich.

Dem Symbol liegt das Wissen zu Grunde, dass, wenn eine der beiden Seiten verschwände oder ausgeschlossen würde – wenn das überhaupt möglich oder wünschenswert wäre –, damit die gesamte Unterscheidung verschwände. Unterscheidungen als Polaritäten aufzufassen meint, sie wie Seiten einer Münze oder Pole eines Magneten zu sehen.

Wie in den *Laws of Form* finden wir auch im *Dao De Jing* die Zusammengehörigkeit und das gegenseitige Bedingen der beiden Pole einer jeden Unterscheidung:

> „alle wissen, daß schön das schöne, so gibt es das häßliche
> alle wissen, dass gut das gute, so gibt es das böse
> denn: voll und leer gebären einander
> leicht und schwer vollbringen einander
> lang und kurz bedingen einander
> hoch und niedrig bezwingen einander
> klang und ton stimmen einander
> Vorher und nachher folgen einander.“ (LAUDSE: Abschnitt 2 Anfang)

Die beiden polaren Kräfte wandeln sich ineinander, lösen sich gegenseitig ab und bringen durch ihr Zusammen- und Gegeneinanderwirken alle Erscheinungen des Kosmos hervor.

Es liegt eher im Bestreben eines Daoisten, die beiden Seiten einer Unterscheidung, letztlich Yin-Yang, in Harmonie zu bringen (oder sich selbst in Harmonie mit dem Wandel), ohne eine der Seiten höher oder besser zu bewerten.

> „darum tut der weise ohne taten
> bringt belehrung ohne worte
> so gedeihen die dinge ohne widerstand
> so lässt er sie wachsen und besitzt sie nicht
> tut und verlangt nichts für sich
> nimmt nichts für sich, was er vollbracht
> und da er nichts nimmt
> verliert er nichts.“ (LAO-ZI: Abschnitt 2 Ende)

Der Mensch ist ein Teil des Ganzen: Sein Denken, Sprechen, Handeln ist ein Teil des Gesamtgeschehens. Etwas erreichen und also etwas ändern zu wollen, etwas – auch sich selbst – nicht dem Gang der Dinge zu überlassen, bringt einen Schnitt ins Dao. Aber wertet der Daoist dann nicht Einklang bzw. Harmonie höher als ihr Gegenteil? Jedoch: Dieser „Schnitt“ ist selbst wieder Dao. Auch an dieser Stelle müssen wir nicht werten.

Man versucht nur dann, etwas zu verändern und zu erreichen, wenn man nicht verstanden hat, dass es nicht geht, dass man vom Gang der Dinge nicht abweichen kann. Der „Weise“ ist deshalb aber nicht passiv. Er erkennt den Gang der Dinge und fügt sich harmonisch ein, er wirkt im Kleinen und erzielt große Effekte.

Die Leere ist schöpferisch. Yin-Yang ist die Bewegung des Dao.

> „Die Weltanschauung von Yin und Yang ist zyklisch und heiter. Glück und Unglück, Leben und Tod, im kleinen und im großen, kommen und gehen ewig fort ohne Anfang oder Ende.“ (WATTS 1983: 59)

Kein Ding, keine konkrete Form hat Dauer. Alles wandelt sich. Es existiert keine Identität von sich aus. Wenn Identitäten festgestellt also beobachtet werden, dann eben nur von einem Beobachter; aber es *sind* (von sich aus) keine Identitäten. Nur die Form, in der sich alles wandelt, hat Bestand: Veränderung ist die einzige Konstante.

Das trifft nicht nur auf alle einem Beobachter äußeren Unterscheidungen zu, sondern auch auf die Unterscheidung zwischen Beobachter und Beobachtetem. Angenommen: Für sich selbst sei ein Beobachter eine Identität. Andere Beobachter sehen auch eine Identität in dem ersten Beobachter – es ist jedoch extrem unwahrscheinlich, dass sie tatsächlich die gleiche sehen, denn sie beobachten mit verschiedener Gewichtung unterschiedlichster Unterscheidungen.

Wenn sich ein Beobachter auf die innere Suche nach sich selbst macht, so wird er letztlich nichts finden. Er kann keine festhaltbare Identität finden, weil er dann schon immer unterscheidet zwischen der Identität, die er findet bzw. gefunden hat, und dem, der sie gefunden und festgehalten hat. Er ist immer jetzt, in diesem Augenblick gegenwärtig und kann deshalb nicht fest-gestellt werden. Weil jede Festlegung Zeit benötigt, ist das Jetzt bereits vergangen. Andererseits findet man sehr wohl etwas, wenn man die Leere in sich entdeckt (vgl. das einführende Zitat des Vorwortes, S. 5).

Eine Frage, die hier nur kurz angedeutet werden soll, betrifft, wie diese Vorstellungen denn ganz praktisch umgesetzt werden können oder sollen. Nach all dem erkennen wir nun vielleicht, dass Fragen nach allgemeinen Richtlinien, die aus der „Theorie“ folgen, in oder mit dieser „Theorie“ nicht beantwortet werden können. Oder aus Spencer Brownscher Sicht formuliert: Eines der Prinzipien, das die *Laws of Form* exemplifizieren, besagt, dass nicht *gesagt* werden kann, wie es ist, die *Laws of Form* im täglichen Leben anzuwenden (vgl. dazu die vierte Session der erwähnten AUM-Konferenz).

> „Befolger des Dao suchen nicht nach Erfüllung. Da sie keine Erfüllung suchen, werden sie durch kein Verlangen nach Änderung vom Wege abgebracht.“ (LAO-ZI: Abschnitt 15)

Jedes Ändern-Wollen und auch das Ändern ändern wollen ist ein Verletzen der Realität, wie sie ist. Und es ist das allumfassende Dao.

> „wer dem lernen ergeben, gewinnt täglich
> wer dem Dau ergeben, verliert täglich
> verlierend, verlernend gelangt er
> mählich dahin, nicht mehr tätig zu sein
> nichts bleibt ungetan
> wo nichts überflüssiges getan wird.“ (LAUDSE: Abschnitt 48)

Mit diesem Zitat kommen wir noch einmal auf die *Laws of Form* zurück. Je weniger man weiß, um so offener kann man für jeden Augenblick sein. Man muss nicht denken und zu verstehen suchen. Vielmehr „weiß“ man ohne jedes Konzept, intuitiv und spontan, was zu tun ist. Das drückt auch George Spencer Brown mit seiner Rede vom „Entlernen“ aus (vgl. das Zitat aus dem einleitenden Abschnitt zur „Methode von Befehl und Betrachtung“, S. 28).

Mit dem „Nicht-Tun“ (*wu wei*) ist ein Nicht-Wissen verknüpft. Wir sind oben (siehe Seite 168f.) schon darauf gekommen, dass jedes Wissen eines Standpunktes bedarf und dass es keinen objektiven Standpunkt gibt, an dem man sich orientieren könnte. Auch bei *Lao-Zi* finden wir, dass man sich stets bewusst sein soll, dass man nur ein bedingtes Wissen hat.

> „wer sein nicht wissen weiß, ist erhaben
> wer es für wissen hält, ist leidend
> nur der gesundet von seinem leiden
> der sein leiden erkannt hat als leiden.“ (LAUDSE: Abschnitt 71)

Ohne einen Standpunkt sieht man die Bedingtheit des Wissens durch den Standpunkt. Eine anschauliche Darstellung dieses Gedankens gibt Francois Jullien in *Der Weise hängt an keiner Idee*. Er benutzt Ideen, Worte und Gedanken ohne an ihnen in dem Sinne zu hängen, als er ihre Wahrheit annähme und festhielte. Der Gebrauch von Ideen liegt vielmehr in ihrem praktischen Nutzen statt in ihrer Wahrheit.

Zen

Heutzutage in angemessener, das heißt unverfälschter und zugleich verständlicher Weise vom Zen-Buddhismus (der Essenz der Lehre Buddhas) zu sprechen, erfordert Einsichten und Fähigkeiten, die ich mir nicht zuschreiben kann. Im Zen können wir aber einen ganz praktischen Weg finden, um zu erkunden, was mit Leere gemeint ist und wie Leere und Form sich gegenseitig bedingen. Deshalb endet dieser Text damit, Zen in einen Zusammenhang mit den *Laws of Form* zu bringen – soweit mir dies möglich ist.

I.

Zunächst ein instruktives Zitat von Dogen Zenji, einem der einflussreichsten Zen-Meister, der um 800 n. Chr. lebte.

> „Durch Körper und Geist können wir Form und Klang der Dinge verstehen. Sie wirken zusammen als eins. Jedoch ist es nicht wie das Reflektieren eines Schattens in einem Spiegel, oder wie der Mond, der sich im Wasser spiegelt. Wenn Du nur auf eine Seite schaust, ist die andere dunkel. Den Buddha-Weg zu erfahren, bedeutet, sich selbst erfahren. Sich selbst erfahren heißt sich selbst vergessen. Sich selbst vergessen heißt, sich selbst wahrnehmen – in allen Dingen.“ (DOGEN ZENJI 1989: 24)

Für den Versuch, dieses Zitat zu kommentieren, möchte ich zunächst vergegenwärtigen, wovon ich annehme, dass es jeder und jedem als unmittelbar evident erscheint. Wir denken vielleicht nicht oft daran, aber es ist selbstverständlich, dass wir immer in der Gegenwart sind und dass wir uns als getrennt von anderem erleben. Wir können uns sehr verbunden mit Anderen und Anderem fühlen, aber wir sind >wir< und alles andere ist das Andere. Wir haben unseren Körper, unsere Gefühle und unsere Gedanken. Von dem Äußeren getrennt sind wir insofern, als wir es wahrnehmen und erleben. Das Etwas-jetzt-wahrnehmen zieht die Grenze zwischen Selbst und Anderem. Das betrifft sowohl die materielle (und meinetwegen auch spirituelle oder energetische)[205] äußere Wirklichkeit als auch uns selbst, insofern wir uns selbst wahrnehmen. Wenn ich mich selbst beobachte, das heißt auf meinen Körper, meine Gefühle und Gedanken aufmerksam bin, sind sie nicht >ich<, der sie ja wahrnimmt. Ich kann mich mit ihnen identi-

[205] Auch hier möchte ich nicht zwischen verschiedenen erlebten Wirklichkeiten werten. Klar ist aber, dass eine materielle, spirituelle, energetische oder welche Wirklichkeit auch immer erlebt und wahrgenommen wird – wenngleich es vielleicht Ungewissheit über den entsprechenden Sinnesapparat gibt.

fizieren, ich kann *denken*, ich sei mein Körper, meine Gefühle und oder meine Gedanken; aber unter der begrifflichen Voraussetzung, dass mit >ich< immer die gegenwärtige Aktivität gemeint ist, ist klar, dass >ich< nicht mein Körper, meine Gedanken und oder meine Gefühle sein kann. Sie alle sind dennoch notwendig, um zu *sein*, um >jemand< zu sein und um sich selbst zu erkennen. Als voraussetzungslos und evident gesetzt wird hier also der Unterschied zwischen Selbst und Anderem, Beobachter und Beobachtetem. Diese Unterscheidung wird nicht etwa deshalb als Startpunkt genommen, weil *es so ist*, sondern weil anzunehmen ist, dass vorausgesetzt werden kann, dass sie bei den Lesern und Leserinnen bekannt ist.

Unter >ich< oder dem Selbst bzw. dem Beobachter verstehen wir also das, was unentwegt gegenwärtig und anwesend ist. Was immer ich sage, tue oder empfinde, es geschieht jetzt. An welchen Ort, in welche Zeit oder in welchen Zustand ich mich auch immer denke, ich denke jetzt. Und wie gesagt, man muss nicht (permanent) daran denken, um zu wissen, dass es so ist, dass wir in oder mit dieser Unterscheidung zwischen Selbst und Anderem leben.

Körper und Geist sind die Seiten einer Unterscheidung, die mit der Unterscheidung zwischen der wahrgenommenen Welt und der wahrnehmenden Welt illustriert werden kann. Deshalb kann diese Unterscheidung erst mit der Fähigkeit zu Selbstbeobachtung getroffen werden. Sie unterteilt den Beobachter. Durch diese Unterscheidung können wir „Form und Klang der Dinge verstehen“, welche wir als Symbol für die uns wahrnehmbare Wirklichkeit auffassen können.

Da Beobachtung notwendig sowohl das Beobachtete als auch das Beobachtende voraussetzt, können wir Körper und Geist – wie Wahrgenommenes und Wahrnehmendes – nicht getrennt entdecken. „Sie wirken zusammen als eins.“ Sie sind die Seiten *einer* Unterscheidung. Und dabei ist keines von beiden dem anderen vorgängig, wie das verworfenene Spiegel-Beispiele aus dem Zitat veranschaulicht. Sie existieren nur zusammen.

Wenn wir den „Buddha-Weg“ als das Transzendieren aller Unterscheidungen begreifen, und das heißt, das bedingte Entstehen vollständig zu erfassen, dann bedeutet Selbsterfahrung, seine Aufmerksamkeit nicht mehr nur auf eine Seite der Körper-Geist- und der Selbst-Anderes-Unterscheidung zu richten. Damit bezieht sich das Sich-Selbst-Vergessen auf den Verlust des Sich-von-anderem-getrennt-Fühlens. Denn alles geht aus dem Einen hervor, und nichts ist getrennt von anderem. Das führt zu der Einsicht, sich selbst *in allen Dingen* wahrnehmen zu können.

So findet man auch beispielsweise bei dem französischen Zen-Meister Stéphane Thibaut:

> „Um Buddha zu entdecken, braucht man nur sein Ego zu beobachten.“ (THIBAUT 1999: 129)

Die erstaunliche Wendung in dem Anfangszitat von Dogen Zenji liegt in der Einsicht, dass wir uns selbst erkennen, wenn wir uns nicht suchen, nicht beobachten. Mit der Terminologie, die wir bezüglich des Begriffes der Beobachtung oben eingeführt haben, können wir das auch beschreiben als ein Nicht-Identifizieren, als ein im Hier-Jetzt sein. Ohne zu werten tun, was zu tun ist.[206]

Die Grenze zwischen Selbst und Anderem ist eine Grenze mit eben diesen beiden Seiten. Das heißt: Selbst und Anderes bedingen sich, gehören zusammen; man erlebt die Wirklichkeit genau so, wie man sie macht.

Es ist wohl auch klar, dass sich diese Sicht der Dinge nicht von selbst einstellt oder dadurch, dass man darüber nachdenkt. Durch Nachdenken kann man nur glauben, dass da etwas dran sein könnte.

II.

Wir kommen nun auf Paradoxien zurück und bringen sie in einen Zusammenhang mit Zen: Wenn man Zen in einem Dogma fassen wollte, dann müsste es lauten: Habe kein Ideal; indem du nicht wertest, sondern alles, was in dir und um dich geschieht, als solches (vor-)urteilsfrei beobachtest. Man kann sich das sehr unterschiedlich vorstellen, hat man aber eine Vorstellung und versucht, sie zu realisieren, folgt man einem Ideal. Man hat zwischen richtig und falsch entschieden. Allerdings ist auch kein Ideal haben zu wollen ein Ideal. Ebenso würde es sich mit der Aufforderung verhalten, kein Ziel zu erreichen. Das Kein-Ziel-Erreichen ist dann das Ziel. Entsprechend können wir die bedingungslose Wertfreiheit des Zen in ganz angemessener Weise formulieren als: Zen legt Wert auf Wertfreiheit!

Auch Niklas Luhmann und Peter Fuchs sehen eine Verbindung zwischen Differenztheorie und Zen-Buddhismus. Und ihre Vorliebe in diesem Zusammenhang gilt in „Vom Zweitlosen: Paradoxe Kommunikation im Zen-Buddhismus“[207] der Paradoxie. Für sie zeigt sich die Para-

---

[206] Eine genau umgekehrt formulierte Anschauung habe ich bei Francesco Varela gefunden: „Wir, die Beobachter, unterscheiden uns gerade durch die Unterscheidung dessen, was wir anscheinend nicht sind, nämlich durch die Welt.“ (VARELA 1975: 22) Wir selbst unterscheiden uns nicht, wir sind die selbe Leere. Nur durch die unterschiedlich beobachtete Welt sind wir unterschieden.

[207] In LUHMANN/FUCHS 1997.

doxie in der Beobachtung (Differenzgebrauch und Selbstbezug) von Differenzlosigkeit (Negation von Differenz):

> „Die Zen-Paradoxie liegt darin, dass jeder Versuch, Differenzlosigkeit zu beobachten, im Moment des Versuchs Differenzlosigkeit aufhebt." (LUHMANN/FUCHS 1997: 54)

Obwohl die Leere demnach nicht beobachtet werden kann, gibt es aber anscheinend Möglichkeiten, sie zu erfahren. Im Zen wird Zazen gelehrt. Niklas Luhmann und Peter Fuchs formulieren zwar keine Möglichkeit in Form einer Anweisung, unterstellen aber die Existenz und die Erfahrbarkeit der Leere, der Nicht-Zweiheit.

> „Der Zen-Buddhismus will die immanente Erfahrung der primordialen Differenzlosigkeit, das Erleben der Nicht-Zweiheit, den Direktkontakt mit dem Zweitlosen." (LUHMANN/FUCHS 1997: 51)

Nur die zielorientierte Formulierung unterscheidet sich von dem im vorliegenden Text angestrebten Verständnis des Zen.

> „Zen setzt voraus, dass jede Beobachtung, weil sie Differenz benötigt, verfehlen muss, was Zen meint." (LUHMANN/FUCHS 1997: 46)

Das könnte dazu führen anzunehmen, dass die Zen-Haltung unerreichbar und dass der Versuch deshalb fruchtlos ist. Möglicherweise lohnt aber der Versuch, selbst wenn das Ziel gar nicht erreicht werden kann: *Der Weg ist das Ziel.*

III.

Abschließend soll eine Möglichkeit skizziert werden, ganz praktische Konsequenzen aus dem Beschriebenen zu ziehen. Es soll der Versuch unternommen werden, die theoretisch betrachteten Erkenntnisse über den Beobachter ganz praktisch erfahrbar zu machen, indem die zen-buddhistische Praxis – das Sitzen vor der Wand, Zazen genannt – beleuchtet wird.

Um auf den ersten Satz des 12. Kapitels der *Laws of Form* zurückzukommen:

> „Die Konzeption der Form liegt im Verlangen zu unterscheiden." (SPENCER BROWN 1997: 60)[208]

[208] Im Original:„The conception of the form lies in the desire to distinguish." (SPENCER BROWN 1969: 69)

Da wir diesem Verlangen unentwegt nachgehen, kennen wir nur die eine Seite der Unterscheidung Form/Leere. Um die andere Seite kennen lernen zu können, müssen wir uns darin üben, das Denken zu beruhigen. Das heißt, das Denken als solches zu erfahren, den Gedanken selbst nicht anzuhaften, nach und nach das Denken loszulassen. Dazu kann man die eigenen Wünsche und Vorstellungen beobachten, an denen man haftet. Überwunden werden sie nicht durch ihr verurteilen, sondern schlicht durch ihr wahrnehmen, durch Selbsterkenntnis.

Die Verwandtschaft (funktionale Äquivalenz) des differenztheoretischen und den Beobachter einschließenden Ansatzes mit zen-buddhistischen Anschauungen zeigt sich in folgendem Zitat:

> „Um die Dinge klar zu sehen, müssen wir sie akzeptieren, so wie sie sind – wir müssen den Seher und das Gesehene als eine Handlung zusammenbringen." (DOGEN ZENJI 1998: 34)

Eine Möglichkeit, sich der eigenen unentwegten Denktätigkeit bewusst zu sein, besteht in der Praxis des Zazen.[209] In der Beschreibung der Ausübung von Zazen, der zentralen Praxis im Zen-Buddhismus, können wir unterscheiden zwischen einer inneren und einer äußeren Haltung.

Die äußere, körperliche Haltung ist aufrecht und entspannt. Die Atmung geht in den Unterbauch (Zwerchfellatmung) und man bewegt sich nicht. Die innere, geistige (mentale und emotionale) Haltung ist durch Wachsamkeit ausgezeichnet. Nicht bloß wach, sondern im höchsten Maße aufmerksam – sowohl versunken in den eigenen Körper und die Atmung bewusst begleitend als auch die Umgebung wahrnehmend. Idealerweise (sic!) ist dieser Zustand von totaler geistiger Leere gekennzeichnet, von Ruhe der Gedanken. Nichtsdestotrotz ist es irreführend, einem Praktizierenden zu raten, nicht zu denken. Das scheint mir in den ersten Jahren eine frustrierende Unmöglichkeit. Denn wir sind gewohnt, permanent zu denken, wir kennen nichts anderes. Wenn zu denken entspricht, nach etwas zu greifen, dann können wir sagen, dass wir keine andere Möglichkeit kennen, mit etwas umzugehen, als danach zu greifen.

Mit der Zeit, wenn wir uns (wieder) daran gewöhnt haben, einfach nur aufmerksam und vorurteilslos mit allem zu sein, was unserer Aufmerksamkeit „begegnet", wird unser Sein in der Welt einfach, schlicht, unbeschwert und harmonisch sein. Wie ein Fluss, der aus sich heraus, ohne geplante Steuerung, sich jeder Gegebenheit perfekt anpasst.

---

[209] Eine sehr klare Einführung in die Zazen-Praxis findet man in DESHIMARU 1982.

Zu einer letzten Unterscheidung: In der heutigen Welt scheint es Konsens zu sein, dass die Erfüllung von Wünschen zu einem glücklichen Leben führt. Buddha erkannte demgegenüber gerade in Wünschen die Ursache für Leid. Wünsche halten einen gerade davon ab, *jetzt* glücklich und zufrieden zu sein, wertfrei alles zu nehmen, wie es kommt, und total in dem Umgang mit der Welt aufzugehen. Dazu bedarf es nichts als der Fähigkeit, in Stille (gedanklicher: Abwesenheit von Geräuschen ist nicht gemeint) im Hier-Jetzt zu verweilen. Deshalb beruht Zen auch nicht auf Schriften, kennt keine Dogmen oder wahre Sätze. Wahrheit ist gelebte Wahrheit. Zen basiert darauf, Stille oder Leere in sich zu finden, das heißt: Zazen zu praktizieren.

Wir können die *Laws of Form* zusammenfassen als:

> *Triff eine Unterscheidung und Du erschaffst ein Universum.* <

Bei Linji fand ich den verblüffend ähnlichen Ausspruch:

„Die kleinste Bewegung des Geistes erzeugt die drei Welten.“ (LINJI 1996: 84)[210]

Was wir erfahren, liegt in uns selbst begründet – und wir *können* darauf achten, was wir tun, welche Unterscheidungen wir treffen, um die Dinge so erscheinen zu lassen, wie sie erscheinen.

[210] Mit den drei Welten sind gemeint: die Welt der Begierde, die Welt der Form und die Welt der Nicht-Form.

Schlussbetrachtung

In diesem Text wurde die Unterscheidung zwischen der Mathematik und der Philosophie der *Laws of Form* von George Spencer Brown verfolgt. Diese Unterscheidung entspricht der Unterscheidung zwischen einerseits dem Indikationenkalkül in seiner mathematischen Form, Präzision sowie Bedeutung für die Grundlagen der Mathematik und andererseits der Anwendung der Form des *re-entries* auf den Unterscheider: den Beobachter. Es wurde mit diesem Text versucht, beide Seiten der „Medaille" *Laws of Form* verständlich darzustellen. Dabei lagen die Ziele in der mathematischen Rehabilitation der Form der Paradoxie und der Darstellung einer auf den *Laws of Form* aufbauenden Erkenntnistheorie, die darin mündet, einen Weg aufzuzeigen, keiner der beiden Seiten Beobachter/Beobachtetes einen Vorrang einzuräumen.

Alan Watts weist den *Laws of Form* sogar eine über die Mathematik und Philosophie hinausreichende Bedeutung zu:

> „Aber sobald auch nur eine Unterscheidung getroffen ist, wie zwischen Yin und Yang oder 0 und 1, dann ist alles, was wir die Gesetze oder Grundsätze der Mathematik, Physik und Biologie nennen, eine notwendige Folge, wie G. Spencer mit seinem Kalkül bewiesen hat." (WATTS 1983: 79)

Das beschreibt auch eine dritte zentrale Zielsetzung dieses Textes: Plausibel und verständlich zu machen, dass jedes Universum aufgrund des ursprünglichen Aktes einer Trennung, einer Unterscheidung zustande kommt. Man findet diesen Anfang auch in allen großen Religionen und Schöpfungsgeschichten.

Es ist ein weiteres Anliegen dieser Arbeit gewesen, dem Gedanken Ausdruck zu verleihen, dass Bedeutung nicht in den Dingen steckt, die wir für bedeutend halten, sondern vielmehr zu veranschaulichen, dass es der jeweilige Beobachter ist, der Bedeutungen bewusst oder unbewusst zuschreibt.

Wir haben als lebende und denkende Wesen/Systeme gelernt, bestimmte Dinge so-und-so zu bewerten, ihnen diese oder jene Bedeutung zu geben. Dies geschieht individuell, ist aber auch kulturell bedingt, also von der Umwelt geprägt. Ein beliebtes Bild für den Gedanken, dass wir es sind, die den Dingen Bedeutungen zuschreiben, ist das der Brille (selektive Blindheit), die jedes Wesen/System trägt und durch die es die Umwelt sieht. Die Brille steht dann für unser Wertungssystem, mit dem der

Beobachter die Leere strukturiert, um eine Welt zu erleben. Dabei kommt der Beobachter nicht zu der Leere hinzu, wie es die Formulierung des letzten Satzes nahe legt, sondern ist die Seite der Unterscheidung zwischen Welt und Beobachter, der das Strukturieren und Konstruieren zugerechnet wird – in einem koproduzierenden Prozess der evolutionären Ausdifferenzierung. Die Welt selbst enthält keine Unterschiede – und ist dadurch offen und frei für jede mögliche Unterscheidung, lässt sich mit jeder Brille betrachten. Die Welt ist leer. In diesem Sinne ist letztlich alles bedeutungslos. Andererseits ist die Welt, die wir erleben, jedoch nichts anderes als Bedeutung (die wir ihr geben). Hier zeigt sich, dass bedeutungsvoll und bedeutungslos letztlich identisch – zwei Seiten einer Form – sind.

Die *Laws of Form* wie auch der vorliegende Text sind – zunächst fraglos – wissenschaftliche Texte. Sie sind beide in dem Themenkreis thematisch angesiedelt, wo Mathematik, Logik und Philosophie ineinander übergehen. Wenn es sich hier also um Wissenschaft handelt, kann man erwarten, dass die Frage nach der Wahrheit zu Grunde liegt. Zum Beispiel fanden wir, dass Mathematik grundlegender als Logik ist; dass Paradoxien eine mögliche Form darstellen, die nicht eliminiert werden muss; dass jede Unterscheidung von einem Beobachter getroffen wird; und dass Form und Leere sich gegenseitig bedingen und produzieren. Dies sind einige der „Wahrheiten“ dieses Textes. Zumindest *kann* man diesen und jenen Text so lesen.

Mit den *Laws of Form* haben wir demnach wieder ein Instrument in der Hand, Realität dingfest zu machen, das heißt zu wissen, wie und was Realität ist. Wir können „nach all dem“ aber auch sehen, dass ein Beobachten unter dem Schema wahr/falsch selbst nicht wahr (oder falsch) ist. In dem vorliegenden Text wird ja gerade auch thematisiert, dass wie jede Unterscheidung auch die zwischen wahr und falsch die „Welt verletzt“ und nur *eine* mögliche Form der Beobachtung (und Verletzung) der Welt ist. Es ist also die Integration von Selbstbezüglichkeit in das Theoriegebäude, die eine engstirnige Sicht auf die Welt an ihre Grenzen führt. Vielleicht kann man sagen, dass dieser und jener Text hinter Wahrheit zurückführen und insofern auch keine wissenschaftlichen Texte darstellen. Wenn dem so wäre, dann müsste sich die Wissenschaft zugestehen, dass dies kein Mangel, sondern ein Fortschritt wäre.

Die Polarität zwischen Wissen und Nicht-Wissen ist das Dilemma dieser Beschreibung einer Sichtweise von Realität, die gerade hervorhebt, dass alles in Bewegung und Veränderung ist, dass man lieber in der Gegenwart sein und mit dem Lauf der Dinge gehen als mit und in vorgefassten Urteilen und Meinungen leben sollte, die stets von vergangenheits- und zukunftsbedingten Ängsten und Wünschen rühren. Man kann aufmerksam und ehrlich mit dem sein, was gerade ist, und sich selbst in dem sehen, was man sieht. In diesem Sinne sind die *Laws of Form* gerade der Weisheit letzter Schluss, den es nicht geben kann. Mit ihnen wird nichts *fest* gestellt, sondern die Aufmerksamkeit darauf gerichtet, dass alles, was ist, durch das Treffen von Unterscheidungen erzeugt wird, und dass es immer *jemand* ist, der die Unterscheidungen trifft. Die hier dargestellte „Sicht auf die Dinge" ist eben nicht „wahrer" als andere Sichtweisen.

Fraglich ist aus fehlenden Wahrheitsanspruchsmotiven die Motivation, auf diese *andere* Sicht auf die Welt aufmerksam zu machen. Denn sie hat auf einer philosophischen Ebene keine Konsequenzen, da sie nicht in Konkurrenz zu anderen Auffassungen treten kann. Sie leugnet nicht die Wahrnehmung einer Welt. Der Beobachter der Beobachtung erkennt in dem Wahrgenommenen den Wahrnehmenden. Die einzige Angriffsfläche, die er bietet, ist seine Nicht-Angreifbarkeit.

Die Formtheorie führte uns zu dem Gedanken, dass das, was wir wahrnehmen, uns Auskunft gibt über die Unterscheidungen, die wir treffen, und nicht über eine Welt, die uns gegenübersteht, und deshalb können wir uns selbst *in allen Dingen* finden.

Vor diesem Hintergrund gewinnt die verbotene Frucht, die Erkenntnis, eine interessante Bedeutung: Das Treffen der ersten Unterscheidung führt uns aus dem Paradies in diese Welt, die wir zu erkennen trachten. Die *Laws of Form* sind deshalb so relevant, weil sie einen Weg aus dem Erkenntnisdilemma weisen, indem sie durch Selbstreflexion entlarven, dass der Ursprung der erkannten Welt der *leere Zustand* ist.

Nachwort

Nun schreibt also jemand ein Buch, das unter anderem Form auf Leere zurückführt, und kann den Begriff der Leere nicht definieren, nicht greifbar oder begreifbar machen. Es bleibt vage. Und wir verstehen vielleicht, dass das so sein muss, da Leere eben nicht als Unterschied zu etwas anderem gefasst werden kann. Jeder Versuch, Leere auf intellektuellem Wege zu begreifen und zu erfassen, muss daran scheitern, dass jedes Begreifen und Erfassen *etwas* begreift und *etwas* erfasst – also: immer im Unterschied zu anderem, immer als Form. Die Leere ist aber gerade ***nicht***: *dieses und nicht jenes*.

Nun basiert ein Text auf dem Gebrauch von Sprache. Und jeder geschriebenen Sprache ist notwendigerweise zu eigen, dass ihr Unterscheidungen innewohnen. Sprache ist dualistisch, da jeder Begriff *dieses und nicht jenes* bezeichnet. Sprache kann also nicht hinter die Kulissen der Form – auf die andere Seite – führen, da sie auf Form beruht.

Vielleicht kann und sollte man deshalb nicht *darüber* sprechen.

Es gibt aber andere Wege, sich die Leere wieder-bewusst zu machen. Soweit es mir möglich ist, habe ich mit Worten darzustellen versucht, was Form ist und dass ein „Anderes" „ko-existiert". Da ich die Leere in einem Text nicht zeigen kann, so möchte ich doch wenigstens einen gangbaren Weg der Annäherung an die Leere vorschlagen – der natürlich auf eigenem Tun und Erfahren beruht, nicht auf Lesen.

Es ist der Weg, dem Zen-Buddhisten seit Shakyamuni Buddha folgen und der ganz undogmatisch, unreligiös und praktisch auf der Praxis des Zazen, dem Sitzen vor der weißen Wand basiert.

Auf eine ziellose Art und Weise können wir das Ziel erreichen, die Leere finden.

Nachdem ich viereinhalb Jahre lang „nebenher" an diesem Text arbeitete, habe ich ein großes Interesse daran zu erfahren, ob der Text für andere verständlich und nachvollziehbar geworden ist. Ich möchte Sie also ermuntern, mir Ihre Anmerkungen, Kritiken, Denkanstösse mitzuteilen. Auch für Nachfragen und jeglichen anderen Start in einen Austausch über die *Laws of Form* habe ich ein offenes Ohr.

Bitte an:

Felix Lau
Galgenberg 57
22880 Wedel
mail: felixlau@gmx.de

Felix Lau, Hamburg am 25.09.2005

Glossar

Anzeige – Wenn eine Unterscheidung getroffen wird, ist immer eine Seite angezeigt. Die Anzeige unterscheidet die Seiten einer Unterscheidung. Dazu ist kein Zeichen notwendig, nur ein *Werten*, ein Richten von Aufmerksamkeit.

Algebra – Teilgebiet der Mathematik, in dem die Beziehungen zwischen mathematischen Größen und den ihnen zu Grunde liegenden Regeln mit Hilfe von Variablen ausgedrückt werden.

Arithmetik – bezeichnet das der Algebra vorgelagerte Gebiet der Mathematik, das noch von Variablen frei ist, in dem also nur mit Konstanten gerechnet wird.

Ausdruck – eine als Anzeige beabsichtigte Zusammenstellung von *crosses*.

Axiom – anfängliche Setzung in einem formalen System bzw. Kalkül.

Beobachter – ist das ausgeschlossene Dritte einer jeden aktuellen Beobachtung. Die Metapher des Beobachters hebt hervor, dass Beobachtungen als die Produkte eines beobachtenden Systems betrachtet werden können.

Beobachtung – ist die Einheit von Unterscheidung und Anzeige. Es wird immer etwas beobachtet (angezeigt) und dadurch die andere, unangezeigte Seite nicht gesehen.

Beweis – nennen wir hier ganz allgemein eine Abfolge von Konstruktionen und Betrachtungen, die nicht innerhalb der Regeln des Kalküls angegeben sind, die zu dem Wissen führen, dass der zu beweisende Zusammenhang, das Theorem, gültig ist.

Bezeichnung – ist die in der Literatur übliche Übersetzung von *indication*; in diesem Text wird dieser Ausdruck mit „Anzeige“ wiedergegeben.

Buddha – Begriff für die undefinierbare und unbenennbare Leere, aus der heraus einem Lebewesen eine Welt erscheint, und Titel für die historische Figur namens Shakyamuni.

Cross – ist der Name für das Symbol der Unterscheidung und für die Anweisung, die Grenze zu kreuzen. Jedes *cross* und jeder Ausdruck stehen in einem *unwritten cross*.

Dao – Begriff für den undefinierbaren Gang der Dinge; All-Einheit, aus der heraus sich die Polaritäten manifestieren; Urgrund des Seins.

Demonstration – nennen wir hier eine Abfolge von Rechenschritten, die innerhalb des Kalküls gegeben oder gerechtfertigt sind, die zu dem Wissen führen, dass der zu demonstrierende Zusammenhang, die Konsequenz, gültig ist.

Entry/Eintritt – bezeichnet das Treffen einer (immer wieder ersten) Unterscheidung.

Erkenntnis – fixierte Ansicht über die Realität.

Existenz – ist das, was man zu sehen bekommt, wenn man mittels der Unterscheidung von Sein und Nichts beobachtet.

Form – (der Unterscheidung) bezeichnet das allen Unterscheidungen Gemeinsame: zwei Seiten, die durch eine Grenze getrennt sind und die selbst wieder in einem Raum, das heißt einer Seite einer weiteren Unterscheidung stehen.

Indikationenkalkül – die in dem vorliegenden Text verwendete Übersetzung von *calculus of indication*, dem Originalnamen des Spencer Brownschen Kalküls.

Initial – bezeichnet den Ausgangspunkt der Kalkulation, also des Rechnens, Demonstrierens und Beweisens.

Kalkül, der (nicht: ***das***) – Der Begriff „Kalkül" bezeichnet ein Verfahren zur Erzeugung von Zeichenreihen oder mathematischen Sätzen nach bestimmten Regeln, die dem Kalkül als Grundsätze oder „Axiome" voranstehen.

Koproduktion, konditionierte – bezeichnet das erkenntnistheoretische Äquivalent zur indikationslogischen „Erweiterung der Referenz". Ganz allgemein: Das Ausdifferenzieren der einen Seite einer Unterscheidung verändert auch die andere Seite.

Leere –

Marker – ist der Ausdruck für eine Form, die in ihrem eigenen Raum wieder vorkommt; Symbol für den *re-entry*.

Operand – das, worauf eine Operation angewandt wird; im Indikationenkalkül ununterschieden von „Operator".

Operation – hier: das Treffen einer Unterscheidung.

Operator – Symbol für die Anweisung, eine Operation auszuführen.

Oszillation – das zeitlose Wechseln zwischen zwei Zuständen.

Paradoxien – treten auf, wenn eine Unterscheidung auf der unangezeigten Seite eben dieser Unterscheidung wieder eingeführt wird.

Raum – Jede Unterscheidung wird in einem Raum getroffen, diesen in zwei Seiten (die wieder Räume sind) trennend.

Realität – meint, was einem Beobachter erscheint. Realität und Beobachter stehen in einem Verhältnis der „konditionierten Koproduktion".

Re-entry – heißt die Form, in der eine Unterscheidung auf einer Seite der selben Unterscheidung eingeführt wird.

System – Dass zwischen System und Umwelt unterschieden wird, zeigt für einen Beobachter an, dass er ein System beobachtet.

System, formales – siehe „Kalkül".

Token – Name für das Symbol der Markierung einer Unterscheidung = *cross*.

Tunnel – ist das Bild, das in dem Text verwendet wird, um das Wechseln der Seiten zu bezeichnen, das bei der Oszillation auftritt; anders als bei gewöhnlichen Anzeigen findet hier das Wechseln der Seiten ohne Kreuzen der Grenze statt.

Typentheorie – von Bertrand Russell und Alfred North Whitehead in ihren *Principia Mathematica* zur Vermeidung von Paradoxien aufgestelltes formales System.

Universum – beschreibt die Gesamtheit des Existierenden, Seienden; es wird mit einem Lebewesen, das es wahrnimmt, koproduziert.

Unterscheidung – meint die Trennung eines „Raumes" in zwei Zustände, Seiten oder Räume, die nicht verwechselt werden und deren eine angezeigt ist.

Vollständigkeit – Wenn sich aus den Grundaussagen (Axiomen) und den Ableitungsregeln eines formalen Systems alle wahren Aussagen ableiten lassen, also bewiesen werden können, nennt man das System vollständig.

Welt – entsteht mit dem Treffen einer Unterscheidung und entzieht sich prinzipiell der Beobachtbarkeit. Jede Unterscheidung trennt die Welt in zwei Seiten, so dass man sich auf einer der Seiten befindet und ihre Einheit nicht mehr sehen kann.

Widerspruchsfreiheit – Eine formale Theorie heißt widerspruchsfrei, wenn es in ihr nicht möglich ist, sowohl eine Aussage als auch deren Negation abzuleiten/zu beweisen.

Wirklichkeit – Mit diesem Begriff wird auf den Zusammenhang des Wahrgenommenen mit den Sinnen Bezug genommen. Die Wirklichkeit ist abhängig vom Sinnesapparat und damit zum Beispiel für Menschen sehr ähnlich.

Zeit – meint hier etwas Allgemeineres als ein Maß der Zeit (Sekunden, Jahre etc.). Zeit geht einher mit der Wahrnehmung einer Veränderung. Diese ursprüngliche Zeit wird hervorgerufen durch eine „Oszillation" zwischen zwei Zuständen (*re-entry*).

Zitierte Literatur

BAECKER, Dirk (Hg.) 1993a: *Kalkül der Form*, Frankfurt a. M.: Suhrkamp.

BAECKER, Dirk (Hg.) 1993b: *Probleme der Form*, Frankfurt a. M.: Suhrkamp.

BAECKER, Dirk 1999: *Kommunikation im Medium der Information*, in: MARESCH/WERBER 1999: 174-191.

BAECKER, Dirk 2002: *Wozu Systeme?*, Berlin: Kadmos.

BAECKER, Dirk (Hg.) 2005: *Schlüsselwerke der Systemtheorie*, Wiesbaden: VS Verlag.

BARALDI, Claudio/Giancarlo CORSI/Elena ESPOSITO [2]1998: *GLU. Glossar zu Niklas Luhmanns Theorie sozialer Systeme*, Frankfurt a. M.: Suhrkamp, Erstveröffentlichung 1997.

BARNEY, Cliff/Kurt von MEIER (Transkription/Aufnahme der AUM-Konferenz am Esalen Institut, Kalifornien 1973): http://www.lawsofform.org/aum/index.html (Stand vom 12.07.2005)

DOGEN ZENJI 1240: *Shobogenzo. Die Schatzkammer der Erkenntnis des Wahren Dharma*, Zürich: Theseus, [3]1989.

EGIDY, Holm von 2004: *Beobachtung der Wirklichkeit. Differenztheorie und die zwei Wahrheiten in der buddhistischen Madhyamika-Philosophie*, Heidelberg: Carl-Auer-Systeme.

FREGE, Gottlob 1879: *Begriffsschrift. Eine der arithmetischen nachgebildete Formelsprache des reinen Denkens*, Halle a. S.

FUCHS, Peter 2000: *Vom Unbeobachtbaren*, in: JAHRAUS/ORT 2000: 39-71.

FUCHS, Peter 2003a: *Der Eigen-Sinn des Bewusstseins. Die Person, die Psyche, die Signatur*, Bielefeld: transcript.

FUCHS, Peter 2003b: *Die Signatur des Bewusstseins: Zur Erwirtschaftung von Eigen-Sinn in psychischen Systemen*, in: HUBER, Jörg (Hg.) 2003.

FUCHS, Peter 2004: *Der Sinn der Beobachtung. Begriffliche Untersuchungen*, Weilerswist: Velbrück.

GLANVILLE, Ranulph 1988: *Objekte*, Berlin: Merve.

GÖDEL, Kurt 1931: „Über formal unentscheidbare Sätze der Principia Mathematica und verwandter Systeme, I“, in: *Monatsheft für Mathematik und Physik, 38*, S.172-198.

GRATTAN-GUINNESS, I. 2000: *The search for mathematical roots 1870-1940. Logics, set theories and the foundations of mathematics from Cantor through Russell to Gödel*, Princeton: University Press.

GRIPP-HAGELSTANGE, Helga [2]1997: *Niklas Luhmann. Eine erkenntnistheoretische Einführung*, München: Fink, Erstveröffentlichung 1995.

GÜNTHER, Gotthart 1976: *Beiträge zur Grundlegung einer operationsfähigen Dialektik*, Bd. 1-3, Hamburg: Meiner.

HEIDER, Fritz 1926: „Ding und Medium", in: *Symposion 1. Philosophische Zeitschrift für Forschung und Aussprache*, S.109-157.

HENNING, Boris 2000: „Luhmann und die formale Mathematik", in: MERZ-BENZ/WAGNER (Hgg.) 2000: 157-198.

HERBST, Ph. G. 1976: *Alternatives to hierarchies*, Leiden: Martinus Nijhoff Social Sciences Division.

HOFSTADTER, Douglas R. [3]1993: *Gödel, Escher, Bach: ein Endloses Geflochtenes Band*, München: Deutscher Taschenbuch Verlag, Erstveröffentlichung 1979.

HORSTER, Detlef 1997: *Niklas Luhmann*, München: Beck.

HUBER, Jörg (Hg.) 2003: *Interventionen 12: Person/Schauplatz*, Zürich, Wien, New York: Voldemeer.

JAHRAUS, Oliver/Nina ORT (Hgg.) 2000: *Beobachtungen des Unbeobachtbaren. Konzepte radikaler Theoriebildung in den Geisteswissenschaften*, Weilerswist: Velbrück.

JULLIEN, Francois 2001: *Der Weise hängt an keiner Idee: Das Andere der Philosophie*, München: Fink, Erstveröffentlichung (französisch) 1998: *Une sage est sans idée*.

KAUFFMANN, Louis H. 1987: „Self-Reference and Recursive Forms", in: Journal of Social and Biological Structures 10, S. 53-72.

KAUFFMANN, Louis H. 2005: „Das Prinzip der Unterscheidung", in: BAECKER (Hg.) 2005: 173-190.

KUHN, Thomas S. [15]1999: *Die Struktur wissenschaftlicher Revolutionen*, Frankfurt a. M.: Suhrkamp, Erstveröffentlichung 1962.

LAUDSE [3]1988: *Daudedsching (Lao-tse: Tao-te-king)*, München: dtv klassik, Übersetzung von Ernst Schwarz, Erstveröffentlichung 1980.

LIN YUTANG 1990: *Die Weisheit des Laotse*, Frankfurt a. M.: Fischer, Erstveröffentlichung der amerikanischen Originalausgabe 1948.

LINJI Yixuan 1996: *Das Denken ist ein wilder Affe*, O. W. Barth, aufgezeichnet im 9. Jhdt.

LUHMANN, Niklas 1988a: *Erkenntnis als Konstruktion*, Bern: Benteli. Auch in: LUHMANN 2001: 218-242.

LUHMANN, Niklas 1988b: „Neuere Entwicklungen in der Systemtheorie“, in: *Merkur*, Jg. 42, Heft 4.

LUHMANN, Niklas 1992: „Sthenographie“, in: LUHMANN/MATURANA/NAMIKI/REDDER/VARELA 1992: 119-138.

LUHMANN, Niklas 1993: „Die Paradoxie der Form“, in: BAECKER 1993a: 197-212.

LUHMANN, Niklas ²1994: *Die Wissenschaft der Gesellschaft*, Frankfurt a. M.: Suhrkamp, Erstveröffentlichung 1990.

LUHMANN, Niklas ⁶1996: *Soziale Systeme. Grundriß einer allgemeinen Theorie*, Frankfurt a. M.: Suhrkamp, Erstveröffentlichung 1984.

LUHMANN, Niklas 1997: *Die Gesellschaft der Gesellschaft*, Frankfurt a. M.: Suhrkamp.

LUHMANN, Niklas 2001: *Aufsätze und Reden*, Stuttgart: Reclam.

LUHMANN, Niklas ³2005: *Soziologische Aufklärung 5. Konstruktivistische Perspektiven*, Opladen: Westdeutscher Verlag, Erstveröffentlichung 1990.

LUHMANN, Niklas/Peter FUCHS ³1997: *Reden und Schweigen*, Frankfurt a. M.: Suhrkamp, Erstveröffentlichung 1989.

LUHMANN, Niklas/Humberto R. MATURANA/Mikio NAMIKI/Volker REDDER/Francisco VARELA ²1992: *Beobachter. Konvergenz der Erkenntnistheorien?*, München: Fink, Erstveröffentlichung 1990.

MARESCH, Rudolf/Niels WERBER ²2000: *Kommunikation Medien Macht*, Frankfurt a. M.: Suhrkamp, Erstveröffentlichung 1999.

MATURANA, Humberto R. 1982: *Erkennen: Die Organisation und Verkörperung von Wirklichkeit*, Braunschweig: Vieweg.

MATURANA, Humberto R. ²1997: *Was ist erkennen?*, München: Piper, Erstveröffentlichung 1996.

MATURANA, Humberto R. 1998: *Biologie der Realität*, Frankfurt a. M.: Suhrkamp.

MATURANA, Humberto R. 2003: „Ich bin kein Konstruktivist“, Interview mit A. Kaiser, in: PÄD-Forum: unterrichten, erziehen, 31, S. 109-111.

MATURANA, Humberto R./Francisco J. VARELA [3]1987: *Der Baum der Erkenntnis. Wie wir die Welt durch unsere Wahrnehmung erschaffen – die biologischen Wurzeln des menschlichen Erkennens*, Bern, München, Wien: Scherz, Erstveröffentlichung 1984.

MERZ-BENZ, Peter-Ulrich/Gerhard WAGNER (Hgg.) 2000: *Die Logik der Systeme. Zur Kritik der systemtheoretischen Soziologie Niklas Luhmanns*, Konstanz: UVK.

NAGEL, Ernest/James R. Newman [4]1987: *Der Gödelsche Beweis*, München: Oldenbourg, Erstveröffentlichung 1964.

NAMIKI, Mikio 1992: „Some Controversies in the Epistemology of Modern Physics", in: LUHMANN/MATURANA/NAMIKI/REDDER/VARELA 1992: Seiten 25-46.

PFEIFFER, Riccarda 1998: *Philosophie und Systemtheorie. Die Architektonik der Luhmannschen Theorie*, Wiesbaden: Deutscher Universitätsverlag.

REESE-SCHÄFER, Walter [4]2001: *Niklas Luhmann – zur Einführung*, Hamburg: Junius, Erstveröffentlichung 1999.

RHEINWALD, Rosemarie 1988: *Semantische Paradoxien, Typentheorie und ideale Sprache: Studien zur Sprachphilosophie Bertrand Russells*, Berlin, New York: de Gruyter.

RUSSELL, Bertrand/Alfred North WHITEHEAD [3]1994: *Principia Mathematica* (Die Einleitung erschien 1986), Frankfurt a. M.: Suhrkamp, Erstveröffentlichung 1925.

RUSSELL, Bertrand 1969: *The Autobiography of Bertrand Russell*, (3 Bände), New York: Bantam Books.

SAINSBURY, Richard Mark 1993: *Paradoxien*, Stuttgart: Reclam, Erstveröffentlichung 1988.

SCHÖNWÄLDER, Tatjana/Katrin WILLE /Thomas HÖLSCHER 2004: *George Spencer Brown. Eine Einführung in die „Laws of Form"*, Wiesbaden: VS Verlag.

SIMON, Fritz B. 1993: „Das Problem der Selbstreferenz menschlicher Erkenntnis", in BAECKER 1993a: 52-78.

SPENCER BROWN, George 1969: *Laws of Form*, London: Allen and Unwin.

SPENCER BROWN, George [2]1994: *Dieses Spiel geht nur zu zweit*, Lübeck: Bohmeier, Erstveröffentlichung 1971.

SPENCER BROWN, George [2]1995: *A Lions Teeth – Löwenzähne*, Lübeck: Bohmeier, Erstveröffentlichung 1971.

SPENCER BROWN, George [7]1997: *Laws of Form – Gesetze der Form*, Lübeck: Bohmeier.

STOLZENBERG, Gabriel 1978: „Kann die Untersuchung der Grundlagen der Mathematik uns etwas über das Denken verraten?“, in: WATZLAWICK 1998: 236-293.

THIBAUT, Stéphane 1999: *Revolution aus der Stille*, München: Kösel.

VARELA, Francisco J. 1975: „A calculus for self-reference“, in: *International Journal of General Systems 2*, S. 5-24.

VARGA VON KIBÉD, Matthias 1989: „Wittgenstein und Spencer Brown“, in: WEINGARTNER/SCHURZ (Hgg.) 1989.

WATTS, Alan 1983: *Der Lauf des Wassers. Eine Einführung in den Taoismus*, Frankfurt a. M.: Suhrkamp.

WATTS, Alan 1986: *Vom Geist des Zen*, Frankfurt a. M.: Suhrkamp.

WATZLAWICK, Paul/Janet H. BEAVIN/Don D. JACKSON (Hgg.) [9]1996: *Menschliche Kommunikation. Formen, Störungen, Paradoxien*, Bern, Göttingen, Toronto, Seattle: Huber, Erstveröffentlichung 1967.

WATZLAWICK, Paul (Hg.) [10]1998: *Die erfundene Wirklichkeit. Wie wissen wir, was wir zu wissen glauben? Beiträge zum Konstruktivismus*, München: Piper, Erstveröffentlichung 1981.

WEINGARTNER, Paul/Gerhard SCHURZ (Hgg.) 1989: *Philosophie der Naturwissenschaften. Akten des 13. Internationalen Wittgenstein Symposiums*, Wien: Hölder-Pichler-Tempsky.

WILHELM, Richard 1981: *Li Gi. Das Buch der Riten, Sitten und Gebräuche*, Düsseldorf, Köln: Diederichs, Erstveröffentlichung 1930.

WILHELM, Richard [10]1996: *Laotse. Tao te king. Das Buch vom Sinn und Leben. Texte und Kommentar*, München: Diederichs, Erstveröffentlichung 1910.

WITTGENSTEIN, Ludwig [11]1997: *Tractatus logico-philosophicus*, Frankfurt a. M.: Suhrkamp, Erstveröffentlichung 1921.

ZUKAV, Gary 1997: *Die tanzenden Wu Li Meister. Der östliche Pfad zum Verständnis der Modernen Physik: Vom Quantensprung zum Schwarzen Loch*, Reinbek: Rowohlt, Erstveröffentlichung 1979.

Weiterführende Literatur

BATESON, Gregory 1972: *Ökologie des Geistes*, Frankfurt a. M.: Suhrkamp.

BATESON, Gregory 1979: *Geist und Natur. Eine notwendige Einheit*, Frankfurt a. M.: Suhrkamp.

BOOLE, George 1847: *The mathematical analysis of logic*, Cambridge.

CIOMPI, Luc 1997: *Die emotionalen Grundlagen des Denkens. Entwurf einer fraktalen Affektlogik*, Göttingen: Vandenhoeck & Ruprecht.

CLAM, Jean 2002: *Was heißt, sich an Differenz statt an Identität zu orientieren? Zur De-ontologisierung in Philosophie und Sozialwissenschaft*, Konstanz: UVK.

DESHIMARU, Taisen 1982: *The Zen Way to the Martial arts*, London, Melbourne, Auckland, Johannesburg: Century.

DESHIMARU, Taisen [2]1988: *Hannya Shingyo – Das Sutra der höchsten Weisheit*, Erstveröffentlichung 1980, übersetzt aus dem Französischen, Leimen: Kristkeitz.

FOERSTER, Heinz von 1985: *Sicht und Einsicht. Versuche zu einer operativen Erkenntnistheorie*, Braunschweig, Wiesbaden: Vieweg.

FOERSTER, Heinz von 1993: *Wissen und Gewissen. Versuch einer Brücke*, Frankfurt a. M.: Suhrkamp.

FUCHS, Peter 1992: *Niklas Luhmann – beobachtet*, Opladen: Westdeutscher Verlag.

FUCHS, Peter 1995: *Die Umschrift. Zwei kommunikationstheoretische Studien: >japanische Kommunikation< und >Autismus<*, Frankfurt a. M.: Suhrkamp.

FUCHS, Peter 1999: *Intervention und Erfahrung*, Frankfurt a. M.: Suhrkamp.

FUCHS, Peter/Michael WÖRZ 2004: *Die Reise nach Wladiwostock. Eine systemtheoretische Exkursion*, Weil der Stadt: mwb.

GLASERSFELD, Ernst von 1992: *Wissen, Sprache und Wirklichkeit*, Braunschweig, Wiesbaden: Vieweg.

GLASERSFELD, Ernst von 1997: *Wege des Wissens. Konstruktivistische Erkundungen durch unser Denken*, Heidelberg: Carl-Auer.

JOKISCH, Rodrigo 1996: *Logik der Distinktionen. Zur Protologik einer Theorie der Gesellschaft*, Opladen: Westdeutscher Verlag.

JULLIEN, Francois 1999: *Über die Wirksamkeit*, Berlin: Merve, Erstveröffentlichung (französisch) 1996.

KRIPKE, Saul 1975: „Outline of a Theory of Truth“, in: *The Journal of Philosophy 72*: 690-716; und in MARTIN 1984.

LAU, Felix 1999: *Die Logik des radikalen Konstruktivismus. Eine Untersuchung zu den „Laws of Form“ von George Spencer-Brown*, Staatsexamensarbeit am Fachbereich Philosophie der Universität Hamburg.

MARTIN, Robert L. (Hg.) 1984: *Recent Essays on Truth and the Liar Paradox*, New York: Oxford University Press.

MITTERER, Josef 1993: *Das Jenseits der Philosophie: wider das dualistische Erkenntnisprinzip*, Wien: Edition Passagen.

PEAT, David F. 1989: *Synchronizität. Die verborgene Ordnung*, Bern, München, Wien: Scherz.

ROTH, Gerhard 1997: *Das Gehirn und seine Wirklichkeit. Kognitive Neurobiologie und ihre philosophischen Konsequenzen*, Frankfurt a. M.: Suhrkamp.

SCHMIDT, Siegfried J. (Hg.) 1996: *Der Diskurs des Radikalen Konstruktivismus*, Frankfurt a. M.: Suhrkamp, 7.Aufl.

SCHMIDT, Siegfried J./RUSCH, G. (Hg.) 1994: *Piaget und der radikale Konstruktivismus*, Frankfurt a. M.: Suhrkamp.

SCHULTE, Günter 1993: *Der blinde Fleck in Luhmanns Systemtheorie*, Frankfurt, New York: Campus.

SEGAL, Lynn 1988: *Das 18. Kamel oder die Welt als Erfindung*, München: Piper.

SHANKARA 1981 (bearbeitete und erweiterte Neuauflage): *Das Kleinod der Unterscheidung und die Erkenntnis der Wahrheit*, O. W. Barth, Original um 715.

SIMON, Fritz B. 1990: *Meine Psychose, mein Fahrrad und ich. Zur Selbstorganisation der Verrücktheit*, Heidelberg: Carl-Auer.

SIMON, Fritz B. 1999: *Unterschiede, die Unterschiede machen. Klinische Epistemologie: Grundlage einer systemischen Psychiatrie und Psychosomatik*, Frankfurt a. M.: Suhrkamp.

SPENCER BROWN, George 1996: *Wahrscheinlichkeit und Wissenschaft*, Heidelberg: Carl Auer, Erstveröffentlichung 1957.

SUZUKI, Daisetz Teitaro [4]1999: *Zazen, die Übung des Zen. Grundlagen und Methoden der Meditationspraxis im Zen*, O. W. Barth, Erstveröffentlichung 1953.

SUZUKI, Daisetz Teitaro 1976: *Die große Befreiung. Einführung in den Zen-Buddhismus*, O. W. Barth.

TARSKI 1944: „The Semantic Conception of Truth and the Foundation of Semantics", in: *Philosophy and Phenomenological Research 4*.

VARELA, Francisco J./Evan THOMPSON/Eleanor ROSCH 1992: *Der Mittlere Weg der Erkenntnis. Der Brückenschlag zwischen wissenschaftlicher Theorie und menschlicher Erfahrung*, Bern, München, Wien: Scherz.

VARGA VON KIBÉD, Matthias/Insa SPARRER 2002: *Ganz im Gegenteil. Tetralemmaarbeit und andere Grundformen Systemischer Strukturaufstellungen – für Querdenker und solche, die es werden wollen*, 3. überarbeitete und erweiterte Auflage, Heidelberg: Carl-Auer.